创新引领 绿色发展

——清镇市生态文明示范市创新实证分析

陈良燕 郝 建 等著

西南交通大学出版社

·成 都·

图书在版编目（CIP）数据

创新引领 绿色发展：清镇市生态文明示范市创新
实证分析 / 陈良燕等著. —成都：西南交通大学出版
社，2015.5

ISBN 978-7-5643-3935-7

Ⅰ．①创… Ⅱ．①陈… Ⅲ．①城市 – 生态文明 – 文明
建设 – 研究 – 清镇市 Ⅳ．①X321.273.4

中国版本图书馆 CIP 数据核字（2015）第 105853 号

创新引领 绿色发展

——清镇市生态文明示范市创新实证分析

陈良燕 郝建 等著

责 任 编 辑	万　方
特 邀 编 辑	张宝珠　徐前卫　顾　飞
封 面 设 计	墨创文化
出 版 发 行	西南交通大学出版社 （四川省成都市金牛区交大路 146 号）
发行部电话	028-87600564　028-87600533
邮 政 编 码	610031
网　　　址	http://www.xnjdcbs.com
印　　　刷	四川煤田地质制图印刷厂
成 品 尺 寸	170 mm × 240 mm
印　　　张	15.75
字　　　数	283 千字
版　　　次	2015 年 5 月第 1 版
印　　　次	2015 年 5 月第 1 次
书　　　号	ISBN 978-7-5643-3935-7
定　　　价	48.00 元

总 策 划

李　瑞（清镇市人民政府市长、市行政学校校长）

周海涛（清镇市人民政府常务副市长，原清镇市委组织部部长、
　　　　市委党校校长）

编审委员会主任

陈良燕（清镇市委党校常务副校长）

郝　建（中共贵州省委党校科学社会主义教研部副主任、教授）

编审委会副主任

唐正繁（中共贵州省委党校科学社会主义教研部主任、教授）

何大超（清镇市委党校副校长）

樊国师（清镇市委党校副校长）

执 笔 人

唐正繁（中共贵州省委党校科学社会主义教研部主任、教授）

郝　建（中共贵州省委党校科学社会主义教研部副主任、教授）

马旭红（中共贵州省委党校公共管理教研部副教授）

焦玉石（中共贵州省委党校科学社会主义教研部副教授、硕士）

何　东（中共贵州省委党校科学社会主义教研部副教授、博士）

李　旭（中共贵州省委党校科学社会主义教研部副教授、博士）

郑　钦（中共贵州省委党校科学社会主义教研部讲师、硕士）

课题组成员（排名不分先后）

薛洪霞	毛　果	田　刚	方　兰	石　钰	王　懿
付佩佩	邱光波	张大鸿	严　杰	彭玉洪	龙　涛
贺　娟	汪殊宇	莫　勇	杨　倩	金艳萍	谢永飞
王玉武	敖　勇	杨　毅	程孝顺	徐美权	段亚鲁
谭义华	李胜国	吴应松	赵　青	马　骏	范　艳
李　华	杨柳岸	严　敏	钟显友	唐有武	付平显
申小雪	王荣亚	王贵宝	周平丽	李正超	黄　荣
彭礼富	田　华	蒋德付	徐　波	王永贵	谭江波
周时均	李景明				何泰广

序

自古以来，中华民族就十分重视生态环境的保护。先秦史籍《逸周书·大聚篇》中就有"禹之禁，春三月，山林不登斧斤"的记录；典籍《周礼》上也说："草木零落，然后入山林。"；而文王"伐崇令"则规定："有不如令者，死无赦"。到了战国时期，《管子·地数》中则更加详细地规定了："有动封山者，罪死而不赦。有犯令者，左足入、左足断；右足入，右足断。"在对生态保护施以严酷刑罚的同时，对造成环境污染者的处罚也相当严厉，比如《韩非子·内储说》就有"殷之法，弃灰于公道者，断其手"的记载。可见，生态环境保护的重要性自古以来就为我们的先祖所认识和注重。然而，在我国漫长的封建农耕文明和近现代时期，由于历史的局限性，随着人口大量增加和生产建设的需求，过分强调了扩大生产、满足量的需求，加之封建王朝更替、战争掠夺破坏以及人口大迁徙等原因，都在客观上造成了生态环境的不断恶化。改革开放以来，虽然我们提高了对生态环境的保护意识，一定程度上加大对生态环境的保护力度，但与高污染、高消耗的工农业生产方式所造成的生态环境破坏相比，依然是杯水车薪。一方面，由于过去在生态保护工作方面欠账太多，我国整体生态环境恶化趋势一时还难以彻底转变；另一方面，高新技术产业的发展和人民群众对美好生活以及对良好生态环境的期盼也提出了更高的要求，使生态环境保护的压力不断增大、任务愈发艰巨。

党的十八大《报告》中明确提出：建设生态文明，是关系人民福祉、关乎民族未来的长远大计。必须树立尊重自然、顺应自然、保护自然的生态文明理念，把生态文明建设放在突出地位，融入经济建设、政治建设、文化建设、社会建设各方面和全过程，努力建设美丽中国，实现中华民族永续发展。党的十八大提出，要在2020年全面建成小康社会。习近平总书记在2014年3月召开的"两会"期间参加贵州代表团审议政府工作报告时进一步指出：小康全面不全面，生态环境质量是关键；要创新发展思路，发挥后发优势；因地制宜选择好发展产业，让绿水青山充分发挥经济社会效益，切实做到经济效益、社会效益、生态效益同步提升，实现百姓富、生态美有机统一。

清镇市地处黔中腹地，气候宜人，资源富集，三水萦城，四湖托市，被世人赋予"高原明珠·滨湖新城"的美誉。近年来,清镇市始终把生态文明建设贯穿于经济社会发展的各方面和全过程,紧紧围绕"打造清镇发展升级版,建设生态文明示范市"的奋斗目标,坚守"两条底线"不动摇,在"高举一面旗帜,围绕一个目标,遵循一个路径,处理好三个关系,强化三个意识,坚持24字工作方针,构建六大体系,实施一项工程"的总体工作思路的基础上,进一步提出了"明确一个目标,实施一项战略,加快四城建设,推进六大工程"的总体要求,即在坚持经济发展保持适度增长和生态环境质量持续向好的前提下,深入实施"4+1"战略,围绕把清镇建设成为生态公园城、贵州职教城、贵州新铝城和贵安卫星城的发展定位,积极推进"生态清镇"、"创新清镇"、"宜居清镇"、"诚信清镇"、"和谐清镇"和"阳光清镇"六大工程,大力推动清镇社会经济发展的转型、升级,全力推进经济社会、生态环境和党的建设等各个方面稳步向前。

我们要清醒地看到,清镇作为贵阳市重要的饮用水源地和传统工矿区,推动社会经济转型发展和守住生态底线的压力都非常巨大,尤其是许多体制、机制方面的问题亟待解决。本书从生态基本理论出发,运用生态文明建设、社会公共服务、社会化大生产和市场资源优化配置等方面的学术理论,系统地总结了近年来清镇市在经济建设、社会建设、城镇建设、文化建设、政府建设和党的建设等方面推进生态文明建设所进行的一系列探索和实践,在充分借鉴国内外生态文明建设较好地区的有益经验的基础上,提出了一些好的观点和建议,力求在探索资源、能源富集的西部欠发达地区实现经济社会建设和生态文明建设"双赢"方面提供经验借鉴和理论支撑。本书既适合于生态文明建设方面的理论研究者参阅,也适合于社会公众了解生态文明、参与生态文明的知识普及。

中共贵阳市政府党组成员、清镇市委书记　向虹翔

目　录

课题一

先行先试：构建清镇市生态社会研究

今天，人类社会正面临着严重的生态危机，全球性的生态失衡和环境污染已经在时刻威胁着人类的生存，资源短缺、土壤沙化、雾霾肆虐、酸雨泛滥、臭氧层遭破坏和生物多样性锐减等严重困扰着我们。对此，人们从人口、科技、经济、价值观、文化等方面对生态危机的根源予以了揭示，提出了人口过剩说、科技滥用说、消费过度说、价值利己说、文化危机说等，但是我们还要看到这些问题的出现是由人类社会的发展模式所决定的。资源掠夺型的发展模式必须摒弃，构建生态社会是人类生存的必由之路。生态社会是以社会高度生态文明为基础、生产力高度发展情况下的人与自然界和谐共处的社会，生态社会建设是一种历史发展的必然。我们要打造清镇发展升级版、建设生态文明先行示范市、构建生态社会的清镇定会成为历史的归宿。

一、生态社会概念构想

（一）生态社会的涵义

生态社会作为人类文明发展的高级阶段，是人类认识史上的一个质的飞跃。马克思的社会思想为中国生态社会理论的构建奠定了坚实基础。人类社会在实现共产主义的过程中，首先要步入生态社会，实现生态社会也是我们迈向和谐社会，最终实现共产主义的必经阶段。塞尔日·莫斯科维奇在《反自然的社会》一书中提出，我们建设我们的社会，不是反自然、与之决断而为之，而是利于创造我们共同选择的自然的方方面面而为之。这样的社会与自然是内在的统一，是一种生态社会。佩伯指出，"真正共产主义的部分定义是，人们不再通过它体验一种环境危机：非人的自然将被改变而不是被破坏，并且更加使人愉快的环境将被创造而不是被破坏。"①可以说，走向生态社会是人类社会可持续发展的迫切要求，是走出生态危机的必由之路。

那么，什么是生态社会呢？在全球性生态危机日益深重的今天，人们开始重新审视自己的社会观，重新解读马克思的社会观，对社会的认识开始向生态社会转向。比如，有学者借用马克思早年的一个提法，即未来社会将是"人同自然界的完成了的本质统一"，将社会这一概念界定为："人与自然的统一"。在这样的社会概念中，自然的地位得到了尊重和体现；也有学者从另一个角度给社会下了一个定义："社会是价值联结的生存单位"。在此，社会包含了生理型、血缘型、社会型等不同层次的生存单位，并预测，人类一旦进入智能时代，就会形成一种生态型的生存单位，即"以人为中心，包括所有生物与非生物在内的和谐存在的整体,这个整体至少是全球性的"。比较起来，主客体关系学关于社会的定义的外延更广，囊括了人类社会和非人类社会，这个定义也更贴近现实。俄国的 A.A.达维多夫从一般系统论的视角将社会定义为"由各种相互联系的元素及子系统、属性及关系组成的系统的一种类型，其个体建立在反馈机制之上，其目的在于借助于一定界限内起作用的规律实现个体活力的极值原则。"②中国人民大学姚裕群教授认为，"生态社会的范畴有两层含义：一是人类社会处于大自然生态系统之中；二是人类社会的本身也是一种生态性的组织。从改善具体的自然环境，到主动调节庞大的自然生态系统，体现了人类的理性，进而应当是力求人与人之间社会关系和谐的生态平衡。"③在这里，他所理解的生态社会是具有多样性、存在竞争关系又形成人与人和谐的理性特性的生态社会。我们认为，生态社会是指以社会与自然融合一致为基本理念，以尊重、保持和发展多样性为基础，以生态、经济和社会的可持续发展为准则，以切实可行的政策、制度和法律为保障，致力于倡导人与人和谐共处、社会与自然可持续发展的社会形态。就中国而言，生态社会的基本目标就是建立一种生态生产、生态消费、生态保护的体系，以推动和谐社会的早日实现。因此，生态社会的基本内涵主要包括三个方面：第一，生态生产，是指人类从自然界获取财富的"生产"要达到生态化。也就是说，通过发展资源节约型的生态经济，提倡经济和环境双赢，实现社会经济活动对环境的负荷最小化，并将这种负荷和影响控制在资源供给能力和

---

① [英]戴维·佩珀《生态社会主义：从深生态学到社会主义》，山东大学出版社，2005 年版，第 356 页。

② [俄]A·A·达维多夫，刘伸摘译《关于"社会"概念的定义问题》，国外社会科学，2005 年第 1 期，第 39 页。

③ 姚裕群《生态社会与和谐社会的思考—兼论现代社会的绿色劳动》广东社会科学，2005 年第 6 期，第 54 页。

环境自净容量之内，形成良性循环。第二，生态消费，是指人类耗用自然资源的"消费"要达到生态化。也就是说，要求人类摒弃现代性社会的奢侈性消费方式，树立科学的消费观，建立生态化的消费模式。生产和消费相互依存，消费生活的方式极大地依赖于生产的方式，大量的生产导致大量的消费、大量的废弃。生态生产和生态消费是紧密联系、相互促进的。第三，生态保护，是指保护和建设适宜于人类健康生存的生态环境。人口的激增、环境的污染和生态的失衡正严重威胁着全人类的生存，这就迫切需要我们从伦理、政策、制度和法律等不同层面来加强对自然资源和生态环境的保护，共建生态家园。

（二）生态社会的特征

生态社会与以往的社会相比，具有自己的特征，具体表现在以下三个方面。

1. 生态社会以自然和社会的融合一致为基本理念

生态社会是对人类"社会"概念的反思和重构。古代的社会观把自然凌驾于社会之上，对自然充满敬畏；而近现代的社会观把社会置于自然之上，对自然进行盘剥和掠夺，造成了严重的生态危机。凡此种种，自然和社会的关系都是外在性的关系，自然是被排斥在社会之外的，社会是反自然的。人类要走出困境，就必须摒弃传统的社会观，确立一种新的生态社会观。"生态"作为一个含义广泛的概念，主要是指生物与其所处环境的关系，对这一关系进行专门研究的学科就是生态学。20 世纪 60 年代以前，生态学只能为少数专门从事学术和应用研究的生物学家和牧场、林业、渔业和狩猎区的管理人员所熟悉。这些人关注着以种群和群落形式出现的生物组织与其所处环境的关系。20 世纪 60 年代以后，随着人类对环境危机的广泛体认，生态学被赋予指导人类环境实践、维护生态平衡的重任，成为世界显学。生态世界观认为，生态系作为一个整体，具有相互依赖和统一的特性。世界上的任何一个事物都有其自身的存在价值，所有的生物具有平等的内在价值，人类作为物质联合体中的一个平等成员，与世间万物没有差别。生态社会理念正是在抛弃了古人"敬畏自然"中的神秘性，吸取了人与自然和谐的合理内核的同时也扬弃了工业文明"征服自然"的人类中心主义的盲目自信，吸取了改造自然的积极因素，强调社会与自然作为一个整体，是内在的统一，社会既不在自然之上，自然也不在社会之上，社会与自然是融为一体的。社会作为一个共同体，应该是人类与自然共同组成的共同体，是社会与自然融合为一个整体的生态共同体；社会在自然之中，关爱社会亦即关爱自然，自然也在社会之中，关爱自然就是关爱社会，这种社会就是一种生态社会。由此，我们所理解的社会必然是合乎自然规律、与自然合为一体的生态社会，我们所看到的自然也必然是有人类生活于其中的生机盎然的自然。"社会如果不是人与自然的统一体，社会就会成为人的樊笼"。其实，生态社会主义也认为社会与自然不是对立的，而是相互依存和相互作用的。因为他们提出整个生态系统都是由无数个相互联系的"生命网络"系统构成的，人、自然和社会都是"生命网络"系统，都包含在生态系统的循环之中。社会是自然的一部分，自然制约和改变着社会；反过来自然又是社会化的自然，社会也不断地对自然进行改变，正是由于社会与自然的相互依存和相互作用，我们提出生态社会要实现自然和社会的融合一致，不应把社会置于生态系统之外，生态社会是人同自然界完成了的本质统一。

2. 生态社会是人类社会的高级阶段

生态社会有别于农业社会、工业社会和信息社会。学者白志礼从产业技术形态和经济发展的角度提出了经济形态的社会五阶段说，即认为人类社会先后经历了自然社会、农业社会、工业社会、信息社会，必将向生态社会迈进。在自然社会，人类以采集和渔猎为生，过着听天由命的生活。此时，人类对自然充满恐惧，人们认为大自然无所不能。随着社会生产力的不断发展，人类进入农业社会，土地和劳动力成为农业社会的重要资源，人们开始学会饲养动物和种植植物，并逐步学会了制造生产工具。农业社会经历了从原始农业到传统农业，从传统农业再到现代农业的转变。18世纪中叶以后，人类又步入工业社会，机械、石油等矿产资源成为工业社会的重要资源，由于蒸汽机的发明和广泛使用，工场手工业逐步为机器大生产所取代，社会生产力得到空前的发展。马克思和恩格斯在《共产党宣言》中指出，"资产阶级在它的不到一百年的阶级统治中所创造的生产力，比过去一切世代创造的全部生产力还要多，还要大。"然而，由于土地、石油等矿产资源的稀缺性和不可再生性，农业社会和工业社会收益呈递减趋势，社会越是往前发展，人类对自然的破坏就越是严重，人与自然的关系也由依赖走向对抗。进入21世纪，人类开始走进信息时代，这是由电子信息技术革命所引起的以信息生产和信息消费为主体的社会，它用网络技术、信息手段把人类文明推进到一个新的高度。信息社会在加强人类的广泛联系，推动世界经济的全球化和信息资源的传递与共享方面发挥了重要作用。在信息社会到来的时候，人们开始逐步关注生态问题，但信息社会不以建设生态社会为根本目标。生态社会谋求的是人与人、社会与自然的和谐共处和可持续发展，建设生态社会是人类追求的一个更高层次的目标，既是一项功在当代的伟大事业，更是一座利在千秋的历史丰碑.

3. 生态社会的准则是生态、经济和社会的可持续发展

可持续发展思想的提出源于人类对全球性生态危机的深刻认识。20 世纪下半叶，人类开始对自己的所作所为进行反思，以期寻求一条人与自然和谐发展的可持续发展之路。1962 年，美国生物学家卡逊（Rachel Carson）出版了《寂静的春天》，1972 年以美国丹尼斯·米都斯的罗马俱乐部发表了关于人类困境的报告《增长的极限》。美国的马文·贝克评价这本专著时说，"这本书给了我强烈的印象，促使我思考地球的有限性以及以现有速度开发资源的不可持续性。"同年，联合国在瑞典首都斯德哥尔摩召开了第一次"人类与环境会议"，通过了《人类环境宣言》，要求人们采取大规模的行动来保护环境，使地球成为不仅适合现在的人类生活，而且也适合将来子孙后代居住的场所。1980 年，联合国向全世界呼吁："必须研究自然的、社会的、生态的、经济的以及利用自然资源过程中的基本关系，确保全球的可持续发展"。1987 年，布伦特兰领导的世界环境与发展委员会发表了《我们共同的未来》，报告中首次对可持续发展的概念进行了界定，提出"可持续发展是既满足当代人的需要，又不对后代满足其需要的能力构成危害的发展。在 1992 年的联合国环境与发展大会上通过的《里约宣言》中明确指出："人类应该享有以与自然和谐的方式过健康而富有生产成果的生活的权利，并公平地满足今世后代在发展与环境方面的需要。"由此，可持续发展思想在全世界范围内得到人们的普遍重视，并成为人们必须遵守的行为准则。可持续发展包含两个关键概念；一是满足当代人的需要。基于公正性原理，人类必须满足地球上贫困地区人们的最基本的生活需要；二是满足后代人的需要。为了我们的子孙后代，要保全地球的生态环境。可持续发展说到底就是协调好满足人类基本需要的经济开发与生态保护之间的发展，促进经济和生态的可持续发展。我们提出，生态社会要以生态、经济和社会的可持续发展为准则，也就是说，实现生态社会必须要促进生态的可持续发展、经济的可持续发展和社会的可持续发展，并且要优先考虑生态保护，在实现生态可持续发展的前提下，通过发展资源节约型经济促进经济的可持续发展，建立可持续社会。所谓可持续社会，就是指"旨在实现可持续开发或者环境保全型生产体制的社会"①。建立可持

---

① 岩佐茂著，韩立新、张贵权、刘荣华译，《环境的思想》，中央编译出版社，1997 年版，第 60 页。

续社会有三个条件，即"环境优先的条件""决策过程民主化的条件"和"人类环境有限的条件"。①"环境优先的条件"是指开发是把环境保全放在第一位；"决策过程民主化的条件"是指决策过程中真正贯彻民主主义，要实现与此相关的实质性的环境影响评价；"人类环境有限的条件"是指基于环境容量的有限性，人类必须在环境所能承受的极限范围内进行开发。生态社会的构建必须以可持续发展为基本准则，只有与以追求利润为最高目的的资本的逻辑彻底决裂，生态社会方能实现。这一特征将生态社会与资本主义社会相区别开来。

二、构建生态社会的理论依据与历史的必然性

现代意义上的社会是建立在奢侈和欲望基础上的社会。现代社会作为一个反自然的社会和奢侈型社会，已经把地球推向毁灭的边缘。如果人类按照目前的生产方式、分配方式、消费方式和生活方式继续发展下去，社会与自然的对抗和分裂将会更加严重，地球生态圈将会遭到毁灭性的破坏，人类的生存可能无法继续维持下去，即使有科学和技术的帮助也是如此。为了使我们人类能够在这个贫病交加的地球上可持续地生存下去，我们的社会概念应该有一个根本性的转变。塞尔日·莫斯科维奇在《反自然的社会》中还指出，现代性的社会如果要继续发展，自然就应该后退：要使我们返璞归真，社会就应该衡量自己所发挥的效应或使之逐步消失。在此，社会的发展走向是摆在我们面前的一个迫切需要解决的问题，人类社会是重回古代社会还是按现在的社会生产方式和生活方式继续向前发展呢？我们认为，我们的社会肯定不能重新回到古代社会，这是历史的倒退。前面已经分析过，古代的社会与自然尽管是统一的，但社会与自然仍然是外在性的关系，即在古代，自然是凌驾于社会之上的，古代社会是受自然所奴役的，重回古代社会，就意味着重新回到刀耕火种的年代，恢复大自然对人类社会的统治地位，让人类重新匍匐在大自然的脚下，任大自然的铁蹄无情地从人类身上踏过而人类还只能顶礼膜拜。这是错误的，也是不可取的，因为社会与自然无法真正实现内在的统一。而现代社会概念是一个排斥自然且凌驾于自然之上的人类社会概念，它缺乏与生态的内在契合。如果继续按现在的社会生产方式和生活方式向前发展，只会招致更大的生态灾难，因此人类别无选择，只能改变自己的社会观，从古代和近现代的社会观向生态社会观发生深刻转变，建立一种社会与

---

① 转引自岩佐茂著，韩立新、张贵权、刘荣华译，《环境的思想》，中央编译出版社，1997年版，第60页。

自然平等和谐的关系，这就是生态社会。回顾历史，展望未来，社会与自然的关系正好经历了"正""反""合"的发展阶段，即从古代社会与自然的统一，到近现代社会与自然的分裂，再到今天社会与自然平等和谐的关系。然而，今天社会与自然的统一不再是对古代社会概念的简单复归，而是包容了社会与自然关系的新内容。今天，"我们主张自然与人类之间的和谐不是以完全服从自然为前提，而是要在正确地认识自然、合理地改造自然、恰当地利用自然、更好地保护和美化自然的基础上实现的①，走向生态社会是历史的必然。

生态社会概念是对以往社会概念的重塑。应该说，生态社会的提出不是凭空的想象，马克思关于人、社会和自然内在统一的思想和生态社会主义的不少理论成果为我们构建生态社会提供了重要的理论依据。

（一）马克思关于社会与自然融合统一的思想

近现代哲学的主题是"主客二分"，从笛卡尔到康德，从黑格尔再到费尔巴哈，他们的思维方式都是将主体与客体相对立，即人与自然相分离。因此，传统哲学的本体论主要考察人与自然界的关系，社会概念是被排除在外的。马克思在《1844年经济学哲学手稿》（以下简称《手稿》）中提出了"自然"和"社会"这两个最重要的概念，从存在与本质完全统一的本体论意义上将自然、社会和人的思维方式相贯通，实现了自然与人、自然与社会之间的辩证统一。马克思把未来社会看作是人与自然界的完成了的本质的统一，认为社会是人与自然在相互生成意义上所结成的统一体。马克思的社会与自然融合统一的思想对我们今天来说仍具有重大的指导意义。

马克思关于社会与自然融合统一的思想是在对资本主义异化劳动和私有财产进行批判的前提基础上产生的。在《手稿》中，马克思从资本主义社会最常见的经济事实出发，指出"工人创造的商品越多，他就越变成廉价的商品。物的世界的增殖同人的世界的贬值成正比。"②这一事实表明，工人的生产劳动与其劳动产品之间处于一种异化状态，"劳动所生产的对象，即劳动的产品，作为一种异己的存在物，作为不依赖于生产者的力量，同劳动相对立。"③由于异化劳动的存在，对工人来说，劳动成为外在的东西，也就是说劳动不属于工人的本质。马克思从分析异化劳动开始，考察了异化劳动的四个规定性，即异化劳动使人与自己的劳动产品、人与自己的劳动、人的类本质与

---

① 李培超，《自然的伦理尊严》，江西人民出版社，2001年版，第75页。
② 马克思，《1844年经济学哲学手稿》，人民出版社，2000年版，第51页。
③ 马克思，《1844年经济学哲学手稿》，人民出版社，2000年版，第52页。

人和人同人相异化，进而揭示了资本主义私有财产"是外化劳动即工人对自然界和对自身的外在关系的产物、结果和必然后果。"①马克思认为，异化是资本主义社会特有的现象，它与私有财产有着不可分割的关系。在资本主义社会中异化劳动的存在，自然也不再与人的本质相联系，异化劳动使自然界与人相异化。可以这样说，在资本主义社会，自然与社会的关系也是一种外在性的关系，现代社会在发展的过程中，社会与自然日益走向分裂，异化现象的普遍存在，使得社会与自然不可能实现真正的和谐和内在的统一。因此，马克思将批判的矛头转向对资本主义社会及其制度，并在对资本主义制度的批判中提出了自己的社会思想。

社会与自然融合统一的思想是共产主义社会的本质要求。马克思在对资本主义社会的异化劳动和私有财产进行批判的基础上，提出了自己的社会思想，即他认为未来社会应该是共产主义，"共产主义是私有财产即人的自我异化的积极的扬弃，因而是通过人并且为了人而对人的本质的真正占有；因此，它是人向自身、向社会的即合乎人性的人的复归，这种复归是完全的、自觉的和在以往发展的全部财富的范围内生成的。"②共产主义社会把人从异化中解放出来，实现了对人本质的真正占有，这是人向自身的复归，也是人向社会的复归，合乎人性的人才能真正实现人与自然的统一，由合乎人性的人组成的社会与自然也必然是内在一致的关系。随后，马克思又指出："这种共产主义，作为完成了的自然主义=人道主义，而作为完成了的人道主义=自然主义，它是人和自然界之间、人和人之间的矛盾的真正解决，是存在和本质、对象化和自我确证、自由和必然、个体和类之间的斗争的真正解决。它是历史之谜的解答，而且知道自己就是这种解答。"③在这里，马克思提出了三位一体的绿色思想，即"自然主义—人道主义—共产主义"三位一体，其核心就是要实现人、自然与社会的和谐。马克思所说的人的"自然主义"是把人作为"自然存在物"、"自然界的一部分"来把握的。"人直接地是自然的存在物。人作为自然存在物，而且作为有生命的自然存在物，一方面具有自然力、生命力，是能动的自然存在物；另一方面，人作为自然的、肉体的、感性的、对象性的存在物，和动植物一样，是受动的、受制约的和受限制的存在物，也就是说，他的欲望的对象是作为不依赖于他的对象而存在于他之外的。"④在这里，马克思指出了"人的自然的本质"，因为人是拥有身体、拥有自然的

---

① 马克思，《1844 年经济学哲学手稿》，人民出版社，2000 年版，第 61 页。
② 马克思，《1844 年经济学哲学手稿》，人民出版社，2000 年版，第 81 页。
③ 马克思，《〈844 年经济学哲学手稿》，人民出版社，2000 年版，第 81 页。
④ 马克思，《1844 年经济学哲学手稿》，人民出版社，2000 年版，第 105 页。

各种力的人的自然，同时又受到独立于人而存在的外部自然的限制。把人的自然与外部自然连接起来的是生产劳动。人类通过生产劳动对自然施加影响，而自然是"人的生命活动的材料、对象和工具"。因此，马克思在《手稿》中称自然是"人的无机的身体。"所谓自然的"人道主义"亦即"人本主义"，是马克思对"自然界的人的本质"这样一种想法的肯定。"'自然界的人的本质'并不是指自然本身包含着什么人的原理，而是指自然具有这样的可能性：即自然可以作为通过人的劳动而发生变革、被人化、被纳入社会的各种自然力——换言之人的本质力量对象化的对象或材料"。①马克思指出由于劳动自然得以变革、被人化、被纳入社会，这与作为"人的无机的身体"的自然、"自然界的人的本质"的理解是密切相关的。马克思在自然主义和人道主义之间用的是等号。曹孟勤教授认为："这意味着人与自然的统一既不是统一于自然主义，也不是统一于人道主义，而是统一于人与自然关系自身的一致上。自然主义是把人统一于自然界，而人道主义则把自然界统一于人之中，为了避免将人还原于自然存在物，也为了避免将自然界看作是人的主观世界的影子，马克思才提出了"作为完成了的自然主义=人道主义，而作为完成了的人道主义=自然主义。"也就是说，马克思在对人、自然、社会关系的问题上②明确表示了一种不同于机械唯物主义和唯心主义的见解："自然在向人生成的同时，人也应该向自然生成，两者是统一而不可分割的"。而共产主义社会正是人的实现了的自然主义和自然的实现了的人道主义的本质统一，因此从本质上讲，实现共产主义就要求人、社会与自然实现真正的统一。

社会与自然的融合统一也是人之为人的根本,割裂了社会与自然的关系,人就不能成其为人。首先，马克思论述了自然对人的存在的重要意义。他指出："在实践上，人的普遍性正是表现为这样的普遍性，它把整个自然界——首先作为人的直接的生活资料，其次作为人的生命活动的对象（材料）和工具——变成人的无机的身体。自然界，就它自身不是人的身体而言，是人的无机的身体。人靠自然界生活。这就是说，自然界是人为了不致死亡而必须与之处于持续不断的交互作用过程的、人的身体。所谓人的肉体生活和精神生活同自然界相联系，不外是说自然界同自身相联系，因为人是自然界的一部分"③这就是说，人作为自然存在物离不开自然界，人不仅在肉体上需要

① 岩佐茂著，韩立新、张贵权、刘荣华译《环境的思想》，中央编译出版社，1997年版，第120页。
② 曹孟勤《人性与自然，生态伦理哲学基础反思》，南京师范大学出版社，2004年版，第219页。
③ 马克思《1844年经济学哲学手稿》，人民出版社，2000年版，第56-57页。

依靠自然界才能生活，在精神上也要依靠自然界，因为自然界是人的意识的一部分。马克思也看到了人对自然存在的意义，他反对把自然界看成是与人分离的抽象的"自然界"。马克思认为与人分离的自然就是无，他只承认在与人发生关系的自然，他指出："被抽象地理解的，自为的，被确定为与人分隔开来的自然界，对人来说也是无。"①马克思并不是否认与人没有联系的自然本身的存在，而是说"黑格尔的自然作为他在形式中的理念仅仅是'自然界的思想物不是与人相互联系的现实的自然。"②马克思在强调自然界对人的重要性的同时，也非常重视社会对人存在的意义。在马克思那里，人是在改造自然界的实践活动的基础上产生的。人类在改造自然的实践活动中要结成各种各样的社会关系，人的本质是由人所处的社会关系决定的，人是"社会关系的总和。"人是社会的人，离开了社会，人就不再具有人的本质，社会也不是与人分离的抽象的"社会"。马克思认为"首先应当避免重新把'社会'当作抽象的东西同个人对立起来。个人是社会存在物。"③马克思认为人的自然存在与社会存在是相互说明和相互印证的，即"自然界的人的本质，只有对社会的人来说才是存在的；因为只有在社会中，自然界对人来说才是人与人联系的纽带，才是他为别人的存在和别人为他的存在，只有在社会中，自然界才是人自己的人的存在的基础，才是人的现实的生活要素；只有在社会中，人的自然的存在对他来说才是自己的人的存在，并且自然界对他来说才成为人。"④这段话表明人的自然存在和人的社会存在是密切相关的，两者不可或缺。要以人的自然存在和社会存在所组成的二维坐标来考察人的存在，脱离人与自然的关系来思考人的社会生活或者离开人与社会的关系来考察人的自然属性都是对人生存完整性的割裂。

马克思对社会的本质有一个概括性的论断，他说："社会是人同自然界的完成了的本质统一，是自然界的真正复活，是人的实现了的自然主义和自然界的实现了的人道主义。"因此，我们要从人和自然界的关系上来把握社会，人的本质存在离不开自然，自然界也离不开人，社会正是"人与自然相互生成意义上的统一体。"⑤马克思关于社会与自然相统一的思想，成功地走出了自文艺复兴以来所形成的人与自然相对立的传统，结束了以往自然与人、自

---

① 马克思《1844 年经济学哲学手稿》，人民出版社，2000 年版，第 16 页。
② 岩佐茂著，韩冗新，张貴权、刘荣华译，《环境的思想》，中央编译出版社，1997 年版，第 116 页。
③ 马克思《1844 年经济学哲学手稿》，人民出版社，2000 年版，第 84 页。
④ 曹盂勤《人性与自然：生态伦理哲学基础反思》，南京师范大学出版社，2004 年版，第 219 页。
⑤ 许斗斗《社会：人与自然相互生成意义上的统一体》，学术研究，2004 年第 7 期，第 58 页。

然与社会相对立的状况，向人们展示了一幅自然与人、自然与社会相互作用和辨证统一的图景，是我们今天构建生态社会，实现人与自然、社会与自然和谐发展的深刻基础。

（二）生态社会主义思潮的启示

1. 生态社会主义思潮的兴起

20 世纪 70 年代以来，西方发达国家绿色运动中兴起了一种从人与自然的关系出发对当代资本主义进行批判的生态社会主义思潮。这种思潮从人类面临严重的生态危机的现实出发，以社会主义理论来透视生态危机，"谋求建立一种生态与社会平衡为基础的、符合生态环境的、没有剥削的并能充分保障人权的社会主义制度"①。生态社会主义是当代资本主义政治、经济发展的结果，是社会主义运动中出现的新情况。法国学者雅克·彼岱提出，资本主义在新时期获得了很大的发展，已经不是马克思在一百年前批判的那个原来的资本主义了，但是资本主义的当代发展也是灾难性和毁灭性的，它造成了第三世界的贫困、世界的两极化和世界生态环境的严重破坏，生态社会主义就是在这样的大背景下产生的。近年来，资本主义世界出现严重的生态危机，资本主义各种社会矛盾凸现，经济衰退、贫富两极分化、军备竞赛、霸权主义和新殖民主义令人们对资本主义制度产生失望；而社会主义运动也遇到了挫折，前苏联社会主义模式遭遇失败，在这种情形下，生态社会主义应运而生，它是人们对资本主义进行批判和对社会主义反思的产物，是西方资本主义国家绿色运动和社会主义运动相互影响而交互发展的产物，并先后经历了 20 世纪 70 年代的萌芽时期、80 年代的发展时期和 90 年代以后的成熟时期。1972 年，世界上第一个绿色政党诞生于新西兰，之后欧洲国家相继建立了各自的绿色政党。1980 年 1 月，德国成立了世界上第一个有明确政治纲领的"绿党"，并公开提出了"生态社会主义"的口号，标志着生态社会主义的诞生。在生态社会主义运动不断发展壮大的同时，生态社会主义理论也不断得到发展和完善。20 世纪 90 年代是生态社会主义理论成熟的时期：瑞尼尔·格伦德曼出版了《马克思主义与生态学》，大卫·佩伯出版了《生态社会主义：从深生态学到社会正义》，安德烈·高兹出版了《资本主义、社会主义和社会学》，劳伦斯·威尔德出版了《现代欧洲社会主义》等一系列著作，明确提出了生态社会主义的主张，初步形成了生态社会主义的思想体系。2002

---

① 肖显静《生态政治—面对环境问题的国家抉择》，山西科学技术出版社，2003 年版，第 65 页。

年，美国绿党重要人物约珥·克沃尔出版了《自然的敌人》一书，使生态社会主义进一步得到完善。

2. 生态社会主义的主要理论观点

生态社会主义作为 20 世纪末人类社会主义发展史上最有影响力的现象之一，它是传统社会主义理论对现代生态学的理论回应和主动吸纳，它对资本主义制度进行了彻底的批判，把全球性生态危机与资本主义制度联系起来，强烈谴责了发达资本主义国家把生态危机转嫁给发展中国家的生态殖民主义恶行，同时勾画了未来社会的美好蓝图。

在生态危机的根源上，生态社会主义者认为资本主义生产方式和资本主义积累的逻辑，是造成全球性生态危机的根本原因。早期生态社会主义者受西方生态运动的影响，总是把生态危机归因于科学技术和工业化，把工业制度作为批判的直接对象，片面地认为是人们的生活方式和科学技术的发展引起了生态危机的发生。这种批判是一种改良主义的批判，没有触及私有制和资本主义制度。法兰克福学派激进哲人马尔库塞在《单向度的人》中指出："发达工业社会的单向度化不在于科学技术本身，而在于科学技术的资本主义使用."[1]马尔库塞写道："在这一阶段上，制度自身的合理性肯定了什么毛病这一点变得清楚起来。其实，毛病就在于人们一直用以组织其社会劳动的那种方式。……有毛病的社会组织要求站在发达工业社会现状的立场上来进一步作出解释，而在发达工业社会中，先前那些否定的、超越性的力量同已确立制度的一体化似乎在创造一种新的社会结构。"[2]进入 20 世纪 90 年代后，生态社会主义者对资本主义的批判更为彻底，对生态危机的根源的认识也更为深刻。生态社会主义者认为：生态危机的根本原因不在于资本家的贪婪本性、工业化和科学技术的发展，也不在于异化的自然观和消费观，资本主义制度和资本主义生产方式才是生态危机的根本原因。由此，生态社会主义者将批判的矛头直指资本主义制度本身，认为资本主义社会是与自然严重分裂和对立的社会，这种对立必然导致对自然的掠夺和破坏。例如，加拿大生态社会主义理论家威廉·莱易斯认为：以私有制为基础的资本主义生产扩张的动力是追逐利润的最大化，而不是社会效率的最佳化，这就必然造成对全球性自然资源进行掠夺性开发，再加上资本家之间的无序竞争必然会导致生态危机的发生。本·阿格尔指出：垄断资本主义已导致"过度生产"和"过度

---

① 朱士群，《马尔库塞的新技术观与生态学马克思主义》，自然辩证法研究，1994（6），第 38 页。

② 转引自朱士群《马尔库塞的新技术观与生态学马克思主义》，自然辩证法研究，1994（6），第 38 页。

消费"。所谓"过度消费"是指资本家操纵了消费，使人们产生了被强加的需要和虚假的需要，诱使人们在市场机制作用下把追求消费当作真正的满足，人们在占有、享用和无休止的消费欲望中失去自我，成为单向度的人。"过度生产"和"过度消费"尽管延缓了经济危机却造成了生态危机。奎尼说过："制度不断地吞噬着它所赖以生存的自然基础。"①即奎尼认为是资本主义制度持续地吞噬掉维持它的资源基础。英国生态社会主义理论家戴维·佩珀指出："一种历史唯物主义的对资本主义的社会经济分析表明，应该责备的不仅仅是个性'贪婪'的垄断者或消费者，而且是这种生产方式本身：处在生产力金字塔之上的构成资本主义的生产关系。"②因此，戴维·佩珀认为导致环境的破坏不能仅仅归咎于人的贪婪或消费异化，资本主义的生产方式是生态危机的根本原因。"正是资本主义制度下人类干预自然的方式是大量土地退化和由此造成的让人吃惊的人类后果的原因。"③资本主义对环境的破坏超过了以往任何社会，尤其是发达资本主义在第三世界推行"生态殖民主义"，进行新的"生态犯罪"。生态殖民主义者为了保护本国的生态环境不惜破坏他国的生态环境。法国左翼运动的主要理论家乔治·拉比卡指出：发达国家对不发达国家的掠夺和剥削是造成不发达国家和地区生态环境恶化的根本原因。基于以上分析，生态社会主义认为要消除生态危机，必须废除资本主义制度，实现以社会主义为价值取向的社会变革，建立一种人类与自然和谐共存、生态与社会和谐发展的生态社会。

在人与自然的问题关系上，生态社会主义批判了资本主义条件下人与自然的异化状态，提出重建人与自然的和谐以实现生态社会。发达资本主义社会是人与自然异化的社会，因为传统价值观认为自然资源是取之不尽、用之不竭的，人的欲望是无止境的，人类只要不断向大自然进军，征服自然、扩大消费，才能促进经济发展，满足人们不断增长的物质需要。因此，自然不再被看作是人的"无机的身体"，而是被当作可以征服和被人类奴役的对象，人类借助于现代科技的力量毫无顾忌地加强对自然的控制和掠夺，使人与自然的对抗程度不断加剧。生态社会主义者认为：人与自然的异化也根源于资本主义的固有逻辑，资本主义社会"技术的异化"（马尔库塞语）和消费的异化导致了人与自然之间关系的扭曲。根据马克思主义的观点，人与自然是不可分割的，它们各自是对方的一部分，通过双方来界定自己、展现自己，同

---

① 俞可平《全球化时代的"社会主义"，中央编译出版社，1998年版，第23页。
② [英]戴维·佩珀《生态社会主义：从深生态学到社会主义》，山东大学出版社，2005年版，第133页。
③ 转引自：[英]戴维·佩珀《生态社会主义：从深生态学到社会主义》，山东大学出版社，2005年版，第133页。

时它们又是互相渗透互相作用的。这种自然的人化和人的自然化构成了人与自然日益统一的历史过程。豪沃德·帕森斯解释道："人类离开了它在自然中的进化和借助工具实现的面对自然的集体劳动是不可想象的。人类与自然的辨证关系——人改变自然的同时也在改变自己——是它自己的自然的本质，自然是产生了人又为人所产生的有限的材料和环境力量。"①生态社会主义者认为人与自然实现统一的现实途径是生产劳动。生产劳动是使人与自然实现一体化并最终使人从自然必然性中获得解放与自由的主要手段。生态社会主义者认为，未来社会将是一个人与自然相统一的社会，在这个社会中，人是世界的中心，人支配自然，人按照理性的方式合理地、有计划地利用自然资源发展生产，从而满足人类物质上有限而又丰富多样的需求。值得注意的是，瑞尼尔·格仑德曼提出：马克思主义的支配概念不同于统治，支配并不意味着征服与破坏；相反，它正是缺乏支配的表现，因为支配标志着人类对人与自然关系的集体的有意识的控制，这是实质上的服务而不是破坏，他甚至认为，人类对自然的支配范围越广、能力越高，将会越自由。戴维·佩伯认为："我们不应该在试图超越自然限制和规律的意义上支配或剥削自然，但是为了集体的利益，我们应该集体地支配（即计划和控制）我们与自然的关系。"②

在社会与自然的关系上，生态社会主义者认为整个生态系统是由无数个相互联系的"生命网络"系统构成的，人、自然和社会作为整个生态系统的组成部分，三者之间不是互相对立的，而是相互联系、相互依存和相互作用的，未来社会就是社会与自然融合统一的生态社会-生态社会主义认为未来社会应该"是人与自然高度统一的社会。在这个社会人不是以统治者、掠夺者、支配者的身份与自然环境共处，而是朋友、伙伴的角色与自然环境同存。"③他们还认为未来社会是以生态经济为发展模式的社会，在这个社会里，基层民主得到充分发展，但仍需保留国家；实现了社会公正，和平才能够得到充分保障，人们以友善的态度协调和处理各种各样的关系，整个社会在和谐中达到了统一。生态社会主义者对未来社会的设想为我们构建生态社会提供了可资借鉴的理念和策略。

3. 生态社会主义的意义和不足

生态社会主义作为一种社会思潮和重要的政治派别，它把维护全球性的生态平衡和实现社会主义相结合，将批判的矛头直指资本主义制度，这在客

① 转引自：郇庆治《生态社会主义述评，马克思主义研究》，2000年（4），第77页。
② [英]戴维·佩珀《生态社会主义：从深生态学到社会主义》. 山东大学出版社，2005年版，第355页。
③ 吴海晶《生态社会主义面面观》，武汉交通管理干部学院学报，2002（9），第6页。

观上促使各国政府更加重视生态问题，也为人们正确认识资本主义提供了线索和证明。生态社会主义是人类中心论的和人本主义的，它"拒绝生物道德和自然神秘化以及这些可能产生的任何反人本主义，尽管它重视人类精神及其部分地由与自然其他方面的非物质作用满足的需要"；①它主张生产的目的首先应该是满足社会需要，而不是以追求最大利润为唯一目的；它宣称生态社会主义既不意味着放弃工业社会，也不会抛弃技术和向前工业生活方式倒退去做苦行僧，而是要发展和使用更加符合人类需求和自然保护的技术，打破越好的社会是"生产越多、消费越多"的人类幻想。生态社会主义作为对当代发达资本主义国家社会发展的一种审视、对现代工业文明的社会作用的一种纠偏、对社会发展的反思尤其是对人类生存困境的哲学思考具有积极的意义。生态社会主义者从社会与生态关系的视角来解读生态危机，唤醒了人类的生态环境意识，提出了在工业文明时代人与自然和谐发展的关系问题。当然，但生态社会主义的理论也具有一定的缺陷。

生态社会主义者虽然对资本主义持否定和批判的态度，但对什么是社会主义，怎样实现生态社会的问题并无科学的认识，即"生态社会主义这一用语虽然被广泛使用，但其概念的内涵并不明确"。②因此，生态社会的概念和实现问题有待于我们进一步去研究。生态社会主义无论从理论上还是在实践上也没有为人类解决生态危机而提出切实可行的方案。然而，生态社会主义作为特定社会历史条件下的产物，尽管它在社会各个方面的主张有积极因素也有不科学的一面，但是生态社会主义思潮将马克思主义与生态学相结合的思路对我们社会主义国家建设生态社会的目标具有重要的启示意义。

（三）走向生态社会的必要性

近现代社会的概念把自然排斥在社会之外，自然仅仅被看作是为人类服务的工具，人是自然界的主人，自然则沦为人的奴仆，自然被人消解，因而导致了人对自然的占有和掠夺，生态危机由此产生，严重的环境问题对社会的经济发展造成严重制约，影响了社会稳定，并引发了强大的国际压力。

改革开放以来，我国经济发展迅猛，但经济模式依然是传统的"高投入、高消耗、高排放、低效率"的模式。改革开放以来，中国 GDP 增长了十多倍，但矿产资源的消耗却增长了许多倍。有人预测，到 2020 年，45 种主要矿产资源国在内将仅剩 6 种，70%的石油需要进口；1972 年联合国人类环境会议

---

① [英]戴维·佩珀《生态社会主义：从深生态学到社会主义》，山东大学出版社，2005 年版，第 354 页。
② 岩佐茂著，张贵权．刘荣华译《环境的思想》，中央编译出版社，1997 年版，第 175 页。

指出："石油危机之后,下一个是水危机。"1996 年联合国《对世界淡水资源的全面评估报告》指出:缺水将严重制约下一世纪的经济和社会发展,并可能导致国家间的冲突。据有关资料表明,世界上有 80 个国家面临淡水不足,我国也属于淡水短缺的国家。中国北方水资源已接近枯竭,而南方水资源又遭到严重污染。可以说,全国主要江河湖海和近海海域都受到不同程度的污染;全国土地资源也遭遇酸雨或沙漠化的严重侵袭,酸雨是被排放到大气中的二氧化硫由于光化学作用而产生了硫酸雾,硫酸雾在空气中遇到水汽降下的 PH 值小于 5.7 的雨。酸雨对生态系统的破坏很大,它降到地面,能使土壤变成酸性土或强酸性土,可以使整片森林、草原和农田变成一片荒芜,而我国全国就有 30%的土地被酸雨污染。沙漠化是指发生在干旱和半干旱地区的向沙漠演变的进程,全球沙漠化的土地每年正以 600 万平方公里的速度在扩展,而中国有 17%的土地已经彻底沙漠化(沙漠是不毛之地,意味着死亡)。这些危机都将严重制约我国经济的发展。严重的环境污染还给公众的健康带来威胁。由于环境污染,我们生活的世界已经被毒化,我们血液里正常的白细胞数已经由 20 世纪 70 年代的 7 000 ~ 8 000 降到 80 年代的 5 000 左右,现在又降到了 4 000 左右,我国有 70%死亡的癌症患者与污染有关,有 20%的儿童铅中毒,而且由于环境污染引发的恶性事件越来越多。同时,我国严重的环境污染已经影响到我们的国际形象。中国的二氧化硫排放量和二氧化碳排放量均为世界第一。环境污染、生态破坏、气候变化是目前压在中国头上的三座环境大山。生态危机的严重性迫使人们不得不对传统的社会概念进行反思,以寻求一条能够使我们走出困境、走向光明的发展道路。为了消除人与自然的对抗,促进社会经济的可持续发展,维护社会的稳定和营造良好的国际环境,构建生态社会,已经是一个不容回避的现实问题,同时也是一个回避不了的历史责任。

三、清镇市构建生态社会的探索与问题分析

生态社会是在物质文明高度发展的基础上,人与自然和谐相处,人类社会与自然生态协调发展、互利共生的高度文明的社会形态。构建生态社会是清镇市创建生态文明示范区的必然趋势和强烈要求。为此,素有"高原明珠·滨湖新城"美誉的清镇市制定了"打造清镇发展升级版,建设生态文明示范市"的发展战略,确立了到 2020 年,努力实现全市国民生产总值、人民收入和生活水平在 2015 年的基础上翻一番,迈向绿色经济崛起、幸福指数更高、城乡环境宜人、生态文化普及、生态文明制度完善的生态文明新时代。多年来,

清镇市在生态生产、生态消费、生态保护方面作了有力的探索，为探索资源、能源富集的欠发达地区绿色发展新道路积累经验、提供示范，为贵州省建设全国生态文明先行示范区提供宝贵的理论与实践的借鉴。

（一）生态生产的内涵探析

十八大报告提出："要实施重大生态修复工程，增强生态产品生产能力"。"生态产品生产"第一次进入了党和国家重要文件，它的提出对于丰富发展唯物史观关于社会生产的理论以及推动当代中国社会发展具有重要意义，特别是为清镇等资源、能源富集的欠发达地区绿色发展指明了方向。

我们知道，在工业社会及其之后的社会形态，人类社会发展决定性因素已经不只是"物质生产"和"人口生产"了，用"两种生产理论"已经无法完全概括人类社会发展的动力和内容，社会发展中的决定性因素开始增加了"生态生产"这一新的"生产方式"。"生态生产"无论是生产方式还是生产对象都区别于传统的"物质生产"和"人口生产"，它更多强调的是：人类在享受自然产品和服务时，理应自觉地进行资源节约、生态保护、生态治理，防止人类对生态系统的透支。"生态生产"区别于"自然生产"，这是因为后者只是生态环境在不借助于人力的前提下的"自然行为"，而当前生态环境的严峻形势只有借助于人类的积极行为才可以改善。人类无法随意改变客观生态环境，"生态生产"并不是让人们去"生产生态"，而是更多地要求人类在利用自然时尊重自然、保护自然。"生态生产"属于"生态文明"这个大的范畴，但是生态文明更多地是指人类与自然之间良性互动的状态和结果；"生态生产"更多地是指人类在面临生态危机时对生态环境的积极治理、修复、养护的过程和行为，如十八大报告所讲的"推进荒漠化、石漠化、水土流失综合治理，扩大森林面积、湖泊和湿地面积，保护生物多样性"。相对于生态文明而言，"生态生产"能更体现出人类修复、养护自然的积极行为，即"生态生产"是生态文明的基础和支撑。国外虽然没有"生态生产"这个概念，但早已有"生态形态服务"、"环境产品和服务"等近似提法。从内容上来说，它主要涵盖：保证重要生态服务功能——涵养水源、水土保持、防风固沙、调洪蓄水，从根本上解决资源开发与生态保护的矛盾；保护生态脆弱区、生态敏感区，如土壤侵蚀敏感区、沙漠化石漠化盐渍化敏感区、冻土侵蚀酸雨沉降敏感区，维护可持续发展和人类生活环境；保护生态多样性，为生物资源利用和保护提供保障。"生态生产"主要体现在资源消耗、环境损害、生态效益等方面。像经济生产可以用 GDP 来衡量一样，生态生产也应该用 GEP（Gross Ecological Product，生态生产总值）来衡量。领导干部的考核也不能再"唯 GDP 论"，经济社会发展指标体系应体现出生态效益、生态生产。在限制开发区和禁止开发区，搞好"生态生产"与优化开发区、重点开发区搞好"物质生产"具有同等价值和意义。唯有如此，不同部门、不同主体功能区根据当地实际情况走因地制宜的科学发展之路，在社会利益分配上才是公平的。"生态生产"已经成为经济社会发展的内容和目标之一，物质生产、人口生产、生态生产同时统一于当代社会发展中，国土空间规划要划定"发展线"、"生活线"、"生态线"这三条线，要实现生产空间集约高效、生活空间宜居适度、生态空间山清水秀。"生态生产"改变了以前"两种生产理论"中"物质生产"与"人口生产"之间的简单互动。在社会生产系统中，开始出现"物质生产"、"人口生产"、"生态生产"三者之间的复杂联动。"物质生产"可以促进"人口生产"，但增加了"生态生产"压力；人口增长可以促进"物质生产"，但增加了"生态生产"的压力；"生态生产"是"物质生产"和"人口生产"的前提和基础。足额的"生态生产"是"物质生产"和"人口生产"的根本保证，"物质生产"和"人口生产"要考虑生态环境的承载力，生产发展、生活富裕必须建立在生态良好的基础之上。"生态生产"如果跟不上，"物质生产"和"人口生产"将无以为继，破坏生态环境就是破坏生产力。正是在这个意义上，习近平才强调：要正确处理好经济发展同生态环境保护的关系，牢固树立保护生态环境就是保护生产力、改善生态环境就是发展生产力的理念，决不以牺牲环境为代价去换取一时的经济增长。

"生态生产"是在全球面临生态危机的形势下提出来的，它的提出与工业化和现代化道路的选择是分不开的。"生态生产"，究其本质是工业化生产方式和现代化生活方式的产物。从工业化的视角来看，人类社会历史基本上可以分为前工业化时期、工业化初期、工业化中后期。每个阶段的生产方式、生活方式都不相同，生态环境问题也不一样。工业革命前，人类生产方式主要是采集狩猎、渔猎农耕，生活废弃物基本上可以被自然界分解吸收，人类与生态环境基本不发生冲突，生态环境自我恢复能力十分强大。从工业革命到第一次世界大战前是人类的工业化初期，人类的生产方式开始由农耕畜牧向工业经济转型，很多生活必需品由工业化生产方式制造，人类与生态环境开始发生冲突。从第一次世界大战到第二次世界大战前，是人类的工业化中后期，世界产业结构开始从轻工业向重工业转型，人类与生态环境的冲突极其严重，生态环境的自我修复能力开始降低，生态环境的好转需要借助于人类的治理、修复、养护等行为。此时，生态环境在社会存在系统中占有比以往任何时候都要突出的位置，直接影响着生产方式、生活方式，由资源环境导致的战争开始出现，全球变暖导致的海平面上升将使有些国家面临灭顶之灾。经典作家之所以没有提出"生态生产"而只是提出"两种生产理论"，与其所处的时代即工业化初期有关，那时"物质生产"、"人口生产"与生态环境之间矛盾还不像当今时代如此尖锐。唯物史观要将"生态生产"纳入物质生产理论当中，实现由"两种生产理论"向"三种生产理论"转变。相对于西方发达国家而言，我国"物质生产"的不足和"人口生产"的过剩，使"生态生产"在我国更具有紧迫性。这种紧迫性根源于我国现代化的"时空压缩"的性质。我国现代化晚于西方发达国家，要想在本世纪中叶实现现代化并达到中等发达国家发展水平，使得西方发达国家生态环境几百年面临的问题在短期内集中体现出来。除此之外，西方资本主义国家在开始工业化时，可以利用全世界的资源并将污染物转移到世界各地，这对社会主义中国来说已经不可能，我国生态环境形势的严峻性和生态生产任务的艰巨性可见非同寻常，我们必须认清形势、勇于担当。

（二）清镇市生态生产的现状

多年以来，清镇市按照贵阳市建设全国生态文明示范市的统一部署，紧扣"五位一体"总布局，坚持系统谋划、分类指导、试点先行、重点突破，致力打造生产空间集约高效、生活空间宜居适度、生态空间山清水秀的宜居宜业新家园，在生态生产方面作了有效的探索。

1. 进一步加大环境治理与保护力度，扎实深入推进生态文明建设

清镇市在贵阳市各区（市、县）中组建了第一家生态文明建设局，围绕"山青、天蓝、地绿、水净"目标，完善生态文明目标体系、考核办法及工作机制。深入推进国家可持续发展实验区建设，发展绿色、循环、低碳经济，积极做好甲醇汽油、水煤浆等清洁能源推广使用，尤其是节水型社会建设试点工作已通过国家水利部验收。通过实施东门河下游治理、清纺片区和栗木河清洁型小流域水土保持综合治理等项目建设，落实节能减排、污染治理等各项措施，生态环境持续改善，"两湖"水质稳定在Ⅲ类以上，红枫湖镇获全国生态文明先进镇称号。实施"三位一体"，抓好治矿育林，完成石漠化综合治理达 20.83 万亩，恢复植被造林达 1.6 万亩。化学需氧量、氨氮、二氧化硫、氮氧化物排放总量分别控制在 4 760.15 吨、304.46 吨、3.96 万吨、1.31 万吨以内。

2. 加强生态文化建设，坚持消费低碳化、环境人文化，广泛普及生态理念

大力推广绿色建筑，倡导乘坐公交、使用绿色产品、减少一次性用品等绿色生活方式，推动垃圾分类回收，让生态文明观念融入到城市发展和市民

生活各个方面。深入推进学校、社区、家庭、村寨、企业、机关生态文明创建活动，努力在全市形成人人参与、自觉践行、模范遵守的生态文化氛围。

3. 加强生态环境保护

按照贵阳市创建国家环境保护模范城市的要求，启动实施了红枫湖一级水源保护区沿湖村寨生态移民搬迁；继续实施"三大主战略"，推进城市发展布局和产业布局调整，加强"三大污染源"治理，确保"两湖"水质稳定在Ⅲ类以上。加大重点饮用水源地保护和小流域综合治理力度，完善农村人畜饮水安全设施，确保水质达标率达93%以上。继续抓好东门河上游治理工程和新店镇污水处理厂建设，启动实施城北新区污水处理厂、亚行雨水集蓄、朱家河淤泥干化、后午片区农村污水收集管网及污水提泵站等项目，加快完善城市新区、中心集镇和产业园区污水收集系统，抓好朱家河和站街污水处理厂的运行管理，确保污水处理率达标。抓好中心城区和中心集镇绿化、市境内高速公路两侧绿化、工业园区11号路绿化，在红枫湖镇、站街镇、卫城镇、犁倭乡、流长乡五个乡镇新建万亩花卉苗木基地。实施退耕还林、植树造林，完成20个生态文明村寨绿化建设。完成石漠化治理22.75平方公里。加强矿山整治与生态修复，按照"三个100%"的要求，通过"三联动"机制，严厉打击非法开采，实现依法、科学、规范、节约开采，巩固废弃矿山植被恢复3 000亩以上。抓好废气和粉尘污染治理，确保城市环境空气质量达标率达95%以上。

4. 发展绿色生态经济

坚持生产清洁化、利用高效化，把循环经济理念贯穿到产业园区发展和生产的各个环节，全面推行清洁生产，大力发展生态工业、生态农业和生态服务业；积极推进重点企业和产业园区的循环经济建设与改造，加强"三废"综合利用，加快形成资源高效利用、废物循环利用的产业链和经济发展模式。加快发展生态文化旅游，创建全国旅游标准化示范城市。进一步健全节能减排目标责任制，健全重点用能企业节能绩效评价制度和落后产能退出机制，抓好节能降耗，加快淘汰落后产能。推广应用东方红升M15甲醇汽油、联和能源水煤浆清洁燃料、节能建筑材料和高效节能环保产品，抓好重点工业企业脱硝项目、粉煤灰综合利用及清洁生产审核等节能减排项目的实施，实现单位生产总值能耗下降3.12%。

（三）以清镇市职教城建设为例的生态生产探索

按照生态文明理念，清镇职教城始终将生态生产观融入职教城建设的全过程中，积极探索生态社会发展模式，围绕打造"生态园地、科创基地、人才高地"的目标，坚持职教城为"全省教城互动、产教互动、职教改革、技能培训的引领区、创新区、示范区"的定位，打好"职教牌"，通过省、市、县三级共建，自 2012 年启动建设以来，已形成规划总面积约 46 平方公里，拉动清镇城市转型升级 80 平方公里，对沿河散居村民生活、农业生产污水直接排放的村民实现生态移民 5 万多人，住有所居项目共解决安置房达 38 万平方米，解决就业人数、聚集人口数量和人口素质明显提高，平均受教育时间、拥有专业技术人才数、土地承载能力等得以显著提升，居民的幸福感、满意度，以及生态环境明显改善。

分析总结职教城用生态社会观引领创新新型城镇化建设积累的宝贵经验，有助于改变长期各地有示范点而形不成面、见物不见人的"形象工程"示范模式，真正坚持以人为本，保障知情权、参与权、表达权、监督权，让生态生产观融入到科学的发展观念、系统的战略部署，有效的资源整合、强力的项目带动，完善的政策支持、健全的制度保障，广泛的宣传动员、积极的公众参与全过程中。

在经济社会发展与生态保护中寻求平衡。贵州已从"用绿水青山去换金山银山"的经验中领悟、认识到："加快发展与环境保护之间不是此消彼长，而是互相转化的关系"。发展理念由"绿水青山换取金山银山，到既要金山银山也要绿水青山，再到绿水青山本身就是金山银山"的转变。随着《贵州省生态文明先行示范区建设实施方案》的获批，贵州成为继福建之后第二个以省为单位的建设全国生态文明先行示范区，这标志着贵州省建设全国生态文明先行示范区正式启动。

贵阳市深入贯彻落实科学发展观，结合实际，发挥优势，提出了建设生态文明城市的重大目标任务。清镇市作为贵阳市的一部分也在思考如何抢抓机遇谋发展，提出要充分利用生态文明市建设契机，积极调整产业结构，有效促进经济、社会与环境的良性互动，探索出一个符合地方实际的生态文明建设模式。清镇市还明确指出：要实现"打造清镇发展升级版，建设生态文明示范市"的既定目标，推动我市发展升级版的实现，就必须实施"4＋1"战略。"4"就是打好"四张牌"，即生态牌、职教牌、贵安牌、中铝牌；"1"就是"一个主战场"，即清镇"西部大开发"。如何用生态文明理念通过职教城建设加快城镇化进程，为着力解决清镇市民生中最核心的收入、最突出的脱贫、最急迫的农村危房改造、最长远的教育、最普遍的社保、最根本的就业等问题作好创新示范，提出了校、城、产业一体化的职教城实践模式。

1. 用生态社会观引领职教城的顶层设计

按照职教城为"全省城教互动、产教互动、职教改革、技能培训的引领区、创新区、示范区"的定位，打好"职教牌"，以集中进行职业教育作为切入点，五位一体，同时完成清镇城镇化、人居环境改善、产业结构调整、就业方式转变，形成校、城、产业一体化的职教城，和花溪大学城共建并列、交相辉映，把职教城建设成为多彩贵州的一道亮丽风景线。大力发展我省工业化、城镇化、农业现代化、信息化急需的专业，使教育规模、专业设置随着经济发展方式转变来"动"，跟着产业结构调整升级来"走"，围绕企业人才需要来"转"，适应社会和市场需求来"变"，改变以学校和课堂为中心的传统人才培养模式，推行工学结合、校企合作的培养模式，搭建好发展需要的职业教育基础平台。加快产、教、城互动项目建设，以职业教育助推城市发展，以城市发展提升职业教育，让校园建设与城市发展有机融合，各职业院校错位发展、各具特色、互为补充，以学校兴办实训基地为切入点，抓紧鼓励每所学校建实训车间和工厂，从而建立"一校一企"、一个学校一个公司、一个学校一个园区的发展格局，使清镇职教城成为规划得好、产教互动得好、生态环境保护得好的升级版的新型城镇。为省委、省政府提出的"四化同步"战略，特别是工业化和城市化提供强大的人力资源支撑。

2. 生态生产观融入职教城建设的实践模式

（1）教城互动，拉动清镇城市转型升级。依托职教城的"一带、两区、三中心"的城市发展主线，拉动清镇老城区转型升级，带动百花生态新城、站镇小城镇、物流新城等建设。一带即以滨湖新城、清明上河图、站街小城镇为主轴，东连老城区、百花生态新城、物流新城，西接站镇小城镇，形成清镇城市发展带，将职教城打造成为教育之城、技创之城、旅游新城；两区即职教城东区、职教城西区；三中心即以凤栖古镇、龙吟古镇、尚河城古镇为核心打造休闲度假旅游景观中心，以燕尾芳洲为核心打造宜居慢生活养生养老中心；以小河滨湖新城为核心打造 CBD 商务中心。职教城内预留人行慢道、自行车道、观光通道，依托完善的现代服务体系，以及职教城的优美院校风景、优良生态环境和国画般山水风光，结合贵州民族、民间文化特色，打造"吃、住、玩、游、购、娱"＋"学"的新型非常"6＋1"旅游宜居之城，使人们真正体验集吃在农家乐、住在山水间、玩在自然中、游在尚湖畔、购在古镇街、娱在民族寨、学成能创业为一体的别样城市生活方式。以诚信为本，完善智慧城市管理机制，建立职教城诚信 "一卡通"，学生、居民、旅客在职教城内凭诚信星级，享受对应的星级服务，营造诚信至上、文明和谐的高尚生活环境。

（2）产教互动，带动新型现代产业发展。依托职教城搭建技术型人才培养输送平台，结合周边的贵安新区、中关村贵阳科技园、贵阳高新区、清镇经开区、清镇绿谷，贵阳经开区、京东产业园、苏宁物流园、美的物流园、清镇物流园、红枫现代高效农业示范区等产业发展特色，整合优化各院校专业设置，市场化建立技术人才"定向""定单"式培训机制。面向 "长三角"、"珠三角"、" 京津冀"经济圈引入高科技、技创业产业落户职教城，形成技创生态产业链。

以就业为导向，把学校办到工厂去，把工厂请进学校来，实现人才培养覆盖现代农业、新型工业、现代服务业三大产业。紧紧围绕"加速发展、加快转型、推动跨越"的主基调和贵阳-中关村"创新驱动、区域合作"契机，建立高新技术、现代制造、现代电子、现代信息、现代服务业和现代高效农业等产业为一体的公共综合实训基地，独立建制、独立管理、资源共享、功能互补。与国内、国际优秀人才培养专业机构合作，创办学生就业指导中心、技术研发中心、技能认证中心、创业咨询中心等机构，进一步完善人才培养、就业指导、技术创新、创业扶持等产教互动的社会管理服务体系。

（3）职教改革，推动现代职业教育体系发展。在满足贵阳"疏老城、建新城"院校搬迁的基础上，严格控制入驻院校规模，提高院校质量。积极引入国内知名职业技术大学，以及德、日、韩等职业教育发达国家的技术型高职、大专院校入驻职教城，建立"1+N"的院校分布结构，打造品牌名校，强化校企合作办学，推进职业院校与企业深度合作，加快推动"中—高—本"教育贯通。以公共综合实训基地为平台，加强与国际著名的职业院校交流联动，采取"送出去、请进来"的模式，由企业出资、政府补贴输送优秀教师、学生到国外培训交流；邀请国外优秀企业技师、职教师生到职教城讲学指导，进一步优化职教体系，提升职教城的知名度。

（4）技能培训，引领全国技能大赛发展。以职教城公共实训基地为主，职业院校为辅，政府引导，院校、企业参与，通过院校与院校、企业与企业长期小型技能比赛，承办全省、全国乃至国际性技能大赛，逐步提升筹办水平、技能培训水平，优化完善配套服务设施，积极推进职业培训市场化，打造以清镇职教城为品牌的全国技能比赛赛事活动。

3. 生态社会观融入职教城建设的具体做法

（1）坚持规划引领，严格目标定位。规划是职教城发展的龙头和灵魂，决定着职教城发展的方向和未来。规划是生产力、更是竞争力。牢固树立生态社会观，紧紧按照贵州省委将贵州（清镇）职教城打造成为"全省教城互动、产教互动、职教改革、技能培训的引领区、创新区、示范区"的目标定位，根据贵州省政府在全省职业教育专题会议提出"制定清镇职教城建设发展专项规划"及"省市联动加快清镇职教城建设"的要求，清镇市最终形成《职教城总体规划》、《职教城控制性详细规划》。

（2）坚持环保先行，做到有的放矢。一方面严把项目审批关，实行环境保护"一票否决"，即对高污染、不符合产业发展导向的项目一律否决；另一方面，强势推动治污设施的提标改造，建设污水处理厂，配套城市管网，建设湿地公园，对辖区内的砂石厂、冶炼厂、废塑料粒子加工厂等企业实行关停并转，腾出环境容量，同时积极做强做精板块经济，建立示范园区，形成以院校为主的校企合作产业园 20 个以上，入驻企业 100 家以上，建成生态公园 20 座以上、湿地公园 3 座以上，形成绿谷等"块状特色"。

（3）坚持以点带面，打造一城多园。坚持产、教、城互动，开启校企合作模式、以点带面，构建职教城"一城多园"的多元化、复合型的产业链。2014 年，职教城"产、教、城互动"项目共计规划为 16 个，其中在建项目 8 个；计划总投资为 93.64 亿元，目前累计完成投资达 18.15 亿元。按照深化落实《国务院关于加快发展现代职业教育的决定》（国发〔2014〕19 号）的精神，围绕市场需求，整合统筹职业院校专业特长和校企合作资源，探究职教城入驻院校集团化办学模式，推进学校、企业、政府联动办学，积极引进符合职教城总体规划和贵州省产业而布局的优强企业参与职业教育发展，开展"一校多产"的校内外产业园特色招商，推动"产教融合、校企合作、校企双赢"新型特色产业发展，打造产业园院校，以点带面，构建职教城"一城多园"的多元化、复合型的产业链，例如机械专业方面的院校与贵州兴富祥立健机械公司合作在校内建设生产线、建设专业方面的院校与华盛公司建立华盛宝马汽车 3S 店等。

（4）坚持示范引领，培育生态文化。为了使生态文明理念深入人心，培养每个职教城人的生态意识，培育其生态心理和提升其生态道德，通过把建立生态制度约束变为生态保护自觉行动，职教城多举措、多手段、全方位地开展生态环保宣传教育活动。坚持项目带动，利用职教城建设将村寨生态移民搬迁，集中安置在规划安置区。严格坚持保留山体、预留河道、依山而建、退河而居的规划方针，尽一切办法保持生态原状。坚持"城镇化"带动战略，通过城市完善污水、垃圾分类收集、中水回用处理系统，通过打造建设老马河滨河湿地公园，筑成老马河水体保护最后一道防线，所有的达标污水及雨污经湿地生物净化处理后使水质再提升，真正实现生态保护。加大教育宣传，以贵州建设全国生态文明先行示范区正式启动为契机，以积极开展"创文"、"创卫"、"创模"、"创生态文明市"等为载体，以入驻院校为依托，以开展生态绿色系列创建活动为手段，积极宣传、组织开展活动，切实维护民权。在作出重大决策之前，坚持通过各种形式广泛听取专家和广大人民群众的意见；建立工作机制和进行考核评价，全面推行党务公开、政务公开，切实提高各项工作的透明度，让广大人民群众了解党和政府的所思所想、所作所为，自觉参与并进行监督。

（5）加大综合治理，严格文明施工。职教城尚处于项目建设高度集中和建成区域急需纳入管理的交叉过渡时期，从突击向常态推进既需要制度约束，更需要生态文明理念的植入，对破坏生态环境、违反生态文明的行为必须坚持长期整治。加强在建工地现场监督管理，严格文明施工标准；加大整治矿山扬尘，依法关停、取缔产生扬尘污染企业；积极开展餐饮油烟治理以提升空气质量，督促各入驻院校食堂全部安装高效油烟净化设施，取缔燃煤明火炉灶，推广使用净化型家用抽油烟机。严查占道经营，坚决取缔露天烧烤经营，推广使用无烟烧烤设备；积极协调推进辖区内天然气站、输气管道项目的建设。

4. 取得的主要成效

按照生态社会观融入职教城建设的实践模式，经过两年不断地探索和实践，贵州清镇职教城的校、城、产业一体化结构更加优化，经济发展更好更快，环境保护与经济发展相互促进，人居环境更美，社会与自然融合一致的生态社会观念更加牢固，通过生态建设的成果，为经济发展的内生性增长强化造血功能，为城镇化带动创造条件，为进一步提高生态文明水平打下了坚实基础。

（1）生态环境质量保持优良。用生态社会观引领，坚持环保先行、精准招商，加大综合治理，统筹整体推进，职教城的区域环境质量得到了持续改善。以中水回用、农村生活污水和生活垃圾收集处理以及扬尘治理为重点，深入实施区域环境连片整治工作，有力地改善了老马河水环境质量和居住环境品质。促进了清镇市整体区域环境质量的明显提升，为贵阳市全年大气监测空气质量优良率排名全国前十名和两湖水质达到Ⅲ类以上，为确保贵阳市饮水安全和基本实现"天蓝、地绿、水静"的目标作出了贡献。

（2）生态经济效益态势良好。按照校、城、产业一体化的职教城实践模式，不断优化结构、调整布局，使职教城综合经济潜力大幅提升。截至2014年上半年，职教城已累计完成建设投资92亿元，竣工建筑面积200多万平方米，入驻19所院校，相继引进贵州中电贵云数据服务科技园、清镇百国网购城（淘宝商城）入驻职教城，计划逐步形成职教城绿谷高新科技大数据产业园，实施形成以院校为主的校企合作产业园20个以上，入驻企业100家以上，建成生态公园20座以上、湿地公园3座以上，形成绿谷等"块状特色"，为推进清镇经济社会的又好又快发展提供巨大发展空间和可持续发展保障。

（3）生态社会发展已显成效。利用职教城建设将村寨搬迁集中安置在规划安置区，通过城市完善污水、垃圾收集系统，实现污水达标排放、垃圾分类处理。通过开展"创文、创卫、创模"宣传，加强环境综合治理，保障了饮用水水源地的安全，减少了蚊蝇滋生，降低了传染病发病率，维护了城乡居民的身体健康；提高了干部群众的认知度、支持度和参与度，改变了广大农民根深蒂固的陋习，使得生态文明观念广为传播。

（4）生态生产观融入职教城建设。实践模式的启示为坚持以人为本、着力保障民生是职教城生态社会建设的宗旨和目标，加快经济转型、坚持城镇化带动是职教城生态社会建设的主攻方向，加强环境保护、注重综合治理是职教城生态社会建设的根本措施，动员全民参与、提高生态文明建设水平是职教城生态社会建设的重要抓手。

（四）清镇市生态消费的现状及问题分析

自清镇市委、市政府提出"打造清镇发展升级版，建设生态文明示范市"后，生态消费作为一种全新的消费理念，正在成为全市消费者的共同追求。一方面，人们的消费结构不断优化，消费层次不断提高，人们对健康、文明、科学的需要越来越高；而另一方面，在经济发展过程中对环境所造成的污染、对人们的消费生活所带来的负面影响也越来越明显。

生态消费作为一种全新的生活观念和消费模式，既有利于人类自我和社会的发展，又有利于生态环境的保护。清镇市委五届七次全会提出"走可持续发展之路，打造清镇发展升级版，建设生态文明示范市"，对如何把清镇市建设成为"生态环境良好、生态产业发达、生态观念浓厚、文化特色鲜明、市民和谐幸福、政府廉洁高效"的生态文明示范城市提出了新要求。在新要求的导向下，发展循环经济、鼓励生态消费、实施绿色营销已经成为必然之举。生态消费作为一种全新的消费理念，正在成为全市消费者的共同追求，是温饱问题解决以后人们更加重视生存质量的结果。但是，目前由于认识不足和各方面的原因，生态消费中还存在许多误区和问题，阻碍了清镇市生态消费的发展。

1. 生态消费的定义及特征

生态消费是一种符合人类可持续发展的消费行为。要想使人类在事实上不存在发展的"极限性"问题，就必须从现在开始认真节制自己的发展实践，这其中就包括对人类生活消费的约束。随着社会生产的不断进步，人们的消费需求由低档次向高档次递进，由简单稳定向复杂多变发展。这种消费需求上的变化在一个侧面反映了经济社会的进步状态。生态消费是一种绿化的或生态化的消费模式，是指既符合物质生产的发展水平，又符合生态生产的发展水平，既能满足人的消费需求，又不对生态环境造成危害的一种消费行为。

生态消费具有适度性、持续性、全面性、精神消费第一性等的特征。

（1）生态消费的适度性特征。在一定意义上，生态消费也叫适度消费。我们把经过理性选择的、与一定的物质生产和生态生产相适应的消费规模与消费水平所决定的、并能充分保证一定生活质量的消费叫适度消费。适度消费是当代人类应该选择也必须选择的消费模式，因为唯有这种消费模式，才能有利于人类的健康持续发展。

（2）生态消费的精神消费第一性特征。所谓精神消费第一性是指生态消费突出人的精神心理方面的需要，这与传统的高消费所一味地追求人的物质方面的需要有了明显的区别。

（3）生态消费的持续性特征。生态消费也是一种持续性的消费模式，具有满足不同代际间人的消费需求的要求与功能，即这种消费模式将人的今天的需求和明天的需求、现代人的需求和未来人的需求有机地统一在了一起，具有一种跨时空的品质。

（4）生态消费的全面性特征。全面性是指生态消费是一种包含人的多方面消费行为的消费模式，或者说这种消费模式能满足人的多方面的需求，如物质需求、精神需求、政治需求、生态需求等。

从理念角度来说，生态消费是一种以"绿色、自然、和谐、健康"为宗旨的、有益于人类健康和社会环境的新型消费方式，是指消费者意识到环境恶化已经影响其生活质量及生活方式，要求企业生产销售有利于环保的绿色产品或提供绿色服务，以减少对环境伤害的消费。

参照国际上对生态消费的定义来看，一方面是从生态消费"R"的原则界定，即节约资源，减少污染（Reduce）；绿色生活，环保选购（Reevaluate）；重复使用，多次利用（Reuse）；分类回收，循环再生（Recycle）；保护自然，万物共存（Rescue）等。该定义较为全面地概括了生态消费的内涵和外延。另一方面是从消费的原则界定，如"生态消费是遵循以下原则的消费方式：包括减量、重复使用、回收、再生、修复、拒用、生态复育和结合环保理念（Davis，1993）"，或"Refuse（拒用不环保的产品，选用可回收、低污染、包装少、省资源，可重复使用的绿色产品）、Reduce（减少不必要的消费并节省资源，包括自备餐具、购物袋等）、Reuse（重复使用生活用品）及 Recycle（实施资源回收并使用再生制品）"。由于回收与再生可合而为一，因此，综合这两个角度，可将生态消费可定义为消费者在做消费决策时，以环境或社会观点来考量，并以"4R"以及环境持续发展概念为原则，在购中与购后都从事对环境有益的行为。

2. 目前清镇市生态消费现状分析

通过对清镇市民生态消费认知水平的调查，可以总结如下几点：一是有90%左右的清镇市民听说过生态消费，应该说对生态消费的名称认知度是非常高的。在听说过和没听说过生态消费的群体当中，在年龄、婚姻、性别、收入、教育程度等方面的差异上，基本符合很多前人的研究。二是清镇市民对自己生态消费的主观知识认可度比较高，认为自己了解生态消费、有这方面的知识、平时也很关注。但是，清镇市民对生态消费的客观知识掌握、从行动上践行生态消费并不是很乐观，应该说离及格还有一段距离。三是大多数居民的生态消费信息来自于电视、网络、报纸这些展露水平高的大众媒体，这些媒体虽然能够做到曝光率高、覆盖率广，但是却缺乏对生态消费信息的深入介绍。因此，居民大多表现出知道概念，不了解内容。而对于像书籍、杂志等能够深入介绍生态消费的媒介在此内容上的投入相对缺乏。另外，像商店这样消费者接触频繁的渠道却缺乏绿色信息的展露，让人觉得很可惜。学校对于众多未成年人来说应该是一个重要的信息渠道，也应该进一步加强。

3. 清镇市生态消费现阶段存在的问题

（1）消费者收入水平低。绿色产品成本高，价格贵，这就要求消费者具有较高的收入水平，在满足了基本的生活需求之后，才有能力追求较高层次的生态消费。而清镇市目前整体收入水平仍处于较低阶段，有的还处于贫困阶段，仅仅能达到基本生存消费的需要。在此情况下，要求所有消费者实现消费行为的绿色化在其收入水平上存在很大困难。

（2）生态消费观念还未深入人心。消费者普遍具有较高的生态意识、环保意识及责任感是实现生态消费的终极支撑。清镇市民的生态意识、环保意识最近几年有明显提高，表现在越来越多的人日趋重视消费行为的绿色化、生态化，目前绿色农业、绿色食品、绿色营销、绿色家电、绿色服装、生态住宅、生态旅游等已日益成为人们的时尚追求。但总体上讲，人们的环保意识、生态意识、绿色意识还远远不能达到实现生态消费的要求，生态消费观念还没有深入人心。"反生态消费"在现实生活中还有很大的市场，且清镇市农村居民的生态消费观念远远落后于城镇居民。

（3）绿色产品生产、营销动力不足。企业提供的产品是实现绿色消费的前提。由于绿色产品的开发难度大、成本高、风险大、获利不确定，如果没有政府的扶持，多数企业和农民仍然只重视短期收效快、经济效益大、能迅速带来利润的一般产品的开发和种植，而轻视长期前景好、眼前投资高、能长久增加社会效益的绿色产品的生产与开发，从而使制造商提供的绿色产品非常有限，根本无法满足广大消费者的生态消费需求。即使有些期望在竞争中以"绿色"制胜的企业，但在具体操作中由于对绿色产品缺乏深入细致的调研，对绿色产品目前的市场份额，市场需求，消费者的购买欲望和支付能力等未作调查、细分，因而盲目开发，使一些绿色产品的生产脱离实际而难于畅销。此外，很多企业对绿色产品的宣传不到位，如宣传不够或过分渲染，夸大其词，甚至假冒绿色产品，谎报绿色指标，使消费者对绿色商品失去信任。所有这些都制约着绿色产品的生产和营销，从而阻滞生态消费的实现。

（4）绿色产品销售渠道不畅，没有形成绿色产品市场。由于政策和认知的局限性，绿色产品在流通过程中通常会受到不必要的关卡，运输时间强行延长，使绿色产品失去了真正意义上的"绿色"；目前清镇市尚未建立从批发到零售的绿色产品流通网络体系；在市场上还没有绿色产品的专营商店。

（5）绿色市场秩序混乱。我国目前仅有两种绿色标志：一种是由太阳、叶片和蓓蕾组成的绿色食品标志；另一种是由青山、绿水、太阳和10个环组成的环境标志，用于绿色食品以外的其他绿色产品。只有被授予了绿色标志的产品才算是正式的绿色产品。但是，由于有关部门对绿色标志宣传不力，使消费者难以认清真正的绿色产品，企业也难以掌握绿色标志的申请认证途径；认证部门科技投入不足，检测手段落后，尚未形成方便、快捷、经济、易普及的检测手段。此外，由于我国至今还没有成立专门的绿色管理部门，没有一个行政机构专门负责制定绿色产业总体发展规划和产业政策，绿色市场尚未形成一个完善、规范的管理体制，造成绿色产业和绿色市场处于无序状态，假冒的绿色产品充斥市场，使消费者丧失了对"绿色"的信任，对所消费的绿色产品的满意度不高，进而放弃了对"绿色"的追求。

（五）清镇市生态保护的探索与借鉴

1. 加强生态保护的现实意义

生态文明是改造生态环境的积极成果的总和，它表现为保护和建设生态环境的发展，人与自然和谐相处，人们生态方面的意识、政治决策、法律法规、生态伦理、文学艺术等的提高和完善，以及经济发展促进生态环境改善。生态文明建设的目的就是使经济建设与资源、环境相协调，实现良性循环，走生产发展、生活富裕、生态良好的文明发展道路，保证一代接一代永续发展。生态文明关系到人类繁衍生息的根本问题，是和谐社会与文明建设的支撑点，关系到人民的根本利益，关系到巩固执政党的社会基础和实现党执政的历史任务，关系到全面建设小康社会的全局，关系到国家的长治久安。随着社会进步、经济发展、人口增长、生活水平不断提高，以及人类改造生态环境的能力和范围不断扩大，人们越来越清醒地认识到了以污染环境和破坏生态来换取一时经济繁荣的危害，即造成人与自然的矛盾进一步加剧，自然生态环境不断恶化，环境污染加重，自然灾害加剧，资源短缺，生态失衡。生态危机已经极为严重，已经影响到了人类生存、社会发展进步和国家兴盛。面对来自大自然的报复，生态文明是必须做出的理智选择。正是这种清醒才推动着人类文明进行着一场深刻的变革，人们把追求人与自然和谐相处推上当今社会发展主旋律的位置，成为全球性的时代潮流，这也预示着人类进入了一个新的文明时代——生态文明时代。随着环境恶化日益严重，生态文明已成为新世纪人类文明的大趋势。在过去的数十年里，基于环境问题的国际间合作愈加频繁，中国政府也为此付出了巨大努力。1993年，《中国21世纪议程》完成初稿；2007年，《中国应对气候变化国家方案》发布，并提出建设"生态文明"的概念；2009年11月，中国宣布2020年单位GDP二氧化碳排放比2005年下降40%～45%的目标。在生态文明的引领下，中国坚持以保护环境为基点的可持续发展战略，尊重自然，保护自然，努力实现人与自然协调发展。

2. 我国生态保护法律现状简析

《中华人民共和国生态保护法》（以下简称《生态保护法》）于1989年12月26日在第七届全国人民代表大会常务委员会第十一次会议上通过，并1989年12月26日起施行。从当时的立法背景来看，这是一部环境资源领域的综合性基本法，但其也存在着结构性缺陷，即实际上这只是一部防治污染的法律，并没有明确规定保护自然资源的基本原则、基本制度和监督管理机制。由于当时的立法背景，《生态保护法》偏重于污染防治，只规定了对排污行为所产生的外部不经济进行收费，而没有考虑对生态生态保护行为所产生的正外部性进行补偿。

　　2014 年 4 月 24 日，全国人大第十二届八次会议对《生态保护法》进行了修订完善，并于 2015 年 1 月 1 日起施行。新修订的《生态保护法》在内容上确实有许多突破和创新。在理念创新层面，它将"推进生态文明建设、促进经济社会可持续发展"列入立法目的，将保护环境确立为国家的基本国策，将"保护优先"列为环保工作要坚持的第一基本原则。同时明确提出了要促进人与自然和谐，突出强调了经济社会发展要与生态保护相协调。过去是强调生态保护与经济发展相协调，这样一个顺序的改变意味着理念、观念的重大调整和提升。同时，新的《生态保护法》处处体现了标本兼治、综合施策、全面参与、人人行动的重要思想。在完善制度方面，提出了要建立健全一系列新的环境管理制度，比如提出了要建立健全资源环境承载能力监测预警制度，环境与健康监测、调查与风险评估制度，划定生态保护红线制度，生态保护补偿制度，环保目标责任制和考核评价制度，污染物排放总量控制制度，排污许可管理制度，环境监察制度，信息公开和公众参与制度等。另外，新的《生态保护法》还规定在制定经济技术政策时要充分考虑对环境的影响，要求各级政府加大财政投入，充分运用市场机制，发挥好价格、税收、保险、信贷等经济手段的作用。

　　自然资源单行法律对生态环境保护的力度不够，主要表现在自然资源保护法律中资源有偿使用原则未体现资源生态效益价值，对开发利用自然资源的主体应承担的保护生态环境的义务未作规定；有些资源保护法未将维护生态平衡作为其立法目的以及资源保护法律的有些规定不利于生态环境保护等方面。例如，除了《森林法》、《草原法》、《水土保持法》、《野生动物保护法》明确提出了"保护和改善生态环境"、"维持生态平衡"外，《土地管理法》、《水法》、《矿产资源法》、《渔业法》等只偏重于经济利益，对生态环境保护具有关键意义的"可持续发展"的思想未作规定。生态环境保护问题是实施可持续发展战略的基本前提，而现行的立法对脆弱的生态环境难以有效保护。例如，《草原法》在规定建设用地征用时就只重征用土地的经济补偿，而轻生态环境的补偿。有的法律立法措施过于抽象化，法规之间缺乏协调性。例如，《森林法》仅规定对林木和林地的保护，而未涉及依存森林的各种野生动植物资源的保护。又如，《野生动物保护法》仅以珍稀濒危动物为保护对象，而未从生态平衡的角度对所有需要保护的其它野生动物提供保护。而且，目前的《生态保护法》、《野生动物保护法》、《水土保持法》、《自然保护区条例》等法律在草地沙化治理和重要湿地、生物多样性、野生植物保护等方面没有作出相应的规定。这些都在一定程度上影响了生态补偿的充分实施。

3. 清镇市完善生态社会制度体系的法律法规和政策支撑依据

2009 年 10 月，贵阳市在全国出台了首部专门的地方性生态保护条例——《贵阳市促进生态文明建设条例》。为了适应新形势发展需要，贵阳市于 2013 年 5 月 1 日废止了该条例，重新制定了《贵阳市建设生态文明城市条例》（以下简称《条例》）。此前，国家发改委批复了《贵阳建设全国生态文明示范城市规（2012—2020 年）》，将贵阳市定位为全国生态文明示范城市、创新城市发展试验区、城乡协调发展先行区和国际生态文明交流合作平台，将生态文明建设融入到贵阳市经济、政治、文化、社会建设的各个方面和全过程。颁布施行《条例》，将全国生态文明示范城市建设各个环节纳入法制化轨道，使贵阳建设生态文明城市的各项工作有了制度规范的刚性约束。《条例》的颁布施行，更加有利于生态文明建设的制度安排，更加有利于形成生态文明建设的制度导向、制度合力。《条例》有效地总结了贵阳市生态文明城市建设的生动实践以及实施《条例》三年的经验，进一步明确了城市发展方向、目标与路径，实行更加有利于生态文明建设的制度安排，形成了更加有利于生态文明建设的制度合力，健全完善了法规制度，增强了制度规范约束刚性，对于保障和促进生态文明城市建设，确保生态文明建设各个环节纳入法制轨道，巩固贵阳市生态文明建设成果，促进贵阳市经济社会又好又快、更好更快发展，确保贵阳市 2015 年在全省率先全面建成小康社会和在 2020 年建成全国生态文明示范城市，都具有重要的现实意义和深远的历史意义。

为了加强对贵阳市生态生态保护力度，进一步整合司法、行政等多部门执法资源，完善生态保护执法体系，充分发挥"司法机关之间、司法机关与行政部门之间、行政部门与社会公众之间"的联动作用，更有力、有效地严厉打击破坏生态环境违法犯罪行为，促进各部门在保护生态环境工作中的协同配合，贵阳市于 2013 年出台了生态生态保护联动工作方案。按照"常态协作、资源共享、互助共建"的原则，建立起司法行政、公众广泛联动的规范化、常态化工作机制，组建了由市生态委、检察院、法院、公安、工信、国土、规划、住建、城管、卫生、安监、法制、工商等相关部门组成的生态生态保护联动工作领导小组，建立了例会工作制度，以便专题研究与生态生态保护有关的重大问题，查办有关案件。

2012 年 11 月，清镇市按照贵阳市机构改革的精神，将市发改、经信、国土、水务、文明办等部门涉及生态文明建设的相关职责进行划转，成立了生态文明建设局，并相继出台了《清镇市生态文明建设"三联动"机制》（公众参与机制、行政联动执法机制、司法联动机制）、《清镇市贯彻实施〈贵阳市建设生态文明城市条例〉工作方案》、《清镇市蓝天守护计划》等规范性配套文件，进一步明确了目标要求、工作职责和分工。相关部门相继挂牌和出台有关文件，执法部门加强沟通和配合，"行政、司法、公众参与"三联动"机制全面形成，并且扎实推进工作的开展，多次组织召开联席会议，共同商定联动执法机制，使生态生态保护司法、行政、公众参与联动落到实处。通过努力，实施了"十大增绿"工程，使2013年城区新增绿地面积达5.5万平方米，城镇宜居环境不断得到改善，城市品位不断提升；通过实施林业生态项目建设和加强森林资源管护，全市森林覆盖率稳步提高，截止到2013年底达到了41.79%，使得陆地生态系统逐步修复，石漠化岩石裸露程度大幅减少，实现了全市森林资源的安全和资源增长增效。

四、清镇市构建生态社会的对策分析

生态社会是对传统社会概念的一种反思和超越，它一改以往社会与自然相分裂的状况，以实现社会与自然的和谐为要旨。构建清镇特色的生态社会，主要从以下几个方面去努力。

（一）更新观念，重构清镇生态社会的思想文化体系

目前，全世界正面临着严重的生态危机，要从人类社会走向生态社会，关键是解决生态破坏和环境污染的现状，走可持续发展之路。全球性环境问题的成因是多方面的，但从根本上来看，主要还是思想文化问题。建构生态社会必须实现社会观念的转变，重建生态文化。从社会观念的角度来看，生态社会是人类社会观念领域的重大变革。古代的自然是凌驾于社会之上的，而近现代的社会又是与自然决裂的，因此人类既不能回到古代社会，也不能重走近代西方工业文明的老路。生态社会是对以往人类社会概念的反思和超越，是在更高层次上对自然规律的尊重和回归。在生态社会观念的指导下，重建生态文化，要求人们从传统文化中去挖掘适合当代世界发展需要的民族文化精神，汲取中国古代"天人合一"的生态伦理智慧，并将马克思主义的生态观与传统文化相结合，在传统与现代文明的对接中、在中西方文化的交融中重新构建生态文化，奠定生态社会的文化基础。

在对生态社会的思想和文化体系实施了全面更新之后的基础上，人们就可以重新制定科学的发展规划，调整经济发展模式，完善制度机制和保护资

源与环境的法律体系，最后再据此指导各专业领域的工作，以促进生态社会的实现。

（二）发展循环经济，确立清镇生态社会的经济发展模式

从经济与环境的关系来看，人类社会在经济发展过程中主要有三种模式。第一种是传统经济模式，即"资源—产品—污染排放"的单向线形开放式过程。在这种模式中，人类从自然界直接获取资源后，又不加任何处理地向自然界排放废气物。这种发展模式不考虑环境的承受能力，直接后果是导致环境问题越来越严重。第二种是"生产过程末端治理模式"，即走的是"先污染后治理"的道路。这种经济发展模式尽管也对环境污染进行治理，但在生产过程的末端才进行治理，不仅需要很高的成本，而且效果不理想，很难实现经济效益、生态效益和社会效益的统一，而且最为糟糕的是生态的恶化和资源的枯竭无法从根本上得到遏制。在现阶段，许多国家和地区的经济发展模式依然是以生产过程末端治理为主。第三种是循环经济模式，即"资源—产品—再生资源"的闭环反馈式循环过程。循环经济实际上是一种生态经济，倡导的是与环境和谐的经济发展模式，强调能源的低消耗、污染的低排放和经济的高效益，以"减量化、再使用、再循环"为基本原则，最终实现"最佳生产、最适消费、最少废弃"的循环经济模式，主张在生产和消费领域都要向生态化转向，真正实现生态生产和生态消费。目前，在全世界走循环经济之路已经成为综合国力竞争和争夺国际发展制高点的一场没有硝烟的战争。

1. 构建生态社会，必须走循环经济发展之路

确立生态社会的经济发展模式就是发展以循环经济为主的模式。在循环经济的发展模式下，人类不再以自然界的征服者和主宰者自居，而是以自然的管理者和维护者的形象出现。在循环经济的发展模式下，人类不再把环境看作经济发展中可有可无的因素，而是把环境看作是包容、供应和支持整个经济的一个外壳。在循环经济的发展模式下，人类把提高资源生产率作为解决环境问题的关键，努力实现经济发展和生态保护的双赢。习近平指出"决不以牺牲环境为代价去换取一时的经济增长。要以对人民群众、对子孙后代高度负责的态度和责任，真正下决心把环境污染治理好、把生态环境建设好，努力走向社会主义生态文明新时代，为人民创造良好生产生活环境。"中国未来的可持续发展能否成功，关键取决于循环经济；世界性的经济危机能否得到遏制，更取决于循环经济的发展模式。目前，中国的循环经济已经起步，

国家已经在辽宁、贵州等地区开展了循环经济试点工作，通过建立生态工业园区、清洁生产等工作来推进循环经济的发展，为生态社会的构建奠定坚实的基础。

2. 提倡生态消费，构建清镇生态社会的现代消费模式

《中国 21 世纪议程》指出："全球环境退化的主要原因是不可持续的消费和生产形态造成的。"现代性社会是一个奢侈性的社会。"对近代社会的经济发展来说具有重要一点是，除了钱之外一无所有的新富翁只会将大把大把的钱财用于奢侈生活，除此之外没有其他突出的能耐。"[①]桑巴特认为是奢侈促进了资本主义经济的发展，现代性社会奢侈之风已近疯癫状态，"为奢侈而牺牲任何事物，巴黎那些富人的巨大灾难就是疯狂的消费，他们总是花得比预计的要多。奢侈以如此可怕的消费形式出现，以至没有哪份私有财产不被其逐渐消费掉。"[②]奢侈不仅仅局限于上流社会，随着进入"消费社会"，奢侈日益成为社会大众日常生活中所追求的普通消费行为，整个社会都处于奢侈浪费状态，电视、报纸和杂志所宣传的榜样性人物都是过着骄奢淫逸的生活，他们就是这样履行着一个极为确切的社会功能：奢侈的、无益的、无度的消费功能。"[③]整个社会的消费目的不是为了享有物品，而是为了浪费物品。

在经济全球化的今天，国家与国家之间的交往和沟通日益频繁，商品在全世界消费，资本在跨国界流动，信息在全世界共享。虽说经济全球化并不应该等同于政治全球化和文化的全球化，然而在经济全球化的过程当中，西方资本主义国家借此机会妄图向后发国家输出自己的政治制度、经济体制、生活方式和价值观念。我们在警惕资本主义政治全球化、文化全球化的过程当中，西方发达国家的生产生活方式对我们还是产生了很大的影响。我国虽然不是富裕国家，但奢侈浪费极其严重。贵州是欠发达、欠发展的地区，清镇肩负着既要保护饮水源地又要跨越发展的重任，要构建生态社会，我们必须确立科学的消费观，倡导生态消费，树立生态化的消费方式。生态化的消费是理性的消费，是根据可能而生活的消费，是可持续的消费，我们要继续发扬艰苦奋斗的优良传统，弘扬生态消费文明，实施可持续的消费，为我们早日迈进生态社会奠定基础。正如《中国 21 世纪议程》中强调指出：中国不能重复工业化国家的发展模式。清镇不能采用以资源的高消耗、环境的重污

---

① [德]维尔纳·桑巴特著，王燕平、侯小河译《奢侈与资本主义》，上海人民出版社，2000 年版，第 107 页。

② [德]维尔纳·桑巴特著，王燕平、侯小河译《奢侈与资本主义》，上海人民出版社，2000 年版，第 83 页。

③ [法]波德里亚著，刘成富、全志纲译《消费社会》，南京大学出版社，2000 年版，第 28 页。

染来换取高速度的经济发展和高消费的生活方式。我们只能根据自己的市情，逐步形成一套低消耗的生产体系和适度消费的生活体系，使人们以一种合理的消费模式走向未来。

3. 发挥政府的调控作用，创造良好的生态消费环境

首先，政府应完善并严格执行生态核算体系，把生态生产、生态营销、生态消费、生态环保等各项指标作为各级政府、部门和企业经济及社会发展的重要指标，并将其作为干部选拔任命、晋级提升的重要标准。其次，政府有关部门要承担起对全民进行绿色教育的责任，针对不同层次的教育对象，采取不同的方式进行不同内容的教育培训，以提高全民的环保意识和生态消费知识水平，增强全社会的生态消费意识。第三，政府应将绿色产业列入支持性产业政策范围进行扶持，增加对绿色产业的投资，提高企业的科研与开发能力，并促进绿色技术的引进和推广；鼓励开发商直接投资绿色企业，引进先进的环保技术清洁生产设备；完善生态奖励政策，使绿色企业享有减免税、优惠贷款、加速折旧、发行绿色债券等权利；建立生态产业发展专项投资基金和绿色银行，支持创建和发展绿色企业。第四，政府应强化绿色认证，加强绿色产品的标识管理，统一消费者对绿色产品的辨别标准，完善绿色法规，加强绿色监管，加大对绿色产品生产、销售中违法行为的打击力度，创造良好的生态消费环境。第五，加强对消费者的引导，转变消费者的消费观念，强化生态消费的内在驱动力。要加强对消费者的引导，使消费者能主动学习有关生态消费和绿色产品的知识，正确理解生态消费的内涵，让消费者认识到生态消费不仅有利于人民生活水平的提高和生命健康的保障，还有利于保护生态环境和自然资源，使人们的生活消费与环境、资源相协调。只有让消费者充分认识生态消费的意义和生态消费所能带来的好处，才能使消费理念深入人心，生态消费模式才能得以实现。政府可出面组织成立具有权威性的绿色组织，并通过绿色组织对消费者的生态消费意识和生态消费理念的教育宣传推广工作，让广大消费者树立生态消费观念，追求生态消费时尚，主动选择生态消费。同时，还要加强对消费者行为的监督控制，强化环境意识，使消费者积极参与生态保护行动。

4. 树立生态消费观念

树立生态消费观念，建立生态消费模式，从物质享受第一过渡到精神追求第一。树立科学的生态消费观念或生态消费意识，是每一个地球居民所应有的素质要求。当传统的高消费日益明显地暴露出其对生态环境进而对整个社会持续发展的危害性时，当代社会成员在观念认识上应自觉地摒弃高消费

的愿望和行为，以一种既能确保自己的生活质量不断提高，又不会对生态环境构成危害的消费意识约束自己的消费行为，这样一种具有互利功能的消费意识便是生态消费意识。

如果说，转变传统经济增长方式、走生态化生产的道路是推进可持续发展战略的生产基础的话，那么树立生态消费意识、建立生态消费模式在某种意义上说就是实行可持续发展战略的一个重要的生活基础。在当代社会中，人类的"当代意识"应首先是全球意识、人类大家庭意识、公平意识和环境意识等。其中，生态消费意识是当代人类环境意识中的一个非常重要的内容。人们的生态消费意识应强化到如此程度，即对有害于生态环境的产品和食品既不购买也不食用；对"杀食"国家明令保护的珍禽益鸟的做法应设法制止。只有把保护环境的工作落实到我们每个人的日常生活中，实现人类的可持续发展才会有真正的希望。

21世纪的社会是知识经济的社会，知识经济的社会是对工业经济社会的扬弃。在工业经济社会，人类普遍被一种唯物享乐主义的价值观所支配，追求的是尽可能多的物质财富和尽可能奢华的物质生活，奉行的是物质享受第一的行为准则。显然，这样一种价值观念和行动准则只能把人类推向无序和崩溃的深渊。在未来的知识经济社会里，知识、智力、信息将是经济社会发展所依赖的最为重要的资源，知识化的劳动者也将推动经济社会发展的主力军。这样一种基本的社会现实，将迫使人们在生活追求上由物质占有第一向精神追求第一过渡。通过学习、娱乐、文化交往等方式以充实自己的人生、自己的生活，这将是21世纪人们的新生活风尚。

5．建立生态消费模式

消费是人类的基本活动之一，现代非生态化消费模式的困境使人们自然而然地考虑到生态模式的消费。在现实生活中，虽然居民的消费行为主要受其个人的收入情况、外在的价格因素和商品因素等的制约而较少或很少受环境资源状况的影响，但整个国民乃至整个人类的消费行为就不能不受到生产因素、市场因素特别是环境资源因素的制约。为了把全体国民的消费水平和消费规模纳入到适度的、生态化的可持续消费的轨道，使全体国民树立起生态消费的意识，摒弃高消费的陋习，就必须建立起一套以低物质消耗换取高生活质量的生态消费模式，这将成为人类迎接美好未来的综合最优理想模式。

（1）服饰消费：未来生态模式的服饰穿着将更加重视美观、适用和自然。在质地材料上，将讲究朴素和大众化，天然的棉、麻、丝织品将重新占据主导地位，化纤织品由于生产过程的高耗性和对环境、人体的某些可能的危害性而退居次要地位。在色彩和样式上，讲究舒适、方便，绿色、蓝色等天然色将成为大众服饰的基本色调。在织物和成衣的工艺上，讲求贴近自然、降低成本和避免污染。最近欧美大陆流行的所谓自然装，就代表了未来服饰发展的基本趋向。这种自然装的素材是天然纤维，颜色是米色、灰褐色和绿色等，染料是蔬菜汁。

（2）饮食消费：未来生态模式下的饮食将更加重视食品安全、洁净和营养均衡。在饮食加工上要尽量减少工艺环节。饮食的精细加工不仅导致大量有效物能转化为不可再用的热能，而且致使原料中许多营养成分遭到破坏；而且，精细饮食中含有的各种工业添加剂，如防腐剂、发泡剂、漂白剂等，还可能给人体带来危害。

（3）住宅消费：未来的住宅是人工生态与经济效益良性循环的生态民居。浙江省永康县近年来出现的一批独户式生态民居就代表了农村住宅的未来发展方向，其屋顶的再生使用、借屋造田、开辟耕地，对克服人口增长与土地锐减的矛盾，以及对优化生态环境非常有利。

（4）交通消费：建设城郊地下交通网络，大大减少城市地面的空气和噪声污染，改善城区环境；建设智能化公路和铁路，发展高效、安全的智能化高速公路和铁路交通，大幅度降低交通阻塞和伤亡事故发生率；选择低碳化交通工具，以减轻空气污染和非再生能源的消耗。世界各国正在研究开发各种新型交通工具，如美、德等国正在加紧研制氢气汽车，日本也正在研制一种低公害的电瓶汽车，充电一次可行使100公里以上。

（5）礼仪消费：未来生态模式的礼仪消费将把追求外在排场和物质铺张的形式化消费降到最低程度，各种礼仪活动将注重精神内涵和文化气氛。在未来的婚嫁仪式中，友人们将递上一束鲜花或献上一篇祝词以对新人表示良好的祝福。未来社会集团举办的各种活动也将尽量缩减开支，出席者将自理食宿费用。未来国家或地区性盛大庆典活动，由于人们自由自愿参加，场面将更为浪漫多彩。

6. 建立生态消费的保障机制

生态消费机制的建立涉及影响生态消费的所有领域，具体说来，主要包括政治、法律、产业政策、科技和税收。

（1）政治生态化。生产决定消费，经济发展模式的改变势必影响消费行为。政府在确定国家的社会发展战略，以及确定国家的政治、经济、文化、外交等活动的形式和任务及内容时要重视生态学原理，促进政治生态化。政府必须有意识地把生态学原理看作是社会经济持续发展的关键，引导人民正确生产和合理消费。

（2）法律生态化。人与其他生命物种共同处于地球生态系统中，共同维持着地球生态的平衡。人类有必要确立尊重生态自然的立法精神，并制定相应的法律法规，如确立可持续发展的宪法地位、公民环境权的宪法地位和制定相应的纠纷处理制度等，以约束不可持续的消费行为。

（3）产业政策生态化。要实现可持续消费，国家必须在产业政策上加以引导，将生态观念渗入各产业发展政策中，确立发展生态农业和生态工业的生态产业政策。

（4）税收生态化。税收作为体现国家经济政策的重要手段，应成为限制高消费的重要措施。20世纪70年代，一些发达国家把生态税收引入税收制度，把环境税收的收入用于生态保护。

7. 加大政府的宣传教育

政府通过宣传教育等方式培养和强化人们的生态消费的观念意识，通过税收等手段抑制不利于健康的消费（烟、烈性酒等），提倡节俭，反对铺张浪费；通过制订相关的法规以保护各种珍稀动物，严厉打击"杀食"珍稀动物的不法行为；通过控制社会集团购买和其他相关政策，引导合理消费等。我们曾经向自然索取了许多，脆弱的生态环境已经难以承受人类对它的继续伤害和剥夺了，任何对有限资源的疯狂掠夺都如饮鸩止渴。在保护野生动物、与自然和谐相处已成为绿色时尚的今天，我们必须培育、创造一种新的文明和生活方式，即绿色文明和绿色的生活方式。

（三）推进绿色科技，为生态社会提供科技支撑

科学技术的发展是推动人类社会进步的强大动力，也是促使社会与自然关系发生演变的重要力量。未来学家阿尔文·托夫勒认为人类社会迄今为止已经经历了三次大的浪潮：第一次浪潮是以金属犁等的发明和使用为标志，它将人类从采集社会带入了农业社会；第二次浪潮是以蒸汽机的使用为标志，把人类从农业社会带入了工业社会；第三次浪潮则是以电脑等使用为标志的信息社会。这三次浪潮都是在科技的推动下完成的，也引起了人与自然关系的深刻变化。千百年来，人类依靠科技的力量实现了对自然态度的两次转变，社会与自然的关系也发生了相应的变化，即人对自然的态度从古代社会的敬畏走向现代社会的自信，社会与自然的关系也从原始的融合统一走向今天的分裂对抗。在农业文明时期，科学技术的发展水平非常低下，人类在威力无

比的大自然面前感到自己是那么的渺小，于是各种图腾崇拜成为古代社会人们生活的重要内容，人类对大自然的依赖性令人类对大自然不敢造次，人类对自然充满了敬畏之情。随着科学技术的发展，人类征服自然、改造自然的能力大大增强了，借助科技的力量人类信心百倍，以主人的姿态任意践踏自然，社会与自然逐步走向分裂。

人类在享受现代科技成果给我们带来的种种好处的同时，也遭受了大自然对人类的种种报复。早在100多年以前，恩格斯就在《自然辩证法》一书中指出："不要过分陶醉于我们对自然界的胜利。对于每一次这样的胜利，自然界都报复了我们"。科学是人类认识自然的智力成果，它只是揭示了自然界的科学规律，是一种工具，怎样合理使用还需要价值观的引导。生态社会不仅关注经济的发展和人们需要的满足，更为重要的是自然环境的保护和社会的可持续发展。"每一种文明方式都必有一定的技术实践方式作支撑。"①生态社会的构建需要发展绿色科技，让技术具有一种与生态圈进化过程相协调的生态性质，使科学技术不再成为人们征服自然、改造自然的手段，不再成为社会生态恶化的帮凶。推进绿色科技，就是要充分发挥技术对自然环境的积极影响，努力克服西方工业文明时期科技的负面因素，用科学的腾飞推动社会与自然和谐，促进生态社会的早日实现。

（四）加强生态保护，完善生态社会的制度支撑

可持续发展目标一经确定，我们就要制定一系列的制度政策来贯彻落实。生态社会的构建需要严谨严厉的制度保证和相应的法律体系的保障。

1. 进一步加强法制建设，不断改革和完善环境立法工作

要对人们的经济行为和生活方式进行规范和约束，让资源和环境得到切实有效的保护，就必须完善法律法规制度。应该说，从1979年我国第一部综合性的环境资源保护性法律——《环境保护法》——问世以来，我国的环境立法工作取得了很大的进展，陆续制定了一系列关于生态保护的相关法律法规，初步形成了自然资源与生态保护的法律体系，对我国的生态保护发挥了积极的作用。但是我们也要看到，在当今的环境形势下，我国的环境立法虽然不少，但还很不完善，有些法律条文过于理想，而有些领域的立法还处于空白状态，再加上执法不严、体制交叉等，这些均直接影响了法律的有效实施加强法制建设，因而必须对现行的生态环境法律进行进一步修订、补充或

① 娄文月、李宏伟《从科技的发展看人与自然关系的演变》，东北大学学报（社会科学版）2003年1月第5卷第1期，第3页。

重新整合，为实现生态社会提供法律保障。

畅通公益诉讼路径，促进生态保护。生态保护涉及千家万户和子孙后代的幸福，在我国法律体系逐步健全的时代，必须建立多种公益诉讼的路径，以引导全社会公民积极参与对损害环境的违法违规行为进行举报、投诉，甚至可通过快捷、有效的司法途径，严厉打击违法违规行为。从清镇现有的情况来看，成立了生态保护派出所、生态保护综合执法队、生态保护环境监察局、生态保护检察分局、生态保护法庭等机构，同时，以"三联动"机制为主线，迅速组建了生态保护联合会、生态保护专家咨询、生态损害鉴定评估中心、生态保护自愿者和信息员队伍。要充分利用现有司法和生态保护协会，畅通诉讼渠道，为生态保护保驾护航。

2. 建立和完善国民环境教育制度

环境教育是人们认识和解决当前环境问题的重要环节。《中国 21 世纪议程》指出："教育是促进可持续发展和提高人们解决环境与发展问题的能力的关键《教育对于改变人们的态度是不可缺少的，对于培养环境意识和道德意识、对于培养符合可持续发展和公众有效参与决策的价值观和态度、技术和行为也是必不可少的。"环境教育，德育先行。环境伦理教育是指教育者从人与自然和谐共处的道德理念出发，引导受教育者认识到不仅人对人要讲道德，而且人对自然也要讲道德，即为了人类的可持续发展，为了给我们的子孙后代留下碧水和蓝天，人类应该摆正自己在自然界中的位置，尊重自然、爱护自然，保护自然。环境伦理教育作为一种新型的德育活动有利于培育人类保护环境的伦理精神，提高公众的环境意识。只有这样，才能确保生态社会的真正实现。建立和完善群众环境教育体系，一是逐步建立以教育部门为主导、环境部门积极配合的学校环境教育体制，通过开展"小手牵大手"等多种方式，把环境教育渗透到学校教育教学的各个环节之中，努力提高环境教育的质量和效果。二是加大对广大农民的环境教育，组织开展"三下乡"活动，与此相应，充分发挥报刊、广播、电视等多种新闻媒体，加大宣传教育的覆盖面和知晓率。同时，精心策划和组织"世界环境日"等重要环境纪念日的活动，开展有创意、有影响、有效应的"环境宣传周"和"环境文化节"等大型活动，广泛发展、深入动员，激励公民踊跃参与，营造起保护环境的文化氛围。

3. 完善社会公众参与生态保护的机制

社会公众作为生态保护的最大利益相关人，他们迫切希望通过亲自参与生态保护来改变日益严重的污染现状，重建自己的美好家园。因此，要充分尊重社会公众的环保意愿，除了通过传统的立法、监督和信访机制让公众参与环保以外，还要不断地拓宽参与方式和途径，建立和完善听证制度以及让社会公众积极参与公益诉讼、专家论证、传媒监督和志愿者服务等，以进一步推进社会主义民主制度建设，完善社会公众参与生态保护的机制。各级党委、政府要把公众参与生态保护作为头等大事列入议事日程，而且党委、政府的主要领导要亲自抓，以形成高度重视生态保护的态势，引导社会方方面面共同参与。一是针对私挖滥采以及损害生态环境的现状组建专业或业余的资源保护信息员队伍，这支队伍要覆盖到乡（镇）、社区、村（居）、矿山开采重点区域和敏感地区；二是组建生态文明建设志愿者队伍，将选派到村的"三支一扶"、西部志愿者、一村一大等大学生纳入生态文明建设志愿者队伍，同时面向社会范围公开招募志愿者，利用大学生的知识来传达生态保护的先进理念；三是成立专门的生态保护协会组织，广泛招募协会会员，以加强对生态保护知识的宣传培训和理念的传播，扩大协会参与生态保护的影响面。

4．建立一整套的生态社会的推动机制

要加大对生态保护的问责处理力度，把生态保护纳入各级党委、政府及其各责任部门的重要考核内容，切实做到"有责必履、失责必纠、问责必严"。要根据《中共中央办公厅、国务院办公厅印发<关于实行党政领导干部问责的暂行规定>的通知》《中共贵阳市委关于贯彻实施〈贵阳市建设生态文明城市条例〉的意见》《清镇市党政领导干部和机关工作人员问责办法（试行）》，确保各级生态保护目标责任得到贯彻落实。

生态社会的构建是一个长期的系统工程，这些都需要全市人民的共同努力才能实现。构建"生态环境良好、生态产业发达、生态观念浓厚、文化特色鲜明、市民和谐幸福、政府廉洁高效"的清镇是实现清镇生态文明示范城市总目标，必须实践生态社会。总之，构建清镇生态社会需要的是改变传统的社会观念，确立社会与自然融合一致的生态社会观；需要的是发展循环经济，确立生态社会的经济发展模式；需要的是提倡生态消费，构建生态社会的现代消费模式；需要的是推进科技创新，为生态社会提供科技支撑；需要的是加强生态保护，完善生态社会的制度体系；同时也需要大张旗鼓地对"生态社会"的宣传力度，更为需要的是全社会参与构建"生态社会"的共同奋斗。

[研究、执笔人：中共贵州省委党校科学社会主义教研部副主任、教授　郝建]

课题二

迈步前沿：构建清镇市生态型政府研究

政府是政治体系的核心和社会发展的推动者。因此，推进生态文明，关键取决于政府及其行政管理。要构建清镇市生态型政府，就要求清镇市政府及其工作人员树立生态型政府理念，加强与生态文明要求相适应的制度、体制、机制和法制建设。

一、构建生态型政府是时代之需

20 世纪 90 年代以来，生态问题与政治、政府管理之间的特殊关联，促使生态问题日益成为一个亟须政府管理者和学者思考与应对的现实课题。作为一种学术策应，政府管理研究领域一个新的学术概念——"生态型政府"（西方或称之为 "绿色政府"）脱颖而出。

（一）"生态型政府" 内涵定位

1."生态型政府" 内涵

"生态型政府"是属于学科跨度较大的研究课题，需要跨自然科学与社会科学等多门学科。对于什么是生态或生态学的理解与认识，目前还在不断地变化与发展。生态学与行政学的联姻也有 60 多年的历史了，但在其所产生的行政生态学视野中，笔者认为，并没有界定出我们所需要或所公认的生态型政府概念。有关生态型政府的理论探索必将有利于行政管理学学科体系内容的丰富与发展。

生态型政府的内涵定位直接与"生态"、"政府"的意蕴相关，但主要取决于对"生态"涵义的界定与解读。生态学（Ecology）一词自 1866 年首次被德国生物学家海克尔（E.Haeckel）提出后，其内涵与外延不断地在发生变化，研究的内容也得到了迅速扩张与延伸。黄爱宝教授认为：生态型政府中的"生态"概念应该定位为追求实现人与自然的自然性和谐之涵义。而以实现人与自然的自然性和谐为目标所进行的行为和取得的成果，即以保护与恢复包括人在内的自然生态系统的平衡、稳定与完整为目标的一切过程和成果则不妨可称之为"生态型"或"生态化"。因此，所谓生态政府，就是指致力于追求实现人与自然的自然性和谐的政府，或者说是以保护与恢复自然生态平衡为根本目标与基本职能的政府。具体说来，生态型政府就是要在遵循经济社会发展规律的同时必须遵循自然生态规律，积极履行促进自然生态系统平衡的基本职能，并与之相适应，积极协调地区与地区、政府与政府、政府与非政府组织、国家与国家等之间生态利益与生态利益、生态利益与非生态利益的关系；既要实现政府对社会公共事务管理的生态化，又要实现政府对内部事务管理的生态化，既要追求政府发展行政的生态化，又要追求政府行政发展的生态化。概括地说，生态型政府就是追求实现对一个政府的目标、法律、政策、职能、体制、机构、能力、文化等诸方面的生态化。目前，生态型政府主要还是我们政府创新与发展所追求的一个理想目标，还远未成为广泛的现实。①

2. 生态型政府的基本特征

传统农业社会时期的政府也有过崇尚"天人合一"，并有过进行生态管理的历史经验。如果说那个时期的政府也属于生态型政府，那么也只能属于朴素的、低级的生态型政府。这是因为当时人们对生态的破坏还不十分明显，政府对生态的管理主要还是为了适应农业文明的需要，所以政府对生态管理的观念、知识、体制与能力等都尚属于初级的、简单的状态。而现代的生态型政府，是在人类社会逐步进入后工业社会的必然要求，是在生态问题日益严峻、生态科学知识迅速发展、人们生态意识又不断强化的背景下的政府自觉发展理念与目标。研究与分析现代生态型政府的基本特征，既可以深化对生态型政府的全面认识，也有利于启发生态型政府建设的具体实践路径。

（1）生态优先是政府的根本价值取向。所谓政府的价值取向，就是指政府在自己所追求的众多价值目标之中进行权衡与抉择。而政府的价值目标或

---

① [美]霍尔姆斯·罗尔斯顿《哲学走向荒野》，刘耳，叶平译，吉林人民出版社，2000 年，第 19、87、120 页。黄爱宝：《生态型政府"初探》，载于《南京社会科学》2006 年第 1 期。恩格斯：《自然辩证法》，人民出版社，1984 年版，第 304 页。《马克思恩格斯全集》（第 31 卷），中央编译出版社，1972 年版，第 251 页。

价值取向是政府活动的出发点与归宿，具有层次性、多样性、从属性、优先性等特性。现代政府的价值目标主要表现为既要追求经济效益，又要追求社会效益，还要追求生态效益或环境效益。然而，当这三种效益发生矛盾，特别是经济发展与自然生态系统的完整性稳定性发生冲突时，企业往往追求经济利益最大化，往往最终以经济效益优先于生态环境保护；而非营利性的环保组织往往又最终考虑生态环境保护优先于经济发展。而现代政府既是不直接参与经济的特殊经济主体，又是生态环境保护的最主要责任者，其价值取向从根本上趋于后者还是前者就是区分生态型政府与非生态型政府的一个基本标志。

（2）生态管理是政府的一项基本职能。如同对生态概念的界定存在诸多分歧一样，学者对生态管理或生态系统管理的定义也是见仁见智。目前比较公认的基本定义是指一种如何既要考虑人类自身的各种需求，又要考虑自然生态系统的各种因素的生态价值，从根本上协调人与自然之间的关系，最终实现包括人在内的自然生态系统的完整、稳定与健康的管理。生态管理的具体内容包括六个方面：一是要求将生态学和社会科学的知识和技术，以及人类自身和社会的价值整合到生态系统的管理活动中；二是管理的对象主要是受自然和人类干扰的系统；三是管理的效果可用生物多样性和生产力潜力来衡量；四是要求科学家与管理者确定生态系统退化的阈值及退化根源，并在退化前采取措施；五是要求利用科学知识做出最小损害生态系统整体性的管理选择；六是管理的时间和空间尺度应与管理目标相适应。[①]

（3）可持续发展能力是政府的一种核心能力。可持续发展是一个综合的、动态的概念。可持续发展不是单一的经济问题，而是与社会和生态问题三者互相影响的综合体。可持续发展是着眼于未来的发展，不仅考虑社会范围内的问题，而且还有经济的可持续能力和环境的承载能力与资源的永续利用问题，强调人类社会与生态环境、人与自然界的和谐共存前提下的延续，是指"生态-经济"型的发展模式。[②]由此可见，可持续发展实质上就是生态型发展，可持续发展的能力本质上就是生态型发展的能力。

（4）综合协调性是政府生态管理体制的显著特征。无论是针对自然生态系统，还是将"自然-经济-社会"视为一个复合的生态系统，都是由各种因素构成的相互联系相互作用的整体，即在生态系统中，一切事物都是相关的。生态管理只要追求自然生态系统的平衡、稳定与健康，追求人与自然的和谐，其管理体制就必然具有统一性、综合性、整体性、协调性等显著特征。

---

① 盛连喜：《环境生态学导论》，高等教育出版社，2002 年版，第 269 页。
② 郭怀成、尚金城等：《环境规划学》，高等教育出版社，2001 年版，第 31 页，第 32 页。

（5）生态科学家咨询是政府决策机制的广泛构成。与传统的政府不同，现代政府决策机制的一个重要构成部分就是专家咨询系统，而且在现代政府决策体制中发挥着越来越重要的参谋与智囊作用。现代生态型政府建设同样需要有生态科学家进入政府咨询系统，广泛参与政府决策咨询过程。

（二）生态型政府的提出

1. 策应政府理念变革的历史大趋势

"自然界是人的无机的身体"是马克思在《1844 年经济学—哲学手稿》中对人与自然关系的经典表述。然而，工业化在强化人类在自然中的主体性和中心地位的同时，也使人类面临前所未有的生态危机。今天，这种危机无论从范围还是程度上都大大超过以前，即从局部扩展到全球，从危及人的身心健康扩展到整个人类的生存与社会的发展。马克思和恩格斯也指出："不以伟大的自然规律为依据的人类计划，只会带来灾难。"[①]从早在 100 多年前马克思主义的创始人发出了"人类与自然的和谐"的呐喊以来，人类在"异化"自然的同时，也不断探求重构人与自然和谐的路径。作为社会治理的权威和主导力量，政府与自然的关系是人与自然关系的伦理深化。"政府工具理论"认为，人们经过契约而形成政府的目的就在于保障人民过安全与和平的生活。在今天看来，自然就是人类公共安全的重要组成部分，因而理所当然地，政府就成为了自然的保护者与生态治理的最大责任主体。在政府与自然的关系中，要调节的对象首先是政府的理念，由此输出的责任与义务也是一种纯粹指向政府的单向度的规范形式——对政府新型理念的营造。

早在 1972 年 6 月发表的《联合国人类环境会议宣言》中就曾明确指出："保护和改善人类环境，一方面是全世界各国人民的迫切希望，另一方面也是政府的责任。"政府之于自然的责任表现为三个层面：首先，从社会的组织体系来看，政府是唯一的公共性组织，对"公共物品"负有保障与维护的责任，因此政府是自然干预的主要管理主体；其次，从行为的层面看，政府既是自然干预的主要力量，又是自然被干预的评判者，因此政府对自然的责任态度决定着自然环境的基本状况；再次，从价值的层面看，政府作为唯一的公共组织，对自然的可持续发展负有道德责任，也就是说政府是自然保护最大的责任人，现代政府对解决自然（生态）危机所引起的问题起着主导性作用。[②]鉴于政府在生态事务管理中的种种"失灵"，政府生态管理理念与运行范式的重新思考，成为政府生态管理体制改革面临的现实课题。

① 马克思恩格斯全集（第 31 卷）[M]. 北京：中央编译出版社，1972：251
② 刘祖云. 政府与自然关系的伦理建构[J]. 社会科学研究，2005（3）.

2. 政府文明对政治文明的当代呼应

政治文明的一个根本特征就是它的进步性。①政治文明的形成与发展总是人与自然、人与社会、人与自身的现实关系多种因素互动的结果。在各种因素或变量中，自然环境与政治文明发展的关系也许是最为基础的，因为从根本上而言，协调人与自然的自然性关系是解决其它社会关系的首要前提。在这个意义上也可以说，政治文明发展如何与自然环境相协调、如何协调人与自然之间的矛盾，理应成为政治文明发展最为核心的内容之一。近代政治文明发展的一个明显不足就是没有解决好人与自然之间的矛盾，甚至在很大程度上恶化了这种矛盾。在人类迈向后工业社会之后，政治文明的现代转型和发展必然伴随着对生态价值的呼唤，从而引导人类认知和实践的生态化转向，才可能有效地化解自然危机，也才能使政治文明的发展更加体现时代性，更加具有生命力。然而，抽象的政治文明只有在公共管理导向的政府文明的承载与关怀下才能实现和发展。

学者谢庆奎认为：从结构维度上看，既可以说政治文明包括了政治意识文明、政治制度文明与政治行为文明等，也可以说政治文明就是政治体系的文明；而政治体系主要是指政府组织结构和功能、非政府组织的参与和作用以及价值观念等。政府是政治体系的核心，政府发展是政治发展的主体，政府创新是政治创新的关键。正是在这个意义上，学者们认为政治文明的主要内涵是政府文明，政府文明建设的成败直接影响着政治文明的建设。由于政府文明是政治文明的先导，因而提出并建构生态型政府既是现代政治文明发展的一种直接表现，又是对政治文明与生态文明相契合的典型反映，必将推动现代政治文明发展步入更高境界，并为政治文明的理论研究拓展新的空间。生态型政府以"生态优先观"为其根本价值取向，追求人与自然的和谐共生，这种政府范式恰好体现了政治文明的当代价值需求，正是政治文明当代发展所追求的一个理想目标。理所当然，提出构建生态型政府，将倡导生态文明、保护生态环境纳入政府的责任与德性之中，既是当代政府执政理念发展的新趋势，也是对当今世界人类政治文明发展的理性呼应。

3. 生态困境中政府管理创新的需要

（1）生态型政府的建构是化解生态困境的迫切需要。中华人民共和国成立以来，特别是改革开放以来，经济持续发展，尤其是工业经济发展很快，但同时带来环境污染和生态破坏问题，使我国的经济社会发展陷入了生态困

---

① 黄爱宝. 生态型政府理念与政治文明发展[J]. 深圳大学学报（人文社会科学版），2006（2）：21-25.

境，而且突出地表现为 "内部化"。所谓 "内部化"，是指生态保护的动力正在由外部压力转为内部机制，即通过有效的政府管理实现"生态公共产品化"，同时通过市场机制实现"生态成本内部化"。由生态困境所引起的各种问题深刻而普遍，其全局性、综合性、历史性、长期性决定了这个问题已经成为重大的公共问题，因而必须以政府为主导，整合各方资源，设计公共政策，加强公共管理，才有望得到解决。

（2）生态型政府的建构是经济良性发展的客观要求。当前，国内环境治理成本已成为了经济良性发展的巨大负担。国务院新闻办公室于 2014 年 6 月 4 日发布的《2013 年中国环境状况公报》中显示，2013 年全国环保总投资为 1.9 万亿元，环境治理成本成为了经济良性发展的巨大负担。随着经济社会发展以及生态问题的日益加剧，市场和消费者对生态安全方面的需要正在逐步提高，传统市场经济正在向生态市场经济发展。清镇市政府要履行促进经济发展的职能，就必须顺应这一趋势，运用政策手段、行政手段和示范手段，引导企业发展绿色经济，并逐步引导国民经济向生态市场经济的转向，大力发展绿色循环经济，提高我国经济的竞争力和可持续发展水平。

（3）生态型政府的建构是政府治理范式变革的必需。科学发展是现代社会精神的重要构成部分，它要求政府的发展更具前瞻性、战略性和创新性。高小平教授认为，我国政府的管理范式虽经过数次大的变革，但在很多方面仍无法适应政府治理生态化的国际趋势：一是政府在生态管理职能配置上存在着严重的 "缺位"，单纯依靠一两个部门实施管理，力量薄弱；二是政企职能交叉，政资机构混杂，决策与执行功能不分，即政府部门既有资源管理职能，又有经营和开发的任务，既是资源所有者和决策者，又是资源受益者；三是地方分治，即按行政区划管理自然，破坏了自然本身的统一性；四是部门职能分割，生态 "部门行政"的弊端日益暴露。①行政管理范式变革的核心是调适政府职能，因而生态型政府应将生态管理确立为其基本职能，建构生态型政府有助于深化行政管理体制机制改革，实现生态行政管理的科学化、高效化。

（三）我国构建生态型政府的原则

生态型政府的构建是一项系统工程，不管是对于国家经济还是对于社会的发展都将造成很大影响。所以，应在消解现实困境的目标指引下，结合国外先进经验，遵循一些基本原则，设计出一套切实可行的生态型政府构建路径。

---

① 高小平. 落实科学发展观加强生态行政管理[J]. 中国行政管理，2004（5）.

1. 可持续性原则

可持续发展是指建立在社会、经济、人口、资源、生态相互协调和共同发展的基础上的一种发展，其宗旨是既能相对满足当代人的需求，又能对后代人的发展不构成危害。生态型政府的构建是需要持续给予重视并为之不懈努力的大事。生态型政府的构建，是由政府为主要责任人并与其他社会团体、民众共同参与的对人与自然关系的一种调节，是为了在科学发展观的指引下实现可持续发展。所以，可持续发展必须成为其构建的原则之一。而生态的可持续发展就是要制定或实施具有连续性、长期性和稳定性的政策，以最少的资源消耗获得最大的社会收益。

2. 责任性原则

责任性指的是人们应当对自己的行为负责。在公共管理中，责任性是专指与某一特定职位或机构相连的职责及相应的义务。责任性意味着管理人员及管理机构由于其承担的职务而必须履行一定的职能和义务。没有履行或不适当地履行它应当履行的职能和义务，就是失职，或者说缺乏责任性。生态的责任性是指生态治理的主体要对公众及利益相关者负责，对自己的行为负责。政府要履行自己在生态治理中所承担的责任和义务，在这个过程中如果能够正确地履行自己的责任和义务，承担其应有的责任，那么就说明其离生态型政府就越近了。

3. 法治性原则

法治的基本涵义是法律作为公共政治管理的最高准则，任何政府官员和公民都必须依法行事，在法律面前人人平等。法治的直接目标是规范公民的行为，管理社会事务，维持正常的社会生活秩序；最终目标在于保护公民的自由、平等及其它基本政治权利。从这个意义说，法治与人治相对立，因为它既规范公民的行为，更制约政府的行为。①生态的法治是指界定生态治理的相关主体间的权利与义务，从而来维护社会生态上的公平，增强公众对生态治理的认同感。法治使得生态治理主体之间的义务和责任明确化。在法治性原则的要求下，生态型政府与法治政府就存在着契合之处。根据法制的原则确立的政府形式就是法治政府，主要是指政府根据人民意志，依法组建而成，必须依法行政，严格按照法定的权限和程序行使职权、履行职责，必须保障人民依法享有各项权利和自由，必须接受人民的监督，行政违法必须承担责任。简单地说，政府必须依法产生，受法律约束，依法律办事，对法律负责。

---

① 俞可平. 治理与善治[M]. 社会科学文献出版社，2000：9.

4. 民主性原则

在民主性原则的要求下，生态型政府与民主政府也存在着契合之处。民主政府主要包括政府的合法性和政府的透明性。构建的生态型政府必须是一个合法的政府与透明的政府。合法性指的是社会秩序、权威被自觉认可和服从的性质、状态，它与法律规范没有直接的关系，而往往从法律的角度看是合法的东西并不必然具有合法性，只有那些被一定范围内的人们内心所体认的权威和秩序才具有政治学中所说的合法性。透明性指的是政治信息的公开性。每一个公民都有权获得与自己的利益相关的政府政策的信息，包括立法活动、政策制定、法律条款、政策实施、行政预算、公共开支以及其他有关的政治信息。透明性要求上述的这些政治信息能够及时通过各种传媒为公民所知，以便公民能够有效地参与公共决策过程，并且对公共管理过程实施有效的监督。

生态的合法性是指公民对政府所制定出来的生态政策、所采取的生态治理行为的认可、支持和服从。它要求在生态治理过程中要慎重地协调好社会各主体之间的关系，促成各主体之间能够形成公平的合作伙伴的关系，从而让公民最大限度地认同和支持生态治理的活动。当然，合法性越大，就越接近生态型政府的目标。

生态的透明性是指生态治理的主体对生态决策的制定程序、方法、生态状况、生态治理的决策、财政以及法律条例等信息进行公布公开，让公民能够方便顺畅地从各种渠道获取到关于生态的任何知识或信息。只有这样，公民才能根据自己的具体知识和利益知识来判断自己是否认同或是否要参与和执行生态治理的决策，提高公民参与的积极性和主动性。因此，透明性越高，生态善治的程度也越高。

5. 有效性原则

有效性主要是指管理的效率，主要有两方面的基本意义：一是管理机构设置合理，管理程序科学，管理活动灵活；二是最大限度地降低管理成本。

生态的有效性是指生态治理的效率，也就是说在生态治理过程中能够用最少的成本获得最大的治理效果。生态型政府与无效的或低效的管理活动是格格不入的。为了让政府的管理有效，企业家政府中可以有很多值得我们借鉴的东西。企业家政府理论，是指用企业在经营中所追求的讲效率、重质量、善待消费者和力求完美服务的精神，以及企业中广泛运用的科学管理方法，来改革和创新政府管理方式，使政府更有效率和活力。所以，在有效性原则的要求下，生态型政府与企业家政府存在着契合之处。

6. 回应性原则

回应的基本涵义是，公共管理人员和管理机构必须对公民的要求做出及时的和负责的反应，不得无故拖延或没有下文。在必要时还应当定期、主动地向公民征询意见、解释政策和回答问题。回应性越大，生态善治的程度也就越高。生态的回应性是指生态管理人员及管理机构具有对公众和相关利益群体负责的义务。具体来说，就是为了满足公众的生态服务的需求，生态治理的政府官员应该对公民所提出的对生态环境治理政策的疑问进行解答和解释，对公众提出的生态方面的建议及时地作出回应。

（四）当前我国生态型政府构建的制约因素

1. 经济效益、社会效益与生态效益的关系失衡

由于科学技术的落后等客观条件制约，过去几十年中，我国主要以"低价工业化"的发展方式来获取竞争力，即为了提高企业的利润和吸引外资，资源和劳动力价格被极大地压低，企业环境污染的治理成本很大程度上被社会化分担，这就意味着在经济发展的过程中，生态效益让位于经济效益，二者之间出现零和博弈的困境。因此，对于当前力图构建与生态文明相适应的生态型政府来说，首要的问题就是要牢固树立生态有限的发展理念，正确处理好经济效益、社会效益与生态效益的关系。从大量消耗能源资源到节约自然资源、保护生态环境的转变，既是对经济发展理论的深刻变革，也是对经济增长方式、发展模式、发展道路的深刻变革，这对我国经济发展的体制性和结构性问题提出了新的要求，也是对我国粗放型的工业化道路深刻反思的结果。

2. 政府主导型发展模式与生态发展的冲突

改革开放以来，我国主要是由政府制定和推动实施经济发展战略以及各种产业发展计划和政策；政府作为发展主体配置各种社会资源，再通过现有资源吸收整合其他资源（包括外资和民资）；经济增长的主要方式是由政府制定详细的经济发展目标并由政府主导达到这一目标，等等。可以说，这种由政府主导的"赶超型"发展战略走到今天，其正面激励作用已逐渐式微，负面后果却正迅速凸显，如经济发展的结构性问题已经越来越突出，并对我国经济的进一步发展以及生态文明的建设都构成了严峻的挑战。一方面，对于生态环境来说，最重要的问题在于，由于各个地方政府对地方经济发展尤其是地方 GDP 增长的片面追求，没有建立有关生态发展的综合协调机制，或者一些建立了相关协调机制的地方，由于政府有意无意地忽视而使这些机制运

行效率极为低下，因而难以实现生态治理的应有绩效；另一方面，由于生态治理的职能往往分散于多个不同的政府职能部门之中，而在不同部门之间又没有形成常规化的生态治理综合协调机制，因此地方生态文明建设的制度绩效就在很大程度上依赖于地方领导的生态环境意识，进而出现较大的不确定性和不可持续性。不同地方政府间的合作与协调机制的缺乏也对很多跨区域的生态治理产生了重要的负面作用，如果政府不能很好地应对这些风险，生态文明建设将难以为继。

3. 经济转型升级的体制性问题制约

依靠高投资拉动的传统经济发展方式所带来的严重环境后果，已成为生态文明发展的不能承受之重，经济发展能否转型升级已成为影响我国生态文明建设成败的关键因素。首先，一些地方政府不顾当地生态环境的承载能力，通过大量的政府投资建设一些短期见效的项目，导致大量的"政绩工程"、"形象工程"等重复建设项目，并带来投资结构问题和资源配置的低效率等问题，而真正需要政府关注的教育、医疗、社保以及住房等公共服务领域的投入往往显得不足。其次，从经济发展所必需的资源配置情况来看，我国以土地、能源、资本等要素为核心生产要素的市场还没有完全建立和完善，其中最主要的问题表现为，在生态环境的治理成本负担中，市场机制还不能很好地发挥调节作用，排污权的社会化交易体系也急需完善，在过度的行政干预下，很多企业的污染治理成本效益比远不合理。第三，目前的财税体制安排也阻碍了经济发展方式的转变。在现行分税制体制下，一些地方政府为了增加本地财政收入，对工业生产活动中的环境破坏行为采取默许的态度，或者对一些污染违法行为采取不作为的方式，甚至有些地方政府为了引进投资变相鼓励污染的项目投产，其结果是出现各自为政、经济与社会发展不协调、人口与环境不协调、产业结构雷同低效等一系列问题，生态文明建设面临严峻挑战。

4. 政府自身缺乏发展生态行政的理念

当前，我国政府部门的节能状况和节约意识令人担忧，政府公务人员缺乏"浪费也是腐败"的节约意识；政府部门的隐性浪费现象更为严重。一组调查数据表明，我国政府每年的电力消耗占全国消耗总量的 5%，能源的消耗费用超过 800 亿元。[1]

---

[1] 郑易生. 中国环境与发展综论——从部门模式走向综合模式[M]. 北京：社会科学文献出版社，2001，21-22.

5. 部门分割管理，环境政策制定缺乏整体性

我国目前对环境问题的管理仍然分属不同部门。例如，我国地表水开发利用归水利部，地下水开发利用归地质矿产部，海水开发利用归国家海洋局，大气开发利用归国家气象局，水污染防治归国家环保总局，城市和工业用水归建设部门，农林牧渔业供水归农业部和国家林业局，这种"九龙治水"的局面是我国行政化纵向割裂环境生态整体性的一个缩影。①由于部门分割，对环境问题的政策制定缺乏整体性意识，而且经济发展计划与环境生态保护规划往往是互不相干的两套计划，一旦在现实中两者发生冲突，通常是以后者服从前者。因此，部门分割直接导致了政府对环境管理的失效。

6. 政务不够公开，环境信息不对称

我国政府信息服务职能至今无法适应信息化时代的要求，在环境问题上存在着很大的信息不对称现象。有行为主体破坏了环境并侵犯了公共利益时，政府却极力隐瞒信息；由于信息不透明或获取信息的成本太高，公众不得不咽下环境受损的苦果。例如，在保护环境和不可再生资源的过程中，政府至少掌握着80%的信息，但其中大部分内容没有公开。这导致信息失真现象大量存在，社会公众无法通过政府了解实际情况，直接影响了政务公开实际运行的效果。

（五）从传统政府到生态政府模式的转变

传统政府模式是指工业时代的政府组织形式，它以权力高度集中的金字塔式权力结构和政府对社会的全面控制为主要特征，明显表现为政府机构庞大、层次众多、人浮于事、效率低下、官僚主义严重、腐败盛行。传统政府模式下，政府与人民之间的关系定位是"管理者"与"被管理者"的关系，政府凌驾于社会之上，是权力政府、无限政府。随着时代的发展、市场经济的不断完善、公民社会的不断发育，以及现代社会运行的复杂性、风险性不断增强，传统政府模式已经不再适应社会管理发展的要求，因此世界上许多国家政府都在积极寻求某种转变。世界的经验和我国当前发展面临的严峻生态环境形势决定了我国政府改革不能再延续传统政府模式的老路，而应朝着有利于实现可持续发展的方向转化，也就是要建立起生态型政府模式。

1. 生态型政府和政府在社会发展中的生态责任

"生态型政府"是以生态价值为优先取向、以保护和恢复自然生态平衡为

① 宋文颉. 为构建环境友好型社会提供技术支持[J]. 观点争鸣. 2006，（3）：21-22.

根本目标与基本职能的政府，是生态政治在政府管理方面的具体体现。政府在社会组织结构中处于一个非常特殊的位置，是全社会公共利益的集中体现者，在对公共权力的使用上具有其他任何组织和个人都无法比拟的强制性和合法性。政府的主要职责就是要做好对社会公共事务的管理和组织，以保证社会正常运行所必需的社会秩序。而生态问题具有明显的公共性和外部性特点，并且生态环境问题的不断恶化日夜威胁着经济社会的正常运转。因此，无论是从承担对公共事务的管理角度，还是从经济社会发展对政府活动的内在要求角度，对政府来说，转变运行模式、建立生态型政府是政府履行自身职能的必然选择。

生态型政府与传统政府的不同之处在于它超越了人类社会内部事务管理的局限，将管理和调整人与自然的关系作为自己的基本职能之一，将生态责任纳入自身责任体系之中，在组织社会经济发展活动中科学考量生态环境的承载力，谋求经济社会与生态系统的协调发展。生态型政府是责任政府、有限政府、服务型政府、法治政府。在内部管理上，生态型政府按照生态发展的要求优化组织结构和工作流程，以实现政府运行内部环境的生态化。

当代中国的生态社会建设是与社会发展的工业化过程、城市化过程相互叠加的进程。因此可以认为，中国的生态社会建设在一定程度上是在人造生态系统（即城市）挤压自然生态系统的过程中实施的。在全社会建设中实现人与自然的协调发展，政府首当其冲是主要责任主体。政府在社会发展中的生态责任主要包括对自然的生态管理责任，即在经济发展的同时考虑自然环境的生态价值、社会价值、道德价值，公正地对待自然，实现自然资源的合理开发利用；对社会的生态服务责任，即在市场失灵的情况下，充分合理地运用公共权力和手段，通过制定政策、标准、法规、行政控制等方式矫正破坏生态的行为，实现社会经济运行链的"绿化"，为社会运行提供良好的生态秩序；对人类的生态发展责任，即树立科学发展观，落实可持续发展理念，实现生态发展的代内公平与代际公平。在城市化过程中的生态社会建设，主要是通过政府对城市发展的战略把握、制定规划和建设管理活动来实现的。

2. 政府模式转变背景下政府职能的变化

政府职能是政府机关依法对国家和公共事务进行管理时所应该承担的职责和所具有的功能。[①]政府职能不是一成不变的，它与社会环境总是保持一

---

① 张子礼. 试论生态政府的构建[J]. 齐鲁学刊，2006（5）.

种动态平衡。从行政管理的角度看，我国政府改革的目标是建立起廉洁、勤政、务实、高效的政府，"生态型政府模式"是对这一政府模式转型的生态解读，是从生态保护、生态建设的视角看待政府职能转变对促进生态发展的公共意义。

公共性是政府的本质属性。在市场经济不断完善、公民社会不断成熟的发展趋势下，如何更好地代表和实现公共利益、更好地履行公共管理和公共服务的职能，是政府改革的主要诉求。政府职能的调整就是政府根据"小政府、大社会"的目标要求，从它管不了、管不好的事务中退出，并把相应的职能转交给市场和社会，以使政府能更好地去履行经济调节、市场监管、社会管理、公共服务的职能。因此，新的政府模式的建立并不是对政府职能的"弱化、淡化"，而是"强化、精化"。[①]

实行生态管理是生态型政府的重要工作内容。政府在工作中既要考虑城市发展、人民生活的各种需要，又要考虑自然生态系统的各种因素的生态价值，并为达到两者间的协调发展进行具体行动方案的制订与选择。这就要求在政府模式转变的背景下，对于生态管理，城市政府更多地要从加强对城市经济社会发展的宏观生态调控和提供生态公共服务来实现。从实现形式来看，生态管理是政府的责任，必须有政府的介入，但不一定必须由政府直接生产或提供。政府通过契约、委托代理等方式，将一部分生态服务职能，如污水处理厂的运营、清洁生产审核、环境保护评价与评估等，交由社会中介组织、自治组织和事业单位承担。而为了便于对生态环境问题的统筹管理与协调，政府成立了专门的生态环境保护部门来履行政府的生态管理职能。可以说，在生态政府模式下，政府的生态职责是政府传统职责应生态要求的重组、优化和延伸；政府职能变化的实质是政府职能的再生和释放。

二、清镇市构建生态型政府的主要做法及成效

早在 2005 年，清镇市委、市政府就提出了"生态立市"的战略，多年来始终坚持这一战略。2007 年 10 月，党的十七大报告提出"生态文明"，清镇市认真贯彻落实了党的十七大和省委十届二次全会以及贵阳市委八届四次全会精神，高举生态文明的旗帜，把生态文明理念全面融入经济社会发展的方方面面和全过程，全力打造发展升级版，建设生态文明示范市。

---

① 田芊，王丛虎. 我国政府职能的界定与重构[J]. 中国地质大学学报（社会科学版），2003（3）.

（一）普及生态文明知识，生态意识逐步增强

1. 以生态文明进机关活动为载体，提升了党员干部生态文明意识

市委组织部利用"湖城大讲坛"，邀请省内外专家和学者对生态文明知识、政府如何在生态文明建设中转变职能等问题，对全市科级以上干部进行专题培训；市委组织部、市委党校、市直机关党工委以专题讲座、研讨班、培训班等形式，将生态文明知识纳入科级干部、后备干部、党员及入党积极分子培训的重要内容之中。市委组织部还将生态文明知识及相关专题讲座等内容，作为"清镇市干部在线学习网"的课程，对达不到规定学时的干部，年度考核不能评为"优秀"等次，通过各种"软硬兼施"的手段，潜移默化地把生态文明理念植入广大党员领导干部的心中。同时，在全市广泛开展生态文明进校园、进农村、进社区、进厂矿活动，提升了全民生态文明意识。

2. 开展生态文明示范创建活动，营造树立生态文明理念的氛围

2005年，清镇市实施"生态经济示范村"创建活动，以农民增收为核心，鼓励示范村农户以"猪（鸡、牛）+果（蔬）+沼气"的循环生态农业模式，发展生态农业，取得明显效果后又大力推广"四改一气"（改厨、改厕、改圈、改院坝和建沼气池）工程。此后，又开展生态文明示范创建活动，以"生态文明机关（单位）""生态文明学校""生态文明医院""生态文明乡（镇）""生态文明村（居）"创建和评选活动为抓手，使广大党员干部、学生、市民逐步树立生态文明意识。例如，市教育系统利用综合实践、科学、主题班会、演讲比赛等形式，把生态文明知识融入中、小学教学活动中去；广泛开展"小手牵大手"活动，通过学生将生态文明知识、生态文明意识传递给家长，影响身边人。又如，市委宣传部将生态文明有关知识编成小品在城市小广场、农村进行巡演。再如，在生态文明机关创建中，将节能、降耗等纳入重点创建内容，广泛推广节能灯使用，在政府采购办公用品时都要求购买节能产品。在2013的以来的"美丽乡村·四在农家"创建活动中，把生态文明知识普及作为一项内容，通过发宣传资料宣传生态文明知识，通过送文艺下乡、组织群众参加文艺演出等多种丰富多彩的活动，广泛宣传生态文明的知识。2009年，贵阳市以承办"第九届全国少数民族传统体育运动会"为契机，作出了扎实开展"三创一办"（创建"国家卫生城市"、"国家环境保护模范城市"、"全国文明城市"，协办2011年第九届全国少数民族传统体育运动会），纵深推进生态文明城市建设的部署。把"创文"、"创卫"、"创模"具体措施深入机关（单位）、校园、农村、社区、院落，强化宣传，使知晓率达90%以上；

在全市广泛开展"整脏、治乱、改差"行动，在一定程度上提高了全民生态文明意识。

3. 政府将生态理念融入经济社会发展中，全面树立生态理念

清镇市依托资源优势、生态优势，做足"生态"这篇大文章。按照十八大提出的"尊重自然、顺应自然、保护自然"的生态文明理念，把生态文明全面融入经济建设、政治建设、文化建设、社会建设等方方面面和全过程。2013 年 1 月，清镇市委第五届五次全会明确发出了"奋战三年，2015 年与贵阳市同步全面建成小康社会，奋斗八年，2020 年与贵阳市一起迈向生态文明新时代"的号召。2013 年 11 月，贵阳市委将贵阳市生态委主任向虹翔同志调任清镇市委书记，带领新班子认真贯彻党的十八届三中全会、省委十一届四次全会、贵阳市委九届三次全会精神，深入研究清镇市情，于 2014 年 1 月在市委五届七次全会上更是提出了"打造清镇发展升级版，建设生态文明示范市"战略部署，提出"高举一面旗帜、围绕一个目标、遵循一个路径、处理好三个关系"（一面旗帜，即生态文明建设；一个目标，即把清镇市建设成为"生态环境良好、生态产业发达、生态观念浓厚、文化特色鲜明、市民和谐幸福、政府廉洁高效"的生态文明示范城市；一个路径，即坚持走"以科技创新为引领，以实体经济为支撑，以生态保护为底线，以改革开放为动力，以改善民生为根本，以党的建设为保障"的一条可持续发展之路，实现经济发展与生态改善的双赢；三个关系，即处理好"发展与保护、速度与结构、经济与民生的关系"），将生态文明全面融入了经济社会发展的方方面面，研究制定了生态工业、都市生态农业、现代服务业"三大振兴行动计划"，在全市营造打造发展升级版的良好氛围；将生态规划与城市规划、产业发展规划等规划进行融合，于 2014 年 8 月聘请了贵州省环科院专家组启动《清镇市环境规划》编制工作。

（二）铁腕治污，生态环境日趋良好

针对清镇市工业三废、生活污染、农业面源污染三大污染源，以及矿区植被被破坏的问题，以铁腕治污的勇气和决心，以"红枫湖"治理为核心，以改善城乡人居环境为重点，坚持"一手抓保护，一手抓整治"，扎实推进生态环境体系建设。通过保护治理，城乡生态环境有了明显改善，"两湖"水质由 2007 年的Ⅴ类、劣Ⅴ类，提高到 2008 的年Ⅳ类、Ⅴ类和 2009 年的Ⅲ类、Ⅳ类，2010 年至今仍稳定在Ⅲ类，红枫湖西郊水厂取水口等部分水域达到Ⅱ类。

1. 铁腕治理工业污染

坚决杜绝"傻大黑粗"污染严重的项目进入清镇。从 2008 年至今，拒绝可能造成污染的项目多达 100 余个。对红枫湖沿岸的工业企业实施"退二进三"和"退城进园"，向经开区和西部乡镇园区转移。对"两湖"周边企业，能关停的坚决关停，能搬迁的坚决搬迁，不能关停不能搬迁的必须进行循环经济技术改造，或者进行产业转换、退二进三等。目前，已先后关闭了清纺厂、五矿（贵州）铁合金有限责任公司、清镇玻璃厂、清镇东山水泥厂、水晶集团 1—4 号锅炉等企业或机组；将清镇发电厂整体异地搬迁到清镇市王庄乡工业园；先后对贵州美丰化工、华能焦化制气、水晶集团等企业进行了循环经济技术改造（现在贵州美丰化工已全面停产）。2014 年，积极与水晶集团、华能焦化、铁合金厂等传统企业进行沟通协调，加快实施"退二进三"、"退城进园"的举措。引进天然气，将华能焦化气进行逐步转型，目前已停止除清镇外的供气。同时，抢抓中关村贵阳科技园"清镇园"的契机，以职教城建设为依托，注重择商招商，引进高新技术产业、以产业链招商拉长产业链，逐步建设循环经济。

2. 重拳治理城市生活污染

（1）生态移民搬迁。对红枫湖一级取水口周边居民实施生态移民搬迁。

（2）污水收集处理。建设城区生活污水收集管网，基本实现对现有城区生活污水收入污水处理厂处理后达标排放。清镇污水处理厂一期（2.5 万吨/天）稳定运行，二期（2.5 万吨/天）项目于 2010 年 6 月 30 日完工并投入运行。另外，还建成了站街污水处理厂、百花污水处理厂、新店污水处理厂、职教城污水处理厂。

（3）河道治理。实施东门河（流经清镇市城区、流入百花湖）综合治理项目，建成了梯青塔湿地公园。

（4）垃圾处理。建成了日处理 300 吨、总库容 149.8 万立方米的城市生活垃圾卫生填埋场，在"两湖"周边、上游村寨，以及集镇，配备了垃圾池、垃圾车，及时清运入填埋场。正在实施的海螺盘江水泥三期工程，将生活垃圾作为原料用于发电，既无害处理垃圾，又变废为宝。此外，从 2008 年起，逐步使旅游业淡出红枫湖，红枫湖周边三产经营单位全部实现了污水零排放，并安装了在线监测系统。同时，对红枫湖营运船只全部进行了动力改造。

3. 科学治理农业农村面源污染

从 2007 年开始，强化了农业面源污染治理措施。例如，实施封山育林 7 万余亩，在全市全面禁止使用、销售含磷洗涤用品，在沿湖农作物种植区实施物理灭虫，安装太阳能、频振式杀虫灯，并进行测土配方施肥；禁止在红枫湖最高水位线下种植农作物和开展规模化畜禽养殖，共拆除规模化养殖鸡舍 160 栋，面积达 51 920 平方米；在一级保护区设围栏、铁丝网、金属警示牌，建拦沙坝 1 处、前置库 5 处，有效拦截地面流沙和污泥；实施退耕还林达 2 万亩、荒山造林 8 千亩；石漠化综合治理达 9 400 亩，小流域治理达 20 平方公里；建成了五个万亩产业园（果园、牧草园、茶园、花卉苗木园、有机蔬菜园）；向红枫湖投放鲢、鳙鱼鱼苗 8 000 万尾；建生态浮床 2 处（10 万平方米）；在湖滨带种植有机茶、牧草、花卉、蚕桑、水果、苗木等达 3 万亩；实施人工湿地 19 处；建大、中型沼气池、户用沼气池，配套改厕、改圈、改灶，形成了"猪（牛）—沼—粮、猪（牛）—沼—果、猪（牛）—沼—菜"等循环农业模式；拆除红枫湖周边违法建筑 12 492 平方米；实施乡村清洁工程 16 个，将环卫体制向红枫湖周边延伸，为村购置运输垃圾车辆；完成环湖生态文明新农村规划建设，实施集中搬迁工程 9 处，涉及农户 823 户，实施村庄整治，完成了房屋立面改造达 339 户、92 200 平方米；完成了东门河人工湿地建设项目；全面拆除了"两湖"907 口网箱养鱼和三家投饵养殖场，拆除拦网 84 张（3.2 万亩），等等。

（三）加强基础设施建设，生态文明城市功能不断完善

坚持"疏老城、建新城"。从保护治理的角度，规划建设百花生态新城、物流新城、职教新城，并在新城建设中始终坚持"既要金山银山，又要绿水青山"的理念和"显山、露水、透气"的要求，守住生态底线；同时，配套建设中、小学、医院、公交、广场等公共设施，规划入驻职业院校 25 所，入驻师生 15 万人，形成 20 万常住人口的城市规模。建成了红旗西路、百花大道、东门桥至旱基市政干道等城市主干道，完成了云岭路、红枫路、红旗路"白改黑"和塔峰路、星坡路等城市道路改造，新建了金清线清镇段、云职路、城北新区一号路和三号路等道路。建成了东郊水厂、朱家河污水处理厂二期、新客车站等一批重点市政基础设施，实施了城区供水管网改造、有线电视网络改造、东门河治理和污水收集系统、城市生活垃圾填埋场、电子政务网络建设，完善了城区路灯、人行道、垃圾箱等设施。实施了红旗路、前进路、新华路、三星村等一批旧城改造项目，建成了倾国倾城、百花新城、红树东方、阳光水岸、印象康城等一批居民小区，五星级的湖城大酒店也即将竣工。建成了通乡油路、通村公路 125 条共 641 公里，硬化村寨串户道路 561 公里，建成农村客运站 10 个，渡口、码头 8 个。实施席关水库建设，治理病险水库 6 座、重要山塘 1 座，实施饮水安全工程 318 处，兴建"三小"工程 4 700

口，实施抗旱应急供水工程 121 处。建设户用沼气池 49 748 口，大型沼气池 1 座，中型沼气池 26 座。实施基本农田建设 18 680 亩，新建机耕道 101.5 公里。实施扶贫开发项目 325 个。

（四）产业不断转型升级，生态产业发展后劲不断增强

2006 年，清镇市首次进入全国西部百强县（市、旗），排列第 100 位，2010 年上升到第 85 位，四年就前移了 15 位。2009 年，清镇市在贵州省经济强县（市、区）中排名第 9 位。近年来，由于清镇调研产业结构，转变发展方式，大力发展生态工业、生态农业、现代服务业，经济发展处在转型换档期，总体呈现"一产趋稳、二产放缓、三产迅猛"的态势。2013 年，全市完成生产总值达 175.01 亿元，同比增长了 17.3%，是 2007 年的 2.29 倍；人均生产总值由 2007 年的 12 362 元增加 37 947 元，增长了 3 倍；三次产业结构由 2007 年 11.5：52：36 变为 8.17：47.97：43.86，产业结构逐步优化。市民就业面不断扩大，城乡居民人均可支配收入分别为 22 086 元、9 022 元，同比分别增长 10.3%、13.4%，城乡收入比比 2007 年的 3.14：1 缩小到 2.45：1。

1. 着力实施生态工业振兴行动计划

坚持"一手做减法，一手做加法"。做减法：严格落实"三个凡是，四个不批"的要求，限制了投资总额达 91 亿元的 7 个项目的进驻；同时，关闭落后产能企业 3 家，并积极与水晶集团、华能焦化、铁合金厂等传统企业进行沟通协调，加快实施"退二进三"、"退城进园"的举措。做加法：抢抓中关村贵阳科技园"清镇园"的契机，引进了 GT（美国）、百国网购城、中电贵云呼叫中心、互联网金融产业园和中铝煤电铝一体化等一批核心项目；同时，按照"一区三园三带"的布局，扎实推进工业园区建设。"一区"即贵州清镇经济开发区，规划面积为 74.08 平方公里。"三园"：一是以清镇西部省级重点城镇站街为核心的西部工业园，规划面积 64.18 平方公里，重点发展煤电铝一体化，全力推动铝镁精深加工产业发展；二是在职教城园区内、云站路及金清线沿线规划建设面积为 6.4 平方公里的绿谷产业园，大力发展大数据、云计算、3D 制造、互联网金融、绿色能源、新材料等高新技术产业；三是对位于毛栗山 3.5 平方公里的新医药产业园存量企业进行整合改造提升，大力发展生物医药、大健康等特色新医药产业。"三带"即打造站街—犁倭—麦格铝精深加工、装备制造、建材、磨具磨料产业带，卫城—暗流特色轻工产业带，王庄—新店—流长铝镁精深加工、装备制造、能源产业带，开启清镇市产业园区高端化、特色化、集群化发展的新格局。目前，清镇市

工业园区的规模以上工业总产值达到全市的 71%，规模以上工业增加值达到全市的 72%。

2. 着力实施都市生态农业振兴行动计划

瞄准贵阳中心城区、清镇职教城、花溪大学城和花溪农产品物流园四个大市场，实施"六子登科"，即打造"菜篮子"、"果盘子"、"花盆子"、"肉袋子"、"药箱子"和"奶瓶子"。

（1）抓龙头。先后引进了广东温氏、华西希望、广东润丰等 73 家农业龙头企业，采取"公司＋合作社＋农户"、"公司＋基地＋农户"等模式，帮助农民解决资金、技术、销售等问题。

（2）抓基地。高效农业示范园区核心区的面积达 3.1 万亩，辐射区面积达 15.7 万亩，蔬菜播种面积达 30 万亩（次）。

（3）抓市场。紧紧围绕"四个大市场"，发展订单农业，并建成了园区农产品的销售平台及网点 15 个；同时，启动了"一乡一场"、中心城区室内农贸市场和"农改超"建设，建设城乡农贸市场 15 个。

（4）抓组织。共成立各类农业合作社 201 个，其中有 9 家申报了贵阳市级合作社，10 家申报了国家或省级示范社；2013 年，完成农业增加值 14.3 亿元，同比增长 7.1%。

3. 着力实施现代服务业振兴行动计划

（1）抓服务。依托物流新城的建设，大力发展生产性服务业和生活性服务业。目前，规划了电商物流园项目 88 个，总投资约 300 亿元，其中已建成项目 30 个，累计完成投资达 80 亿元。

（2）抓旅游。以跳出红枫湖抓旅游的理念，以第九届省旅发大会召开为契机，积极推动时光贵州（清镇）湿地公园、湖城雅天大酒店等一批重点旅游项目的建设。

（3）抓商圈。把新区建设与旧城改造结合起来，着力打造旧城商圈和新城商圈。其中，旧城商圈突出生态特色，重点结合广场、公园的建设，发展生活性服务业；新城商圈突出繁华特色，大力发展金融、会展、信息、咨询、购物、写字楼等生产、生活性服务业。2013 年，全市第三产业增加值完成了 76.76 亿元，同比增长 14.8%。随着现代服务业振兴行动计划的推进，2014 年前三季度清镇市第三产业的生产总值超过了第二产业，达到 59.83 亿元，占全市生产总值的 46%（二产仅有 59.35 亿元），使清镇市三次产业结构为 13.57：43.58：42.85，呈现了"三二一"的产业结构。

（五）改革创新机制体制，生态文明制度日趋完善

1. 建立生态文明建设评价考核制度

生态文明考核评价制度在于引导广大干部尤其是领导干部形成正确的执政导向，将推动科学发展与促进人民群众生活水平和生活质量提高结合起来，把生态文明建设的各项要求细化为各级领导班子的政绩考核内容和工作追求目标，最大限度地实现好、维护好、发展好人民群众的根本利益。为了使广大领导干部逐步形成"绿色政绩观"，清镇市委、市政府研究建立了生态文明建设目标考核机制，不再片面地强调 GDP，即考核评价机制突出"绿色 GDP"，涵盖资源消耗、环境损害、生态效益等相关指标。2013 年，市委、市政府出台了《清镇市 2013 年生态文明建设目标考核奖惩办法》，将各责任单位分为牵头单位、一级责任单位、二级责任单位进行分类评分考核。对年终所涉及工作任务全面完成的，由市委、市政府对各级责任单位工作进行奖励；对年终工作未完成要求的，市委、市政府对其进行问责处理。2014 年，市委、市政府又出台了《清镇市生态文明体制机制 2014 年重点改革任务工作方案》，更进一步完善了"生态文明建设评价考核制度"。在制定创建国家模范城市考核机制方面，市委、市政府根据《贵阳市创模督查工作方案》和《贵阳市创建国家环境保护模范城市工作问责规定》，制定了《清镇市创建国家环境保护模范城市工作问责规定》，全面推进清镇市创模工作的开展，进一步完善考核测评机制，客观反映工作成效和存在问题，使清镇市创模工作取得好成绩。2013 年 8 月出台的《清镇市创模工作目标考核办法》中明确规定了考核方式及内容，同时执行"月查排位通报制度"、"一书三令考核制度"等。

2. 建立"三联动"机制

2012 年率先建立公众参与、行政执法、司法联动的"三联动"机制。

（1）公众参与。组建了 482 名覆盖全市各乡（镇、社区）、村（居）、矿山开采重点区域和敏感地区的信息员队伍，招募了 642 名志愿者，成立了生态保护联合会，积极调动信息员、志愿者参与到生态文明建设工作中来。

（2）行政联动。设立生态环境监察局，负责生态保护监察执法工作；设立生态保护有奖举报中心，负责接受公众、机关、企事业单位和各种组织机构对生态环境破坏行为和违法行为的举报。

（3）司法联动。在检察院成立生态监察局，林业公安加挂生态公安牌子，通过召开公、检、法组成的联席会议，集中解决执法中的难点问题。例如，2012 年，就"中铝二矿麦坝矿区在建设过程中将矿井废水排入红枫湖小河库湾，造成红枫湖小河库湾水质污染"违法行为向环保法庭提起诉讼，督促公

司投入 800 余万元实施治理；2013 年，又申请环保法庭向华昌鑫铁厂下达全省第一张"诉前禁止令"、申请检察院对流长乡中街村滥伐林木案下达了全省第一张"督办令"、由检察院对西电龙腾铁合金厂烟气无组织放散提起公益诉讼。"三联动"机制形成后，变生态部门单打独斗为多个部门形成合力，开展了"饮食油烟整治"、"放射源专项整治"、"大气环境整治"等专项行动，责令了 10 余家企业停产整顿，查处环境违法案件 55 起。特别是针对破坏山林案件，突破了以前的执法瓶颈，取得了良好效果。

3. 构建有效的监察体系

利用生态监察局深入辖区大力度开展污染源调查，逐步建立起全市污染源台账数据库，并利用全市污染源台账，在辖区各重点污染源、污水处理厂及重点排污企业安装污染源监控设备，实时在线监控大气排放状况。同时，在重点污染源单位建立企业环境监督员制度，以督促企业加强内部管控、减少排放。

4. 诚信管理机制

按照企业诚信环保建设、企业法治建设、企业安全建设、社会责任建设等方面的要求，制定具体的量化评分细则，实行每年一申报一评定，对达到要求的企业将其评定为诚信企业，在政策优惠、贷款等方面给予支持，并将评价结果在媒体上公开。2013 年，清镇市共有 19 家企业获得诚信环保企业称号。

5. 第三方监督机制

委托有资质的社会公益组织对企业和相关职能部门进行监督。监督企业环保设施运行情况、污染物排放情况，是否存在污染物偷排、漏排等行为；协助政府处理厂群间的污染纠纷；宣传环境保护法律法规；监督相关职能部门的履职情况。通过开展第三方监督，既强化了对企业的监督管理，又搭建了企业、执法部门、老百姓联系的平台，有效推动了环境执法工作。

6. 环境污染责任强制保险机制

将涉危涉重企业、矿产资源加工型企业纳入环境污染责任强制保险范围，以此作为清镇市提高生存环境质量、推进节能环保生产，实现可持续、绿色、循环发展的硬性要求，并将参保情况列入"诚信环保企业"考核体系。目前，在清镇市开展的环境污染强制责任保险试点企业中，已有 7 家与保险公司签订了保险合同。

7. 举报约谈及挂牌督办管理机制

制定清镇市挂牌督办及约谈办法，严格落实挂牌督办"六个一"（一个文件、一次约谈、一次会议、一个整改方案、一次督查行动、一次全面验收）。2013 年 2 月，清镇市生态局、纪委、生态保护监察局联合对贵州广铝铝业有限公司进行约谈，并邀请省环保厅、贵阳市生态文明建设委员会（以下简称生态委）参加，通过对广铝提出 12 条整改措施，使企业的法制观念得以切实增强，环保意识得到明显提高。

（六）生态文化丰富，特色逐步彰显

利用清镇生态文化资源、少数民族特色文化资源、红色文化资源，举办"药谷之夏"生态民俗文化暨画眉节、彝族火把节、布依吃新节、苗族花坡节以及清镇葡萄节。在红枫湖周边建设开放葡萄园、菜园、茶园、草原、苗圃园和虎山彝寨、月亮湾寨、菜子园寨、芦荻知青寨、右簸新寨"五园五寨"；建成了卫城"贺龙广场"。2014 年，成功举办了"高原明珠·清镇之夏"旅游文化节、"时光贵州（龙凤湿地古镇）"开街迎客和"中国好声音贵州赛区总决赛"等系列活动，使之成为清镇对外交流与推介的旅游文化品牌。

（七）行政体制改革不断深入，政府服务职能不断加强

2008 年，组建了清镇市政务服务中心，将行政审批事项全部纳入大厅办理，并简化了办事程序，缩短了办事流程，同时梳理和公布了"权力清单"，以接受企业和群众监督，使各类手续的办理时限缩短了 50% 以上。进一步规范行政服务工作，优化投资服务软环境，为社会各界和办事群众提供更优质、更全面的行政服务。2012 年 11 月，清镇市将原市林业绿化局和市环境保护局合并，正式挂牌成立清镇市生态文明建设局，成为贵阳市首家县级生态文明建设局，使原林业绿化局和环境保护局保留机构 17 个，更名 3 个，撤销 5 个。在生态环保方面，将原清镇市水务局职责、市生态文明建设局承担的节约水职责、市城市管理局承担的城区防汛职责、市住房和城乡规划建设局承担的城市污水处理及回收利用等市政公用事业特许经营方面的监管职责进行整合，组建了清镇市水务管理局；将市发展和改革局生态移民的职责划入市水利水电工程移民局，建立与省和贵阳市政府机构改革相衔接的体制，这将有效地改变"九龙治水"的局面，使保护、治理与服务水生态环境的措施更加科学、规范。

三、清镇市构建生态型政府的建议

生态型政府建设作为生态文明理念的最重要的实践方式，其内涵远不止于是将生态环境保护与治理作为政府行政的一项重要任务，而是涉及政府执政理念、管理规则以及具体运行机制等一系列范畴的系统工程。基于清镇市生态环境发展的现状和经济社会发展的现实，清镇市生态型政府建设必将是一个长期性的历史过程。对于当前力图构建与生态文明和经济转型升级相适应的生态型政府来说，需要着重从以下九个方面进行推进。

（一）政府要强化生态责任意识

生态意识就是以科学的生态价值观为指导的社会意识，这种意识以倡导人与自然的和谐发展为中心内容。生态价值观就是生态文明的价值观，它以生态合理性为核心，重视人与自然的和谐统一关系。生态价值观认为，自然不仅具有自为价值，自然对人类还有多方面的工具性价值，人类不可能脱离自然价值这个现实基础而谈自身价值的实现。人类也是一种自然存在物，必须依赖于地球生物圈提供各种物质条件才能生存，但是人类又是一种特殊的物种，不仅可以从自然中直接获取生存条件，而且可以通过自己的劳动改造自然以满足生存的需要，提高人类自身的生存价值。这些人工创造物仍然直接与自然资源相关，是自然资源的人工化、人文化形态，所以说人的生存仍然离不开自然。自然是伟大的创造者，它在漫长的自组织进化过程中产生了无比巨大的资源和财富，实现了自身的价值增殖。也正是这些自然资源，使人类得以生存和发展。人类财富的创造是自然财富创造的延续，人类社会物质资料生产和再生产是以自然为基础才得以进行和发展的。因此，保护自然就是保护人类自己及其经济利益，破坏自然就是破坏人类及其未来的经济存在。[①]所以，清镇市政府及其工作人员在发挥自己的经济职能时必须正确认识和树立生态价值观，时刻以正确的生态价值观为指导来履行行政职能。这就要求清镇市政府强化生态意识，明确生态责任。首先，政府要明确对自然的责任，充分考虑生态环境的价值，走提高效益与节约资源相结合的道路，科学开发、合理利用自然，最大限度地保持自然界的生态平衡。其次，政府要明确对市场的生态责任。市场是生态链中的关键环节，在这里政府有着广阔的空间。政府要倡导和监督企业生产绿色产品，注重再生资源的开发和利用，不断帮助企业开展绿色经营等。第三，政府要明确对公众的生态责任。

---

① 薛为昶. 生态理念的方法论意义[J]. 思想战线，2003（3）.

确立"代内公平"观念，以自然为中介实现同代人之间的共同发展；确立"代际公平"观念，为后人着想，多谋"留给子孙未来"的事情。

政府也要以身作则，大力推行"绿色采购"和"绿色办公"。政府生态伦理教育包括生态理论、绿色办公、决策、政府绿色采购等教育内容。"绿色办公"是指在办公活动中使用节约资源、减少污染物产生和排放的可回收利用的产品；而"绿色采购"是指政府使用财政资金进行采购时优先采购环保节能产品，逐步淘汰低能效、有污染的产品。通过以上内容的培训和教育，强化政府行政人员的生态责任意识，最后落实到生态管理实践中去。

（二）政府要将生态治理纳入核心职能范畴

政府职能，是政府机关依法对社会公共事务进行管理时应承担的职责和所具有的功能，反映着公共行政的基本内容和活动方向，是公共行政的本质表现。生态环境是一种典型的公共产品，具有公共产品所独有的外部性。将生态治理纳入政府的核心职能范畴，已经成为当前和今后相当长一段时期内清镇市经济社会可持续发展的必然选择。因此，清镇市政府在生态文明建设中的生态治理职能应居于主导地位。

在生态治理中，由于市场有其自身无法克服的弱点，使得"市场失灵"不可避免。有效的生态型政府则是一个能够纠正市场失灵和提供包括良好的生态环境在内的公共产品的政府。对于生态型政府的建设来说，政府既要承担相应的经济职能，最大限度地推动社会生产力的发展，又要能够超脱于市场活动之外，有效地调节市场的总体运行，防止市场经济活动对社会生态造成危害。

政府将生态治理纳入政府的核心职能，还意味着政府既要加大对既有的环境污染进行治理的力度，还要承担起生态良性循环的维持职责和生态危机的预防职责。这就要求各级各部门要积极主动地发挥其生态治理职能，在市场经济活动中加强对市场主体的引导功能，采取各种监督和预防措施，加大生态治理的投资力度，力求经济效益、社会效益与生态效益达到平衡。

（三）政府要深化机构改革

生态文明建设必须要有体制机制来保障，以确保生态文明建设取得实效。可以说，清镇市生态文明建设的成功与否，很大程度上将取决于政府自身改革的成功与否。清镇市应从体制创新入手，加快以政府转型为主线的地方政府体制改革和以公共服务均等化为主线的社会治理体制改革以及以经济转型升级为主线的经济体制改革，从而构建符合生态文明建设需要的管理体制和管理方式。目前，清镇市要以我国政府机构的改革为契机，进一步优化政府结构、理顺各种关系，在实践层面实现生态型政府的良性运转；进一步实现政企分开，减少政府的经济行为和对市场的直接参与。通过出台有利于生态保护、维护生态平衡的产业政策、贸易政策、金融政策、技术政策、生产规范、绿色标准等手段，加强政府对经济发展的宏观生态调控。在生态经济发展方面，政府要合理界定政府职能的边界，将生态治理职能承担起来，这将有利于生态环境资源优化配置的市场机制引入生态经济发展之中，改变传统的政府管制下扭曲的包括土地、资金等资源要素的定价机制，抑制对生态环境的过度索求以及各种简单地以资源换效益的扩张性增长，建立资源价格市场决定机制，并在此基础上完善有利于经济转型升级的财税体制和经济管理制度。而在基本公共服务方面，随着经济的发展和社会的进步，清镇市基本上具有了提供基本公共服务的财政基础，有能力逐步改变过去低水准的社会保障体系现状，通过社会利益的再分配机制来防止新的社会不公平的产生，让广大人民群众能够共享经济社会发展和生态环境治理的成果，进而形成生态治理的整合效应。进一步改进工作方法，减少行政审批的环节和事项。优化政府内部结构，科学设置机构、规范人员岗位，实现政府日常工作、消费、招商、采购等的"绿色化"。加强电子政府建设，充分利用现代信息技术的发展创新政府工作方式，整合政府内部服务资源，通过电子政府网络平台为公众提供更加高效、便捷的公共服务，降低政府成本。搭建政府与公民的生态信息交流平台，确保公众的环境参与权、监督权和知情权。

（四）政府要加强制度建设

1. 平衡政府权能，增强生态管理职能

清镇市在构建生态型政府的进程中，应该将生态管理作为政府的基本职能之一。在以生态管理为其基本职能的前提下，由于生态环境治理具有范围广和牵扯利益多的特点，因此在治理生态问题的过程中，政府必须发挥其组织协调的作用，解决好各地区、各部门之间的矛盾关系，整合不同政府部门的管理职能，协调生态管理部门与其他部门的关系，增强政府的生态管理职能，做到对政府管理的全部领域和全部环节的生态化。

（1）协调好环保部门与其他各部门的关系。要完善环保部门统一监督管理、有关部门分工负责的生态保护协调机制。根据环境保护法的规定，市政府环境保护行政主管部门是生态保护的执法主体，要会同有关部门健全市环

境监测网络，规范环境信息的发布。经济主管部门要制定有利于生态保护的财政、税收、金融、价格、贸易、科技等政策。建设、国土、水利、农业、林业等生态部门要依法做好各自领域的生态保护和资源管理工作。宣传教育部门也要积极配合生态环保部门开展环保宣传教育、普及生态知识。

（2）协调好区域的生态保护。解决跨区域的生态问题的一个重要措施就是建立区域综合管理机制。所谓的区域综合管理，就是要通过跨部门、跨地区的协调管理，综合开发、利用和保护水、土、生物等资源，最大限度地适应自然规律，充分利用生态系统的服务功能，实现区域的经济、社会和环境福利的最大化。区域的生态环境保护与建设应该是区域内各行政区域的共同责任和义务，同一区域的不同行政区域应该共享区域的资源、共同建设和维护区域的生态环境。因此，清镇市政府应协调好本区域的生态保护，对生态环境的保护与建设及自然资源利用实行区域管理，以区域为单元，对区域内自然资源实行协调的、有计划的、可持续的开发与管理。

（3）协调好生态环保部门之间的关系。当前，由于清镇市政府生态问题的管理职责分属于各个不同的部门，各个部门之间又缺乏联系和沟通，同时也没有一个有效的统一协调的机构，导致经常出现如"九龙治水、九龙治土和九龙治海"的现象。因此，改革清镇市现行的生态行政管理体制势在必行。首先，要改横向的管理体制为垂直管理体制。其次，要科学分工各部门的职能和权限范围。各司其职，不得越权。例如资源部门只能负责与资源的持续、合理利用与公平分配相关的问题，其中的环保事务则交给环保部门来处理。再次，改良跨部门合作的协调机制。

2. 构筑生态监督机制，制约政府公共权力

只有建立内外结合的行政责任监督机制，对清镇市政府的行政管理活动进行良好的监督，才能最终提高行政人员的行政责任感，实现生态型政府的目标。

（1）构建完善的内部监督机制。内部监督是以行政领导、专门监督机构以及下属为主体实行的自上而下或自下而上的监督。特别是行政领导对部属的组织、人员在进行行政管理活动过程中是否坚持依法办事和廉洁奉公实行的自上而下的监督，是保证行政责任制有效运作的首要条件。一是逐步健全"国家监察、地方监管、单位负责"的生态环境执法监督体系。建设完备的环境执法监督体系的主要任务包括改革体制、创新机制、提升能力。二是加强对生态责任人的责任追究。让一些在环境监管上渎职、失职的政府工作人员承担应有的责任。三是实施绿色 GDP 考核机制。将经济增长与生态环境保护统一起来，并以可监测的形式与官员的政绩挂钩。

（2）畅通广泛的社会监督渠道。除了对政府的生态治理实行内部监督外，还要加大社会监督。有效的社会监督是构建生态型政府的必要条件，可以将政府管理资源环境的行为透明化，让政府及其工作人员接受舆论媒体和社会大众的广泛监督，促使政府真正实现生态行政。一是建立生态环境信息公开机制。政府要将其掌握的生态信息及时准确地向公众解释、公开，即要做到生态信息公开，借用公众舆论和公众监督，对生态污染和生态破坏的制造者施加压力。二是加强生态信息的公开程度。公众参与除了需要有畅通的参与渠道外，还必须要有一定生态信息的了解和掌握作为基础。只有对生态问题有了充分的了解，对生态保护的参与才能充分，也才能促进生态问题的真正解决。

3. 加大执法力度

清镇市政府要建立健全生态法律的执法体系，保证生态法律法规的贯彻。一是要加强对行政人员保护生态相关法律法规的宣传和教育，要将生态化发展的法律纳入国家普法计划，提高其法治行政意识。二是要提高生态环保部门独立自主的地位，改变生态环保部门的资金、人事任免受制于上级政府的制度。独立生态环保部门的资金，这样生态行政执法人员才能在执法过程中毫无顾忌的公正的司法。同时，要赋予生态部门的强制执行的权力，这样的话，生态环保部门就不用只能通过申请人民法院强制执行的方式才能迫使不履行环保法律义务的人履行义务，处罚结果的威慑力也会大大增强。三是要健全机构，加强执法力量，并配备适当的先进设备、资金和专业人员，打造一支政治合格、业务精通、法纪严明、吃苦耐劳、素质良好的行政执法队伍。四是要理顺生态责任制和领导干部实绩考核制，至此地方政府才会有所顾忌，给污染者造成心理威慑，从而提高环保部门的执法能力。

（五）政府要加大对生态经济的引导与管理

生态经济是指在一定区域内，以生态环境建设和社会经济发展为核心，遵循生态学原理和经济规律，把区域内生态建设、环境保护、自然资源的合理利用、生态的恢复与该区域社会经济发展及城乡建设有机地结合起来，通过统一规划和综合建设，培育天蓝、水清、地绿、景美的生态景观，倡导整体、和谐、开放、文明的生态文化，培育高效、低耗的生态产业，建立人与自然和谐共处的生态社区，实现经济效益、社会效益、生态效益的高度统一和持续增加。生态经济的本质，就是在生态环境可承受的限度内发展经济，在保证自然再生产的前提下扩大经济的再生产，从而实现经济发展和生态保护的"双赢"，建立经济、社会、自然良性循环的复合型生态系统。

1. 政府在经济发展的战略中贯彻生态保护思想

发展生态经济首先要求政府在经济发展的战略中，必须贯彻生态保护的战略思想，将经济目标与生态目标放在同等重要的地位，兼顾生态效益与经济效益。市场经济是法制经济，政府要通过制定规则，以法律法规对在生产经营活动中造成生态环境破坏的企业进行限制或取缔，特别是按照经济流程坚持从源头到结果的全程生态化。

2. 政府要研究、认识、理解生态经济建设的特殊性

清镇市政府要深入研究、认识、理解生态经济建设的特殊性，根据本地的生态资源优势制定生态经济发展战略，确立和抓好主要的生态产业，全面发展生态农业、积极发展生态工业和大力发展旅游业。发展生态农业主要是发展绿色农业、有机农业和生态农业旅游。从全面提高农产品市场竞争力的角度，将畜牧业、蔬菜、水果和水产等农牧产业纳入生态轨道。发展生态工业就是应用现代科学技术建立一种多层次、多结构、多功能、变工业排泄物为原料、实现循环生产、集约经营管理的综合工业体系，使能源在工业生产中得到合理的利用。发展生态旅游业是指在发展旅游业的同时必须处理好人和自然的关系，主要是加强生态示范区的建设，对森林、水源、湿地等特殊的地区及其中的物种进行重点保护。

3. 政府要构建政府知识管理平台

清镇市政府要构建政府知识管理平台，以提高政府综合运用各种专业知识进行生态行政管理活动的能力。对关系重大的生态管理问题，应通过行政民主决策、决策执行反馈、决策评估等提高生态行政决策的正确率，减少决策失误带来的损失。注重对现代信息技术的系统应用，通过发展电子政务、提高政府行政办公自动化水平，提高生态行政管理的效率、效果，增强生态管理的透明度，扩大生态管理行政监督渠道。此外，还应加强生态危机应急对策研究。

4. 政府要推进企业产业结构的升级

清镇市在循环经济发展方面仍处于起步阶段，所以循环经济发展在理念意识、政策法规、管理体制和技术支撑等方面都存在诸多问题，迫切需要在今后的实践中不断探索。因此，清镇市政府要积极发挥表率作用，规范和引导循环经济的运行。

（1）健全领导和管理机制。市政府要加强对循环经济发展工作的组织领导，分工负责，各司其职，确保层层落实。同时，要加快研究制定循环经济发展的推进计划和实施方案，建立有效的协调工作机制，加强部门间的合作，扎扎实实推进循环经济的发展。

（2）制定发展循环经济的激励政策。清镇市政府应该制定发展循环经济的激励政策，并强化政策导向，坚持鼓励与限制相结合，形成循环经济发展的激励机制。学习和借鉴美国、日本等国家鼓励可再生能源的政策，通过价格、税收和财政等优惠政策，对再生资源企业和使用再生资源的企业进行奖励，鼓励社会各方面进行资源可循环利用的实践和探索。

5. 政府在发展生态经济时要加强绿色技术创新

清镇市政府在发展生态经济时要加强绿色技术创新，为其打造坚实的技术支撑。绿色技术是指能够提高资源利用率、保护生态环境，预防、控制、和治理环境污染，促进实现经济、社会和生态协调发展的技术。

（1）寻求各种途径，进一步加大科技投入力度。自主创新，首要的问题是科技创新，而科技的创新离不开资金的投入。在目前这一困难形势下，清镇市政府应该充分发挥引导作用和示范效应，加强对增量资源的有效配置，尤其是加强对重大前瞻性产业和关键性技术的投入，使投资的启动更多地成为能给经济带来高收益回报和高质量增长的优质投入，以形成国民经济的长期增长潜力。此外，由于创新活动涉及方方面面，光靠政府的资金投入只能解决一时的燃眉之急，因此应该广泛吸纳各种资金，积极寻求发展科技金融的有效途径。

（2）大力培育和发展高技术新兴产业。当前是结构调整升级的最佳时期，清镇市政府应该充分抓住机遇，进行技术创新，实现产业结构的调整，以形成具有竞争力的产业经济体系。因此，尽快培育一批在未来有发展前景的新兴的第三产业如软件创意、生物技术、新能源、新材料和服务外包产业等，为未来经济的可持续发展做好充分的准备。

（3）提升企业技术创新能力和抗风险能力。企业是经济活动的主体，是宏观经济的基础，企业兴则经济兴，企业强则经济强。保持经济平稳较快的可持续发展，都离不开企业活力的增强和抵御市场风险能力的提高。因此，企业要改变"小富即安"的保守心理，力争做大、做强。加强自主创新，努力突破产业核心关键技术，掌握自主知识产权和自主品牌，利用科技增强抗风险能力和未来发展的竞争能力。

（4）引进科技人才。人是最宝贵的因素。要提高自主创新的能力，清镇市政府必须重视人才的培养和引进，以更加优惠的政策和更具竞争力的环境，引进高层次人才和团队，支持科研单位或企业在国内外收购研发机构，为发展循环经济积蓄科技力量。

（六）政府要鼓励民众参与

由于生态环境与公民的利益息息相关，公民每天都在和赖以生存的生态环境打交道，只有公民个人才最了解自身的生态环境状况，因此公民个人参与生态管理可以更加全面完整地体现和反映其生态要求，并在参与生态治理的过程中对政府治理的行为进行全程的监督，为生态型政府的构建提供广泛的合法性保障。所以，生态型政府应该培育并广泛传播生态文化，提高其生态责任意识。同时，市政府应采取多种保障措施以及提供多种途径，激励生态公民个人参与生态管理。

1. 鼓励民众生态生活参与与生态政治参与

（1）鼓励民众在日常生活中注重生态保护，树立绿色消费的意识。随着人们的生活水平有了明显的提高，在满足了最基本的温饱问题后，消费主义的生活方式渐渐渗透到我们的生活中，造成大量物质资源的浪费。因此，当前清镇市政府倡导绿色消费。绿色消费的主体是企业、消费者和政府，而政府在其中起着示范表率作用。一是政府应该起到表率作用。实现绿色消费，用好国家的每一分钱，带头树立科学发展观，发展循环经济，走可持续发展之路。二是政府要宣传和倡导绿色消费的科学理念，从而引领绿色消费的行为方式。政府可以通过广泛的宣传和培训以及通过大众媒体倡导"节约光荣、浪费可耻"的观念，最终使绿色消费观念深入到民心，落实到行动中。三是政府要建立绿色消费的激励机制。通过政策引导鼓励人们推行绿色消费，通过价格调控等手段，鼓励人们节约资源，遏制浪费；同时，实行奖惩结合，要在充分鼓励绿色消费的同时，加大惩罚浪费的力度，对严重浪费资源的做法和行为，依照法律和制度严肃查处，及时有效地遏制各种浪费行为。

（2）引导公民生态政治参与。市政府应采取切实有效的措施来促进公民的生态参与。一是必须确保公众参与的政治体系。健全民主决策、民主管理和民主监督制度，这些都是扩大公民有序参与政治的办法。在制定生态决策的时候，政府应融入各方参与者的意见来进行商讨，从而提高生态政策的合法性。在行政执法中，公民可对生态行政人员进行直接或者间接的监督。一是公众直接参与生态行政行动，可以协助行政机关更好地进行生态管理。广大市民对生态行政执法机关的执法行为提供正面的支持和帮助，提供生态信息，对破坏生态者进行检举、揭发等。二是建立公众参与的监督和控制机制。公众可以对市政府的生态工作进行监督和控制，通过各种途径和形式对市政府生态执法机关及其工作人员的生态执法行为的合法性和合理性进行监察和监督，促进其依法进行生态执法和维护社会的生态秩序，从而保障生态行政权的合法行使。三是建立生态环境公益诉讼机制。生态环境公益诉讼机制可以让生态环境的治理处于社会的全程监督之下，让形成生态污染和生态破坏的行为及时得到遏制。由于民众很少受到政府所顾虑的各种关系和压力的影响，在政府应起诉而未起诉时，民众敢于举起公益诉讼大旗，弥补政府的不足之处，形成强大的诉讼合力，从而推动生态型政府的构建。因此，政府应对此机制进行鼓励和支持，并不断完善该机制，实行奖惩分明的追究制度，原告胜诉后应给予奖励，从而在社会上形成表率作用，为公众参与提供动力和支持。

（七）政府要推进教育的生态化

随着生态文明时代的到来，保护环境已经成为公众的事情，因此清镇市必须推进教育的生态化。教育生态化就是将生态环境方面的知识、原理、原则渗透到各类教育中去，以提升受教育者的生态意识。

1. 要把培养生态环境保护意识纳入学校教育中

清镇市政府要把培养生态环境保护意识纳入到各级、各类学校教育大纲中去，在义务教育、高中阶段和职业教育中，有计划、有步骤、有重点地进行环保知识和意识的宣传教育，以增强学生保护环境的意识和责任感。

2. 对生态环保人才的培养

清镇市政府要加强本市生态环保人才的培养，要培养一大批熟悉生态环境保护、节约资源、绿色消费等方面基本知识、基本技能的科研人员、政府管理者和志愿者，在全社会开展全民环保科普活动，提高全民保护生态的自觉性。

3. 有针对性地加强农村生态教育

清镇市政府要在农村组织力量宣传由于使用农药、化肥、地膜和乡镇企业排放各种污染物所造成的环境污染及对人体造成的危害，宣传有关的环保法律、法规。此外，对企业也要进行关于现代环保技术的应用的教育。

4. 利用大众传媒和网络进行宣传

清镇市政府还要面向全社会宣传、普及、推广有关生态型政府建设的科学知识，同时及时报道和解释党和国家环保政策措施，宣传生态保护中的新进展和新经验，努力营造节约资源和保护环境的舆论氛围。在网络视频如此发达的今天，它以更加立体、形象的方式传递给人们环保的信息，从而使生态环保成为一种自觉行动。

（八）政府要完善生态政府人员培训体系与考核体系建设

清镇市政府要按照建立学习型政府的要求，构建政府内部知识管理与交流平台，对政府公务人员实行分散学习与集中培训的知识更新体系。制定公务人员学习、培训计划，并将这项工作作为政府建设的重要内容和载体，实现制度化、规范化、常态化。

在集中培训中，将生态环境问题发展现状和生态政府管理的相关规章、制度、政策等的培训作为重要内容。不断健全生态考核体系，按照科学发展观的要求，创新对政府官员和工作人员的人事考核标准和业务考核标准。尤其是要加强对政府领导班子整体的生态考核，注重生态型政府考核评价体系建设应符合科学性、可持续性、可操作性、系统性、行为导向性的要求。实行自我考核与上级政府考核相结合、常规考核与阶段性考核相结合、重点考核与全面考核相结合的考核方法，有效规范政府行为。

加强生态型政府文化建设。政府文化是政府在管理经济社会事务中的价值观、行为观、工作效率和作风的综合体现，因为政府行动受政府文化的支配和制约。加强生态型政府文化建设，在政府工作人员中树立起服务意识、民主意识、法律意识、责任意识；培养政府官员的生态意识和生态价值取向，改变那种单纯地从自身政绩考虑、单纯追求 GDP 增长的政府行为，从思想源头保证政府行为自身合乎环保要求、生态要求；将生态伦理整合到政府伦理体系之中，成为公务人员应当遵守的工作伦理。

（九）政府要加强地区间生态行政管理经验的交流与合作

很多生态问题已经超出了一地区的范围，它们的解决需要各方政府的通力合作。不同地方政府对生态行政管理的探索经验，是人类社会共同的宝贵财富。因此，清镇市政府应加强与各地区政府的交流与学习，可以使政府生态行政管理相互借鉴、少走弯路。

[研究、执笔人：中共贵州省委党校科学社会主义教研部主任、教授　唐正繁]

课题三

绿色发展：清镇市生态工业发展研究

生态工业着眼于从宏观上使工业经济系统和生态系统耦合，协调工业的生态、经济和技术关系，促进工业生态经济系统的人流、物质流、能量流、信息流和价值流的合理运转和系统的稳定、有序、协调发展，建立宏观的工业生态系统的动态平衡。同时，在微观上着眼于工业生态资源的多层次物质循环和综合利用，提高工业生态经济子系统的能量转换和物质循环效率，建立微观的工业生态经济平衡。从而实现工业的经济效益、社会效益和生态效益的同步提高，走可持续发展的工业发展道路。生态工业要求综合运用生态规律、经济规律和一切有利于工业生态经济协调发展的现代科学技术。

生态工业属于生态经济，其本质和核心是循环经济。贵阳市作为我国首家循环经济生态试点城市，从 2002 年完成全国第一个循环经济生态城市总体规划以来，坚持"政府引导、企业为主，科学规划、点上突破，制度规范、全面参与"的发展思路，找到了发展循环经济的新路子。[①]清镇市拥有 30 多种矿产资源，其中铝土矿的储量及品位居全国前列。经过多年努力，清镇市经济发展呈现良好态势，并被列为全国西部百强县和贵州省经济强县之一。近几年，随着国家产业导向的变化和经济结构的调整，清镇市新一轮产业发展也面临着巨大问题，生态保护、土地制约、资源困乏、交通不便、产业转型和减产及关停等一系列问题，严重制约了清镇市的经济发展。为此，2014年 9 月，市委市政府提出了"4 + 1"的发展主战略，从顶层设计的角度展开了清镇经济发展的新篇章。

---

① 蒙秋明、龚振黔主编：《贵阳生态文明城市建设教程》，高等教育出版社 2013 年版，第 76 页。

一、清镇市工业发展的历史与现状

一般说来，发达国家和地区的产业结构演变是沿着农业——轻工业——重基础工业——重加工业——现代服务业的顺序进行的。但是在贵州省，由于特殊的社会经济发展环境的原因，贵州的产业结构演进走了一条与发达国家和地区不同的道路，主要表现为作为产业发展重要的、甚至是必要阶段的轻工业阶段的缺失。清镇的产业发展道路就可以看作是贵州产业发展道路的浓缩。

（一）清镇市工业发展的历史

历史上的清镇就是一个传统工矿区，工业发展起于"三线建设"时期，发展初期主要是依托丰富的铝矿、铁矿和石灰石矿资源，建成以资源型、高载能、高污染、高消耗为主的国有大中型企业。截止到 2013 年底，全市工业企业数量达 377 家，其中规模以上（产值在 500 万元以上）企业达 100 家，形成了以化工、建材、冶金、医药食品、电力、磨具磨料为代表的六大支柱产业。

第一阶段是从解放初期到国家实施"三线建设"时期。这一时期，随着国家战备的需要，一批"三线"企业落户清镇。当时清镇境内的工业企业主要是以四大军工企业（清化量具厂——110、清平刃具厂——160、清阳甲具厂——372、伟宏机械厂——大修厂）为代表，这些企业为国防建设作出了积极贡献，也为清镇的工业发展奠定了一定的基础，而且当时这些非重化工军工企业对环境污染的情况并不明显。

第二阶段是从"文化大革命"开始到改革开放前。这一时期是清镇工业的提升期，即工业快速发展，同时也是环境污染走向严重的时期。以电力、化工、冶金、机械为代表的一批企业，为清镇的经济社会发展提供了强大动力。电力企业主要以红枫发电厂、清镇发电厂为代表；化工企业主要以水晶集团（有机化工厂）、贵州化肥厂为代表；冶金企业主要以贵州铁合金厂、第七砂轮厂、清镇铁合金厂为代表；机械制造企业主要以 110，160，372 和大修厂为代表。这些国有大中型企业以完成经济指标为目的，忽视环境保护，工业污水直接排入红枫湖和百花湖，或者直接用于农业灌溉，如清镇发电厂、贵州化肥厂、贵州铁合金厂、贵州有机化工厂、清镇纺织印染厂等。这些企业既是清镇纳税大户，也是清镇环境污染的大户。

第三阶段是自改革开放到现在。这一时期，清镇工业发展喜忧参半。改革开放后，由于受国际市场调节、国家宏观调控政策、资源配置、产业结构调整等因素影响，使原本是清镇的支柱、骨干企业生产经营十分困难（贵州有机化工厂、贵州化肥厂、中国五矿铁合金厂等），有的企业甚至破产（贵州铁合金厂、清纺厂、七砂等），这些困难企业给清镇经济社会发展带来压力，（GDP 增长、财政税收、社会稳定等），尤其是"三线企业"陆续迁出清镇，使清镇的 GDP、财政税收一度退减。后来，清镇市实施了工业强市战略，加大了招商引资的力度，发展了一批以医药食品、铝及铝加工、煤及煤化工、新型建材为代表的企业，如广铝、贵铝、塘寨电厂、海螺盘江水泥等。这一时期的清镇工业发展，主要布局在红枫湖、百花湖两湖周边，造成了新老企业对环境都存在着不同程度的污染，特别是贵阳市政府将清镇境内的"两湖"明确为城市居民饮用水源后，治理污染和保护"两湖"提到了重要议事日程，清镇面临着保护环境和发展经济的双重压力。

（二）清镇市工业发展的现状

要审视清镇市经济发展的现状，就应先明确贵阳的经济发展大势。贵阳是资源富集地区，也是资源型产业占主导的老工业城市，在推动资源节约的过程中，贵阳市首先明确了循环经济与资源节约的关系，将循环经济确定为资源节约的突破口。[①]清镇三个阶段的工业发展，都没有摆脱传统工业的束缚。第一、二阶段是纯粹传统工业，第三阶段后期政府、企业对环境保护的意识有了提高，使循环经济和生态发展提到了议事日程。主要是由于清镇境内"两湖"周边企业的染污造成"两湖"水质恶化，严重影响到了贵阳、清镇人民的饮水安全。直到 2008 年后，贵阳市政府、清镇市政府才决心治理污染企业，将清镇发电厂等异地搬迁，贵州铁合金厂、贵州化肥厂等停止生产或升级改造，提出了"西区工业化、东区城市化、全市生态化"的发展思路，将工业企业布局在清镇的站街镇以西，建立了工业园区，以保护两湖水源。这意味着在清镇的工业发展史上，"工业化"与"生态化"联系起来了，发展工业与生态环境保护结合起来了，循环经济和生态工业的理念在政府层面已经形成。目前，清镇的工业园区建设正在积极推进，2013 年融资达 18.54 亿元，因而加快了工业园区的基础设施建设。

1. 从工业对经济社会的正面效应来看

（1）拉动 GDP 增长。2013 年，清镇市 GDP 为 1 750 129 万元，其中工业增加值占 GDP 的 24.1%。工业对 GDP 的贡献率为 28.84%。清镇市 2003 年被列为贵州省首批 20 个经济强县之一，2010 年被列为国家可持续发展实

---

① 李裴、邓玲主编：《贵阳循环经济与资源节约》，贵州人民出版社 2013 年版，第 17 页。

验区，2013 年在全省增比进位综合测评中，从 2012 年的第 32 位上升为第 20 位，上升了 12 位。

（2）促进财政税收增长。2013 年，清镇市实现税收 172 683 万元，同比增长了 27.17%；工业企业为公共财政收入上缴为 92 128 万元，占税收的 53.74%。

（3）促进社会就业。2013 年末，清镇市规模以上企业从业人数为 17 509 人，年平均工资为 35 131 元。

（4）推动城市化进程。在城区拓展了清纺片区、后午片区、九化片区、盘化家属片区等区域同城化进程；在乡镇，促进了站街、卫城、新店、红枫等小城镇的发展，推进了清镇城镇化进程。2013 年，清镇市城市化率达 39.55%。

（5）促进基础设施的改善。推动了清镇水、电、路、气、通信等基础设施的改善，为清镇经济社会发展夯实了基础。

2. 从工业对生态环境的负面影响来看

清镇市的"三高"（高载能、高污染、高能耗）企业比重大，环境污染严重。在全市 377 家工业企业中，高载能、高污染、高能耗企业达 158 家，占工业企业总数的 41.9%。在规模以上（500 万元以上）工业企业中，"三高"企业达 99 家，占工业企业总数的 26.3%，占规模以上企业总数的 99%。规模以上"三高"企业，如贵州水晶有机化工集团有限公司、中国五矿铁合金等都是污染的企业。清镇市是工业污染的重灾区，据 1996 年统计，清镇污染物排放总量占全省的六分之一，污染物主要来自工业企业。据央视财经频道《经济半小时》栏目的记者对清镇的污染企业之一的贵州水晶有机化工集团有限公司的汞污染的报道，其排放的工业废水使土壤中汞含量严重超标，汞的含量达到 30.7 毫克每千克（土壤中汞正常标准 0.40 mg/kg），超标将近 80 倍。环保部门公布的数据显示，在 1971 到 1997 年间，贵州省有机化工厂采用汞法醋酸生产工艺，向百花湖上游河段东门桥河流域及周边农田排放的汞多达 100 多吨。省环境保护研究设计院 2005 年出具的一份调查报告也显示，清镇受汞污染的土壤有 117.4 公顷，土壤中含汞量在 4.71～723 毫克/千克之间。有人测算，就是用贵州有机化工厂建厂到现在产值的两倍来治理污染都不够。在 2010 年对工业企业污染源的普查中发现，清镇市大部分工业企业都是"高能耗、高污染、资源型"企业。2013 年在清镇市的 377 家工业企业中，纳入污染源环境监测的工业企业有 158 家，其中一般污染源工业企业为 70 家、重点污染源工业企业为 29 家。据环保部门统计测算，2013 年清镇市工业废气排放量为 481.39 亿立方米，是 2012 年 293.74 亿立方米的 163.9%；工业二氧化硫排放量为 36 641.12 吨，是 2012 年 26 073.19 吨的 140.53%；工业粉尘排放量为 3 572.26 吨，是 2012 年 3 331.46 吨的 107.2%；工业废水排放量为 852.45 万吨，是 2012 年 412.73 万吨的 255.9%；工业化学需氧量排放量为 3 858.6 吨，是 2012 年 2 570.65 吨的 150.1%；工业废水氨氮排放量为 105.15 吨，是 2012 年 77.04 吨的 136.5%。这一组数据令人震惊！真实感觉也是如此，只要进入站街工业园区，天空常常是雾蒙蒙的，空气中弥漫着一股刺鼻的味道。

3. 从工业的生态发展愿景看

虽然清镇市的"三高"（高载能、高污染、高能耗）企业比重大，环境污染严重，但是在清镇市的 377 家工业企业中，除了 158 家污染企业外，还有 219 家工业企业是没有纳入污染源环境监测的，占工业企业总数的 58.09%，这样的比例是令人欣慰的。当然没有纳入污染源环境监测的企业也不等于没有污染，只是污染的程度比较轻罢了。众所周知，凡是工业都或多或少地污染环境。在清镇的工业园区建设中，不乏节能减排效果明显的企业典范。例如，落户清镇市工业园区的贵阳海螺盘江公司，年产熟料 360 万吨、水泥 440 万吨，并做到节能减排、绿色循环。水泥生产年利用粉煤灰、脱硫石膏、锰渣、硫酸渣等工业废渣达 140 万吨（详见下表一）；熟料生产线配备纯低温余温发电系统，年发电达 1.33 亿度，可节约标煤 6 万吨，减排二氧化碳 12 万吨、二氧化硫 800 吨（详见下表二）；在能源节约方面运用新工艺、新技术，加强生产管理，各项能耗经济指标达到国际领先水平（详见下表三）。从海螺水泥的绿色发展，让我们看到了清镇生态工业发展的未来。

表一 工业废渣年利用明细表

项目	粉煤灰	脱硫石膏	硫酸渣	硫铁矿	钢渣	炉渣	中铝矿山剥离料	合计
利用	50 万吨	22 万吨	6 万吨	4 万吨	2 万吨	6 万吨	50 万吨	140 万吨

表二 年节能减排明细表

项目	SO_2	NO_2	粉层排放浓度（电收）	粉层排放浓度（袋收）	节省标准煤	减少 CO_2 排放量
国家标准	200 mg/Nm³	800 mg/Nm³	50 mg/Nm³	30 mg/Nm³	—	—
实际值	38 mg/Nm³	322 mg/Nm³	31.5 mg/Nm³	11.5 mg/Nm³	6 万吨	12 万吨
年减排量	800 吨	3 900 吨	500 吨	260 吨	—	—

表三 能耗消耗明细表

项目	可比熟料综合电耗	可比水泥综合电耗	可比熟料综合煤耗	可比熟料综合能耗	可比水泥综合能耗
国家限额值	64 kW/h	90 kW/h	110 kgce/t	120 kgce/t	98 kgce/t
企业实际值	53.53 kW/h	82.99 kW/h	98.92 kgce/t	106.7 kgce/t	94.96 kgce/t

注：上述数据来源于贵阳海螺盘江公司。

二、清镇市生态工业发展的挑战分析

从具体操作层面讲，生态工业最基本的目标就是降低由于工业浪费的大量材料和能源而对自然界的生态系统造成的负面冲击。通过可持续的概念，生态工业的基本目标与可持续发展联系起来；通过闭路循环，减少工业发展对资源和能源的大量消耗和对自然环境的污染；通过清洁生产、绿色化学、环境友好技术及建设等方法，将会有更多的资源可以利用、更少的空间被占用，从而在环境因素上达到可持续发展的目标。[①]

（一）生态工业与传统工业的区别

1. 追求的目标不同

传统工业发展模式是以追求利润最大化为目标，以追求经济效益目标为己任，忽略了对生态效益的重视，导致"高投入、高消耗、高污染"的局面发生；而生态工业模式将工业的经济效益和生态效益并重，并且因为企业和社会的经济实力已大为增长，技术水平也大大提升，因而从战略上和技术上都更加重视环境保护和资源的集约、循环利用，有助于工业的可持续发展。

2. 自然资源的开发利用方式不同

传统工业只要有利于在较短时期内提高产量、增加收入的方式，因此工矿企业林立，资源的过度开采、单一利用等状况比比皆是，引发资源短缺、能源危机、环境污染等一系列问题；而生态工业从经济效益和生态效益兼顾的目标出发，在生态经济系统的共生原理、长链利用原理、价值增值原理和生态经济系统的耐受性原理指导下，对资源进行合理开采，使各种工矿企业相互依存，形成共生的网状生态工业链，达到资源的集约利用和循环使用。

---

① 蒙秋明、龚振黔主编：《贵阳生态文明城市建设教程》，高等教育出版社 2013 年版，第75，76 页。

3. 产业结构和产业布局的要求不同

传统工业由于采取区际封闭式发展，导致各地产业结构趋同、产业布局集中、资源过度开采和浪费、环境恶化严重，因此不利于资源的合理配置和有效利用；而生态工业系统是一个开放性的系统，其中的人流、物流、价值流、信息流和能量流在整个工业生态经济系统中合理流动和转换增值，这就要求合理的产业结构和产业布局，以便与其所处的生态系统和自然结构相适应，以符合生态经济系统的耐受性原理。

4. 废弃物的处理方式不同

传统工业实行单一产品的生产加工模式，对废弃物一弃了之，这样有利于缩短生产周期、提高产出率；而生态工业遵循生态系统的耐受性原理而尽量减少废弃物的排放，同时还根据共生原理和长链利用原理，改过去的"原料—产品—废料"的生产模式为"原料—产品—废料—原料"的模式，通过生态工艺关系，尽量延伸资源的加工链，最大限度地开发和利用资源，既获得了价值增值，又保护了环境，实现了工业产品的"从摇篮到坟墓"的全过程控制和利用。

5. 工业成果在技术经济上的要求不同

各种生态产品，无论是作为生产资料，或是作为消费资料，都强调其技术经济指标有利于经济的协调，有利于资源、能源的节约和环境保护；而传统的工业产品对此却没有要求。

6. 工业产品的流通控制不同

只要是市场所需的工业产品，传统工业一律放行；而生态工业却加入了环保限制，即只有那些对生态环境不具有较大危害性，而且符合市场原则的工业产品才能流通，这无疑更利于生态环境保护，促进人口、经济、环境和生态的协调发展。

"生态工业模式打破了把经济系统和生态系统人为割裂的传统经济发展理论的弊端，要求把经济发展建立在生态规律的基础上。"[①]要遵循自然生态系统的物理、化学、生物学规律，以减量化（Reduce）、再利用（Reuse）、再循环（Recycle）为原则（简称为 3R 原则），保持经济生产的低消耗、高质量、低废弃，将经济活动对自然环境的影响降低到最低水平，实现人与自然、人与社会、当代与后代之间的健康、持续发展。

---

① 潘鸿、李恩主编：《生态经济学》，吉林大学出版社 2010 年版，第 223 页。

（二）清镇生态工业发展的基本途径和保护底线

生态经济是一种全新的发展理念。当前，发展生态工业要从对传统工业的改造入手，逐步在全市各个产业密集地域构建起生态型产业体系。

1. 推进清洁生产

全面推行清洁生产，从源头减少废物的产生，实现由末端治理向污染预防和生产全过程控制转变。制定《重点行业清洁生产评价指标体系》，根据相关政策，明确提出各高耗能行业标准和单位产量消耗原材料的最高标准，提出分阶段的单位产品和服务耗能与耗材递减目标，切实推动清洁生产技术和工艺。在资源开采行业、高污染和高排放工业行业实施清洁生产强制审核。

2. 进行典型示范

立足市情，以解决经济发展中的主要问题为突破口，确立重点，分工业生态化示范城镇、工业生态化示范园、工业生态化示范企业三个层面推进典型试点工作，并力争取得可供推广的实际经验。

3. 开发再生资源

开发废弃物资源化产业体系，是生态工业园区生态产业链得以实现的必要条件。推广垃圾处理、工业消费品资源再生利用，建设城市废弃物再生资源利用系统与周边生态工业经济园区区域性资源共享的产业共生体系。

4. 抓好重点行业"三废"利用

集中主要精力，采取有力措施，在电力、煤炭、化工、铝土矿、磨具磨料等"三废"排放的重点行业建设一批资源综合利用项目，最大限度地实现废物资源化和再生资源回收利用。与此同时，紧紧围绕建成"生态文明示范城市"的总体目标，坚持一手抓保护、一手抓整治，着力打造"高原明珠·滨湖新城"，切实解决好"水"、"气"等与群众息息相关的环境问题。结合创建国家环保模范城市工作的开展，实行"三个最严格"的保护。

（1）最严格的规划保护。清镇市启动了城市环境总规的编制，进一步明确了禁止开发区、限制开发区和可开发区，划定了生态保护红线、绿线和蓝线，并由清镇市城市规划委员会统筹实施。

（2）最严格的建设保护。做到"三个最大限度"，即设计上最大限度地保护生态，尽量避免大开大挖、大拆大建和乱砍滥伐；施工中最大限度地减少对生态的破坏，尽量减少对山、水、林、田、路，尤其是对地下水系的破坏；

完工后最大限度地恢复生态, 尽量对受到破坏的山体、边坡进行生态修复, 对砍伐的林木进行补植补栽。

（3）最严格的执法保护。全力打好"控违、治水、护林、净气、保土、强管"六大战役。控违方面: 拆除了违法建筑, 对党员干部参与违法"种房"等行为立案并给予党纪政纪处分, 实现了违法建筑的零增长。治水方面: 全市地表水达标率为 100%, 红枫湖水质稳定在Ⅲ类, 取水口水质达到Ⅱ类。护林方面: 完成了植树造林 3 万余亩, 建成环城林带达 3 400 亩, 全市森林覆盖率达到 41.79%（2014 年底可达到 44.2%）。净气方面: 对 48 家企业的排放实行在线重点监控, 取缔了城区周边 21 家采石场, 对 137 家在建工地全面落实降尘措施, 使空气质量优良天数达 97%。保土方面: 主要通过土地整治、低丘缓坡土地利用试点、城乡建设增减挂钩、耕地占补平衡等方式, 强化了耕地保护。强管方面: 共查处各类环境违法案件 16 起, 有效地震慑了环境犯罪行为。

（三）清镇生态工业发展存在的不足

从当下清镇市工业发展的现实状况来看, 一场轰轰烈烈的新型工业化正在清镇展开。"一区三园三带三中心"的宏大规划和产业布局, 是鼓舞人心的大手笔。更重要的是, 清镇已经按照生态工业发展的理念和要求去规划、布局、建设生态工业园区。但是, 清镇市现实的工业状况与生态工业发展要求还存在着较大差距, 有很多发展中的困难和问题需要政府、企业、社会共同努力去解决。目前, 清镇市发展生态工业主要存在以下几方面不足。

1. 工业园区建设问题突出

目前, 清镇市工业园区建设问题多、矛盾突出, 生态工业发展不明显。一是园区产业布局较为分散。在清镇的工业园区企业中, 比邻市区的企业有 27 家, 地处城市郊区的企业要 29 家, 靠近红枫湖的企业 2 家。这 58 家企业占清镇市规模以上企业总数的 58%, 挤压了城市空间, 给"两湖"保护带来巨大压力。二是园区产业质量低。在园区 89 家工业企业中, 高载能、高能耗、高污染企业比重较大, 高新技术产业、现代制造业还处于起步阶段; 企业之间互利共生、废物交换、循环利用和清洁生产的能力太弱, 污染治理仅限于企业内部, 没有形成"生产者—消费者—分解者"的循环系统。三是园区基础设施配套滞后。水、电、路、气、污水处理等基础设施建设缓慢, 园区承载力、吸引力不强, 这些均制约了园区发展; 四是园区融资投入困难较大。园区面临基础设施建设投入较大, 工业地价严重倒挂, 融资困难, 偿债压力巨大，影响了园区建设进程。五是园区尚未搭建信息与共享平台。由于工业园区未建立信息共享平台，导致园区内企业之间信息沟通不畅，难以实现企业信息共享，物质、能量交换，不利于把握园区企业发展动态，不利于生态工业园区的发展。六是园区在招商引资项目中只注重招商引资数量和资金量，不注重产业链接，影响了园区生态工业发展，园区规划建设存在"规划跟着项目走，建设随着项目跑"的问题，影响了园区高标准建设。七是园区管理体制、运行机制尚未理顺。目前的园区在管理体制、运行体制、行政体制、财政体制等尚未理顺，责任、权利不相统一，制约了园区快速发展。

2. 产业结构不合理

目前，清镇市工业园区的产业层次较低，产业竞争力不强，结构性矛盾突出，存在能源原材料工业比重较大，产业链较短，加工业发展滞后，制造业比重较低，轻重工业比例失调，企业规模过小等问题，这些都是当前清镇工业产业结构存在的主要问题。具体体现在支柱产业单一，缺少配套产业和相关辅助产业。清镇的工业主要依赖能源原材料加工，产品上表现为原材料产品多，终端消费产品少；低端产品多，高端产品少；初加工、粗加工产品多，深加工、精加工产品少。轻重工业结构问题表现为比例不协调，在规模以上工业企业总产值中，轻工业比重仅占8.9%，而重工业比重占91.1%，重工业比重较大。内部结构表现为产业的专业化分工程度比例较低，产业的配套水平不高，工业内部结构有待进一步优化。资源型、能矿型、粗放型产业企业较多，生态环保型、高新技术型企业较少；以铁合金、传统磨料、陶瓷为代表的粗放型企业结构老化，生产成本较高，附加值低，市场竞争力不强。

3. 科技含量较低

在清镇市的工业企业中，对资源依赖度较高的规模以上工业企业达98家，占同类企业总数的98%。当资源配置出现问题时，企业生产经营就会举步维艰。例如塘寨电厂、广铝、铁合金企业等，资源约束矛盾突出，工业粗放型增长方式尚未根本改变，因而可持续发展能力不强。2013年通过评定，清镇市仅有14家工业企业达标，占我市规模以上工业企业总数的14%，占全市377家工业企业的3.7%。企业缺少科研机构、科研人才，企业投入技改资金严重不足，一些企业还存在设备陈旧、老化现象，造成产品消耗高、资源利用率低、环境污染重。在全市377家工业企业中，规模以上工业企业仅有100家，占工业企业总数的26.5%。2013年完成工业总产值为1 791 524万元，但规模以上企业工业产值在贵阳市的比例太低（规模以上企业完成工业产值为1 299 671万元，占贵阳市规模以上工业企业总产值的6.46%）。工业增加值完成了 423 127 万元, 占贵阳市的 6.96% (规模以上工业增加值完成了 276 150 万元占贵阳市的 5.01%)。

4. 生态工业发展意识不强

清镇市提出的《清镇市关于生态工业振兴的行动计划 (2014 ~ 2018)》的意见, 明确了生态工业发展思路、工作目标、工作措施。但是, 一些单位、企业对发展生态工业的认识不足, 发展意识不强, 贯彻落实不到位, 影响生态工业发展的推进。发展生态工业需要规划引领, 清镇的生态工业发展规划没有出台, 导致生态工业发展系统性、可操作性不强, 推进工作进展不明显, 贯彻落实效果不好。加之对发展生态工业的宣传力度不多, 宣传效果不好, 一些企业还是抱着传统的方式搞工业,没有从根本上认识到传统工业的问题, 还在单纯地追求经济效益。

5. 发展生态工业的体制机制没有形成

推进生态工业发展, 是一项系统工程, 需要建立支撑和保障体系。生态工业发展的支撑体系主要由技术支撑体系、法律和政策支撑体系、基础设施支撑体系 "三大体系" 构成。从技术体系方面看, 与生态工业发展相配套的废物利用、清洁生产等技术仍处于较低水平。从法律政策体系方面看, 发展生态工业, 法律政策缺乏完整性、系统性, 缺少循环经济、生态工业法律规定。从基础设施体系看, 基础设施建设滞后, 信息化设施严重落后。发展生态工业更需要科学的管理体制、工作机制作保障。目前, 清镇市对发展生态工业尚未形成科学的管理体制和工作机制; 部门各自为政, 难以形成推进生态工业发展工作的合力, 影响了发展生态工业的进程。

三、清镇市生态工业发展的趋势分析

以绿色、低碳、清洁生产为特征的产业体系是发展生态经济和循环经济的基础。贵阳市的循环经济以化工产业的循环化改造为突破口, 逐步拓展到绿色农业和低碳服务业, 最终形成较完备的生态产业体系。[①]作为资源富集区的清镇市, 当下应以发展生态工业园为重点, 将来则应发展相关的产业集群,[②]最后建立起完备的现代生态工业体系。

---

① 李裴、邓玲主编:《贵阳循环经济与资源节约》,贵州人民出版社 2013 年版, 第 99 页。
② 产业集群是指在特定区域中具有竞争与合作关系, 且在地理上相对集中并有交互关联性的企业、供应商、金融机构、服务型企业以及相关产业的厂商和其他相关机构组成的特定群体。发展产业集群可以通过降低产品成本、减少交易费用、提高竞争能力, 实现提升区域经济合作、拉动区域经济发展的效果。参见王春益主编:《生态文明与美丽中国梦》, 社会科学文献出版社 2014 年版, 第 174 和 175 页。

（一）生态工业园是生态工业发展的方向

生态工业园是继经济技术开发区、高新技术开发区之后我国的第三代产业园区。生态工业园以生态工业理论为指导，着力于园区内生态链和生态网的建设，最大限度地提高资源利用率，从工业源头上将污染物排放量减至最低，实现区域清洁生产。与传统的"设计—生产—使用—废弃"生产方式不同，生态工业园区遵循的是"回收—再利用—设计—生产"的循环经济模式。它仿照自然生态系统的物质循环方式，使不同企业之间形成共享资源和互换副产品的产业共生组合，使上游生产过程中产生的废物成为下游生产的原料，达到相互间资源的最优化配置。生态工业园区以绿色环保为宗旨，是现代工业园区建设的主流。在西方国家，20世纪五六十年代就开始营建生态工业园区，中国在2008年方才命名苏州工业园等第一批生态工业园区。虽然起步较晚，但我国生态工业园区建设已呈蓬勃发展之势。从2008年的3家第一批生态工业园区开始，现已发展到目前的60个，如苏州工业园、中关村科技示范园、南海国家生态示范园、青岛新天地等。

20世纪发展起来的工业生态学和循环经济学是生态工业园的理论基础。工业生态学是专门审视工业体系与生态圈关系的、充分体现综合性和一体化的一种新思维。它强调用生态学的理论和方法研究工业生产，即把工业生产视为一种类似于自然生态系统的封闭体系，其中一个单元产生的"废物"或副产品是另一个单元的"营养物"或投入原料。这样，区域内彼此靠近的工业企业就可以形成一个相互依存，类似于生态食物链过程的"工业生态系统"。循环经济学是对物质闭环流动型经济的简称。它是以物质、能量梯次和闭路循环使用为特征的，以"资源—产品—再生资源"为主的物质流动经济模式；它改变了传统工业经济高强度地开采和消耗资源、高强度地破坏生态环境的物质单向流动模式，即"资源—产品—废物"，使环境保护和经济增长做到了有机的结合。

生态工业园应使人们在各种社会经济活动中所耗费的活化劳动和物化劳动获得较大的经济成果的同时，保持生态系统的动态平衡，其具体标志如下：

（1）转换系统：即生态工业园的各项活动在其自然物质—经济物质—废弃物的转换过程中，应是自然物质投入少、经济物质产出多、废弃物排泄少。通过发展高新技术使工业生产尽可能少地消耗能源和资源，通过高新技术提高物质的转换与再生和能量的多层次分级利用，从而在满足经济发展的前提下，使生态环境得到保护。因此，高新技术产业用地应占工业园区的比重在30%以上，这是使工业园具有高效益的转换系统必需的基础条件之一。

（2）支持系统：生态工业园应有现代化的基础设施作为支持系统，为生态工业园的物质流、能量流、信息流、价值流和人流的运动创造必需的条件，从而使工业园在运行过程中，减少经济损耗和对生态环境的污染。工业园支持系统应包括道路交通系统、信息传输系统、物资和能源（主副食品、原材料、水、电、天然气及其它燃料等）的供给系统、商业、金融、生活等服务系统、各类废弃物处理系统和各类防灾系统等。

（3）环境质量：对生态工业园生产和生活中产生的各种污染和废弃物，都能按照各自的特点予以充分的处理和处置，使各项环境要素质量指标达到较高的水平。

（4）绿地系统：生态工业园的绿地普及应根据联合国有关组织的决定，即绿地覆盖率达到 50%，居民人均绿地面积达 90 m^2、居住区内人均绿地面积为 28 m^2，这样才可能维持工业园区生态系统的平衡。绿地系统还应具备多种功能，包括防护功能（保护水体等）、调节功能（空气、水体、温度、湿度等）、美化功能、休闲功能（提供娱乐，休闲场所）、生产功能（绿色食品生产区和花卉草树苗圃生产基地）等。

（5）人文环境系统：生态工业园应具有高质量的人文环境系统，包括较高的教育水平和人口素质水平、良好的社会风气和社会秩序、丰富多彩的精神文化生活、发达的医疗条件和祥和的社区环境，以及自觉的生态环境意识，只有这样才能吸引人才、留住人才。

（6）管理系统：生态工业园应具备高效的园区管理系统，以对园区内的各个方面，如人口、资源、社会服务、就业、治安、防灾、城镇建设、环境整治等实施高效率的管理，促进工业园区的健康运行。

（二）生态工业园区的特征与类型

与线性的和不可持续的传统工业系统相比较，工业生态系统是指工业系统采用自然生态系统模型，是一种有多种物质和能量流循环利用和逐级传递的系统。[1]生态工业园区遵循的是"回收—再利用—设计—生产"的循环经济模式。这种模式仿照自然生态系统物质循环方式，使不同企业之间形成共享资源和互换副产品的产业共生组合，使上游生产过程中产生的废物成为下游生产的原料，达到相互间资源的最优化配置。

（1）生态工业具有三个方面的特征：一是企业之间的生态化关联关系。不同产业和企业之间通过物质和能量的关联互动，构成了工业生态链或生态

---

[1] 郑同社、武剑、谢雄标：《循环经济关键影响因素及实现路径研究》，中国地质大学出版社 2011 年版，第 34 页。

网，形成了生态工业体系。二是废物排放实现最小化。三是区域内信息实现高度共享。四是优化产业结构调整和布局。生态工业有利于园区内企业产业结构和布局的调整，促进企业朝规范化、专业化方向发展。五是促进环境与经济协调发展。生态工业园区不是单纯着眼于经济发展，而是着眼于工业生态关系的链接，把环境保护融于经济活动中，实现环境与经济的统一协调发展。

（2）国内外生态工业园区主要有三种类型：一是改造型生态工业园区。这种类型主要是针对现在已存在的工业企业通过适当的技术改造，在区域内成员之间建立起废物、能量的交换关系。二是全新规划型生态工业园区。这种类型是着力在园区良好的规划与设计的基础上，从无到有地开发建设，创建良好的基础设施，吸引具有"绿色制造技术"的企业入园，逐步构建互联互通的产业链。三是虚拟生态工业园区。园区内企业可以和园区外企业发生联系，通过计算机模型和数据库，在计算机上建立物料和能量关系，然后在现实中通过供需合同加以具体实施。

（三）国内外生态工业园区发展概况

生态工业园区建设是新型工业化发展的有效模式，对于解决结构性污染和区域性污染、调整产业结构和工业布局、实现节能减排，以及建设资源节约型、环境友好型社会具有十分重要的意义。其中，企业清洁生产是生态园区建设的主要抓手，加强园区企业实施清洁生产审核，可以提高资源综合利用效率，从源头上控制和减少污染物的排放，实现园区节能减排目标和推进生态工业园区的建设。[1]

在国外，随着工业的快速发展，生态环境问题成为各国不可回避的问题。为了切实解决好工业发展与生态环境保护的问题，欧美等工业发达国家率先迈开了从传统工业向生态工业发展的步伐，并将生态工业项目纳入工业园区建设，打造出各具特色的生态工业园区。目前，世界上已经有几十个生态工业园区在规划和建设之中，其中美国居多。在欧洲的奥地利、瑞典、荷兰、法国、英国和丹麦以及亚洲的日本等国，都有一定数量的生态工业园区。在国外众多的生态工业园区中，丹麦的卡伦堡生态工业园区是发展较为成熟的生态工业园的典型代表。

在国内，工业快速发展在推动经济社会的同时，也带来了严重的环境问题，环境保护受到国家决策层的高度重视，并提上了国家发展战略高度。特

---

[1] 陈明剑主编：《上海国家生态工业示范园区建设与生态文明实践》，中国环境出版社2014年版，第183页。

别是 2012 年 11 月，党的十八大报告将"生态文明建设"写入党章，凸显了决策层对生态环保的重视已上升到空前高度。党的十八大召开之后，关于生态建设的规划与政策正在陆续推出，生态工业园区开始进入以生态建设为主导的新一轮高速发展。在推动生态文明建设战略进程中，我国不断加强污染源集中的各类工业园区、工业集中区和重点企业的生态化改造和环境监管，以园区产业结构的调整、强化环境准入、工业生态链的建立和完善及总量控制等为技术途径，生态工业园区建设成为提高地方经济增长质量、强化污染源集中区污染物控制和提高区域污染物总量削减力度的重要手段之一，为促进节能减排做出了重要的贡献。截至 2013 年底，我国已通过 85 个国家生态工业示范园区的建设规划，其中 22 家已通过验收并正式得到了国家生态工业示范园区的命名，至 2014 年 4 月增加到了 26 家。目前，国内发展比较好的生态工业园区要属鲁北国家级生态工业园。鲁北国家级生态工业园区是世界上为数不多、成功运行多年的典型生态工业园区，园区拥有三条高度相关的生态产业链，链上的各企业节点关联紧密，其副产物和废物在生态工业系统内充分利用程度很高，实现了污染物的零排放，使资源、生态、环境与企业的发展和谐统一。

（四）清镇建设生态工业园区的条件分析

1. 具备区位优势和资源优势

（1）区位优势明显。清镇市地处黔中腹地，交通十分便利，307 省道、004 县道、清织铁路、夏蓉高速、清黔高速等穿境而过，工业园区 6 号路、7 号路、11 号路等已建成运行，市政干道云站路已于 2014 年 10 月建成通车。清镇的气候宜人，冬无严寒，夏无酷暑，资源富集，三湖托市，四水萦城，是天然的大公园、大空调、大氧吧、大宝库，是"世界喀斯特中央公园"、"中国最佳避暑旅游胜地"和中国避暑之都最主要的支撑地、样本地、标志地。全市行政区域面积 1 383 平方公里，辖 9 个乡（镇）、5 个城市社区，283 个村、40 个居委会，总人口为 51 万，其中少数民族人口占 22%。清镇市距贵阳市中心区 23 公里，距 4E 级龙洞堡国际机场 30 公里，是全国西部百强县和贵州省 27 个经济强县之一，也是省会贵阳市所辖的唯一一个县级市和重要的卫星城市。

（2）资源富集。清镇水资源丰富，聚集了红枫湖、东风湖、索风湖三个大型湖泊，水域总面积达到 94 平方公里。矿产资源丰富，现已探明的有铝土矿、煤、赤铁矿、硫铁矿等三十余种，其中猫场铝土矿已探明储量约为 3.6 亿吨，是全国已知铝土矿储量最大的高品位整体连片矿区。电力资源丰富，区域内有塘寨电厂、东风湖电厂、红枫湖电厂等大中小型电厂（站）20余个，是西电东送的重要基地。

2. 战略导向明确

随着国家对生态文明建设的不断重视，特别是党的十八大将"生态文明建设"作为"五位一体"中的一项重要内容进行浓眉重彩的叙写，并将"生态文明建设"写入党章，凸显出中央决策层对生态环保的重视已上升到空前高度。各级政府积极响应中央关于"生态文明建设"的号召，出实招、强举措、推动生态文明建设步伐。在这一大背景下，贵州省在"工业强省"发展战略中注入了生态理念，并将生态建设贯穿到工业建设之中；贵阳市积极创建"国家环保模范城市"，要求在工业、农业和城镇建设中注重环境保护，将环境保护工作提到了前所未有的高度；清镇市结合自身实际，立足保护"红枫湖和百花湖"这两口贵阳市的"水缸"，强力"打造生态文明建设升级版"，着力推动工业、农业、城镇建设等朝着生态化方向迈进。从国家层面和地方实际出发，均要求清镇市的工业发展必须走生态化道路，这为生态工业园区的建设指引了明确方向。

3. 工业基础雄厚

清镇市工业发展的历程可分为三个阶段：第一阶段，即解放初期至国家实施"三线建设"时期。这一时期，一批"三线"企业落户清镇市，这些企业的入驻，为清镇市工业发展奠定了的一定基础。第二阶段，即文革时期至改革开放前。这一时期，清镇市的工业发展得到了快速提升，聚集了以电力、化工、冶金、机械为代表的一批企业，促进了经济社会的发展。第三阶段，即改革开放至今。这一时期，清镇市大力实施工业强市战略，着力招商引资，发展了以医药食品、铝及铝加工、煤及煤化工、新型建材为代表的一批企业，为清镇市工业转型奠定了基础，促进了经济社会持续、快速、健康发展。经过三个阶段的工业发展积累，清镇市工业企业的规模不断扩大，促进工业经济稳步增加，助推了城市化建设进程，截至2013年，全市工业企业总数达377家，其中产值达500万元以上的企业数达100家，形成了以化工、建材、冶金、医药食品、电力、磨具磨料为代表的六大支柱产业。同时，在工业快速发展过程中，工业园区的基础设施建设步伐得到了加快，仅2013年就融资投入了18.54亿元，以大大强化工业园区基础设施建设。

4. 迎来三大发展机遇

（1）迎来贵安新区发展机遇。清镇市已纳入贵安新区建设的总盘子，即作为贵安新区建设的一部分，清镇市在生态工业园区建设、小城镇建设等方面迎来了前所未有的发展机遇。

（2）迎来红枫湖保护的发展机遇。随着红枫湖保护力度的不断加大，周边的工业企业有序地陆续进入工业园区，形成了工业集群发展的态势，为生态工业园区的建设提供了工业企业支撑。

（3）迎来中关村贵阳科技园建设的机遇。随着中关村贵阳科技园建设的深入推进，许多高新技术和现代制造企业将相继入驻生态工业园区，将助推生态工业园区的发展。

四、清镇市生态工业园区的发展规划

2011年7月，黔经信园区〔2011〕20号文件明确了清镇工业园区为省级一类工业园区，即清镇市铝煤生态工业园区(省级新型工业化产业示范基地)。在园区建设上，清镇市的决策层有更高的目标、百倍的信心，力争到2015年园区内规模以上企业达到120家以上，规模以上工业产值达到300亿元，工业增加值达到75亿元，占全市GDP的比重达到32.6%（2015年力争全市GDP达到230亿元），比2012年提高7个百分点；到"十三五"期末，规模以上工业总产值达到700亿元，增加值达到150亿元，总产值、增加值均在"十二五"期末基础上再翻一番，实现西区工业化目标。下面是清镇市政府对园区建设的规划。

（一）围绕产业打造五大基地

1. 全国最大的"铝城"

规划30平方公里的铝工业园区，引进贵州广铝、贵乾铝业、川黔铝业等涉铝企业20余家落户园区发展，预计"十二五"期末建成40万吨电解铝、10万吨高端磨料及下游铝加工产业链，工业产值达100亿元，到"十三五"期末，可达到园区产业链条长、规模大、功能配套，产值达到400亿元，基本建成全国最大的铝城。

2. 黔中重要能源基地

拥有塘寨电厂、红枫电厂、东风电厂、贵阳供电局清镇分局及煤气气源厂等一批大中型企业，装机总容量达225.5万KW、年发电量170亿度左右。

"十二五"期末建成塘寨电厂二期,开工建设"煤电铝一体化"项目,预计到"十三五"期末,电力装机容量将再增加 340 万 KW,使装机总容量达到 565.5 万 KW、年发电量将超过 400 亿度、年产值达到 160 亿元,成为黔中重要的能源基地。

3. 黔中重要的建筑材料生产基地

清镇市拥有海螺水泥、西南水泥、苗岭水泥、新发水泥、联塑、正和加气、陶瓷等一批建材企业,随着海螺三期、新发水泥二期、联塑二期等项目的陆续开工建设,预计到"十二五"期末水泥产量将达到 1 360 万吨,加上塑料建材、陶瓷、加气混凝土等建材产品,预计工业产值可超过 50 亿元,成为黔中重要的建筑材料生产基地。

4. 全国最大的糖尿病药生产基地

贵州圣济堂制药有限公司属法国蓬赛斯集团的独资企业,是全国糖尿病系列药品知名的专业生产企业,在全国各省市已设立了 31 个办事处,并已建立了糖尿病康复中心,糖尿病食品、药品连锁店、贵阳圣济堂医院、北京圣济堂医疗机构等,2013 年完成产值 5.5 亿元。到"十二五"期末,企业在清镇建设总部、糖尿病医院及糖尿病基因工程等项目,预计到"十三五"期末总产值将达到 50 亿元,成为全国最大的糖尿病药生产基地。

5. 全省最大的乳制品和肉食品加工基地

清镇市先后引进了三联乳业、华西希望、黔五福、温氏、大发、特驱等著名乳制品及肉食品加工企业。目前清镇市已是全省最大的肉鸡养殖基地,占全省年出栏量总数的 23%和贵阳市出栏总数的 80%,到 2015 年预计可实现出栏肉鸡 3 000 万羽,并形成年加工能力 3 000 万羽以上的肉鸡屠宰加工厂;建成年出栏 40 万头封闭式全程可追溯的优质商品猪基地,并建成日屠宰加工 1 000 头、年屠宰生猪 35 万头以上规模的加工厂,形成全省最大的生猪屠宰加工基地;三联乳业建成占地 350 亩、日处理生鲜奶 1 000 吨的全省最大的乳制品加工厂。到 2015 年,上述企业深加工将全部建成投产,预计可实现产值 50 亿元,成为全省最大的乳制品和肉食品加工基地。

(二)三项措施规划布局园区产业

为了确保到 2015 年工业园区"六大产业"(铝镁加工、装备制造、特色轻工、精细化工、能源、建材)形成较大规模,"五大园区"(铝镁精深加工园区、能源精细化工园区、机械装备制造园区、特色轻工园区、建筑材料园区）基本建成，实现工业经济总量 500 亿元以上，壮大省级经济开发区硬实力，以及"十三五"期内，在工业园区建成"五大基地"，实现工业经济总量千亿元以上，力争申报升格成为国家级经济开发区，清镇市采取了以下三项措施。

1. 做好工业园区规划

工业园区总体规划面积由原来的 250 平方公里调整到 584 平方公里，即以莲花山分水岭为界覆盖我市站街镇、卫城镇、新店镇、王庄乡、流长乡、犁倭乡、暗流乡、麦格乡大部分与各个乡镇园区形成工业西区；建设开发区域从原来的 47.33 平方公里扩大为 220 平方公里，即以位于西区 8 个乡镇整体连片板块为核心打造铝镁精深加工、能源精细化工、机械装备制造、特色轻工、建筑材料"五大园区"，其中建设用地达 90 平方公里；全市土地利用总体规划同步跟进，最大限度地确保工业园区，优先满足工业西进建设用地调整和梯次开发报件指标需要。在编制时限上，限时完成"五规划"（经开区控制性详细规划、产业发展规划、供水专项规划、供气专项规划、排污专项规划）。2013 年已完成了核心区为 59.2 平方公里产业发展规划和核心起步区为 12.7 平方公里控规修编，完成了核心起步区给水、排水、排污、供气供热、消防和通讯专项规划，各乡镇编制完成自建工业园区控规；2014 年，完成了建设开发区为 220 平方公里产业发展规划、核心区为 59.2 平方公里控规和相应专项规划编制，各乡镇编制完成自建工业园区各类专项规划；2015 年，启动工业西区总规修编并完成环评、电力规划修编。

2. 做好产业发展布局

铝镁精深加工园区布局在站街镇、犁倭乡、流长乡、王庄乡，重点围绕"一电两厂"（塘寨电厂、广铝、中铝），突破煤—电—铝（镁）一体化，推动铝镁精深加工，打造全国最大的"铝城"；能源精细化工园区主要布局在王庄乡、新店镇，重点实施煤—电—化（冶）一体化，打造黔中重要的能源基地。要通过建设铝镁精深加工园区、能源精细化工园区，打造黔中重要的能源资源深加工基地；机械装备制造园区布局在站街镇至卫城镇一带，并推动其与铝镁精深加工园区融合发展，建设黔中重要的装备制造基地；特色轻工园区布局在卫城镇至暗流乡，重点发展医药、食品等特色轻工业，建设黔中重要的特色轻工基地；建筑材料园区主要布局在站街镇，重点发展水泥、PVC 管材、陶瓷、磨料磨具等，着力发展节能环保新材料。在"五大园区"中，可以由企业和商会建设若干个"园中园"，就近就利适当安排商贸物流园，其周边布局乡镇各具特色的自建园区，形成经开区抓核心区整体一盘棋、九个乡镇园区星罗棋布和竞相发展。

3. 实施东区工业企业搬迁

结合工业西区规划空间、园区布局和地块分配，以 3～8 年为期限，分期实施"市区周边及两湖周边 42 家工业企业西进搬迁"计划。逐步将水晶集团、中国五矿（贵州）公司、华能焦化、贵阳煤气气源厂、贵州化肥厂、省铁合金厂等企业搬迁至能源精细化工园区；将毛栗山园区联塑等 15 家企业和三联乳业加工基地、一代食品厂等 5 家企业搬迁至特色轻工园区；将中八园区多美门业等 16 家企业搬迁至建筑材料园区，实现工业企业集中统一"退二进三"和东区城市化与西区工业化。

（三）功能配套提升园区品质

1. 筹资融资推进基础设施建设

利用生态移民搬迁、低丘缓坡、棚户区改造政策，争取上级对清镇市工业园区建设的支持，放大政策资金引导效应，吸纳资本投入。实施"引银入清"工程，编制银企对接、银政对接重大项目，帮助、促使金融机构选准工业园区建设开发项目进行投资。放宽投资领域，降低投资门槛，最大限度地挖掘民间投资进驻工业园区。以良性资产和有效资源支持、配置和倾斜给经开区管委会，进一步整合调剂全市筹资融资方向逐步以工业园区开发建设为主，鼓励思想再解放，大力实行财团性合作、代建、基金、债券、BT、BOT等多种模式，扩大工业园区基础设施建设投资。

2. 扩大规模加快园区基础设施建设

将工业园区水、电、路、气、讯、路灯、绿化等重大基础设施建设问题纳入重要议事日程，展开工业园区远期规划道路主干网"五纵六横一环"、中期规划道路站街片主干网"五纵十四横"和王庄片"四纵五横"、近期计划实施的乡镇工业园区道路主骨架立项、设计、建设；对清织铁路和货运站场必须按时完工投入运行，并按时启动"十一"路的建设；加快市级工业园区和乡镇园区水厂、给水管网、支线建设，有计划地关闭企业自备水源，提高园区供水系统保有量。

3. 加大园区公共服务设施配套力度

合理利用工业园区有限的商业地块、公建地块和站街工业新城、卫城小城镇建设，采取争取项目资金、征地拆迁置换、商业运作等多种模式，充分整合各类综合服务中心、综合体承载功能，加大工业园区内部及其周边学校、医院、办公、商贸、市场、酒店、餐饮、娱乐、银行、邮政、电讯、消防、停车场、加油站、派出所等公建设施的建设力度,加强工业园区卫生、治安、物业管理和便民、便企云服务,逐步实现工业西区数字化、信息化、智能化发展,充分满足工业企业大入驻、工业经济大发展的需要。

(四)提出生态工业振兴行动计划

2014年初,结合工业园区建设,清镇市提出《清镇市生态工业振兴行动计划(2014—2018)》,相关部门制定了《清镇市生态工业振兴行动计划执行方案(2014—2018)》。清镇市围绕"西区工业化、东区城市化、全市生态化",结合"两湖保护",走科技含量高、经济效益好、资源消耗低、环境污染少、人力资源优势得到充分发挥的新型工业化道路,建立生态工业发展体系。《方案》计划到2015年将工业园区打造为300亿元级生态产业园区,全市工业增加值比2012年翻一番,50%以上的规模以上工业企业达到生态文明企业标准;到2018年,力争将工业园区打造年产值为500亿元级的生态产业园区,全市工业增加值达到100亿元(力争突破110亿元),80%以上的规模以上工业企业达到生态文明企业标准。《方案》将责任和任务、完成时限分解到了责任单位和责任人。

五、清镇市生态工业园区的案例分析

铝作为全球产量最大的有色金属,被广泛应用于建筑、包装、交通运输、电力、航空航天等领域,是国民经济建设、战略性新兴产业和国防科技工业发展不可或缺的重要基础原材料。目前,中国已成为世界最大的冶金级氧化铝生产与消费大国,并已成为氧化铝的初级强国,目前全球铝行业已经严重依赖于中国的氧化铝供需状况。2014年1—11月,中国氧化铝累计产量达4 051.25万吨,同比增加17%,显示了国内氧化铝产能开始释放。随着全球产能释放,预计未来几年全球氧化铝产量将保持较高速度的增长,2014—2015年,全球氧化铝产量或将超过11 000万吨,而我国将保持12%~13%的增速。

在贵州省"十二五"规划中,省委、省政府提出了"工业强省"的发展战略;贵阳市委、市政府提出了"创新驱动、转型升级",打造经济发展升级版的发展目标;清镇市委、市政府五届七次全会提出《走可持续发展道路 打造清镇发展升级版 加快生态文明示范城市建设步伐》,并提出"4+1"发展主战略,出台了《关于深入实施"4+1"战略加快推进西部大开发的意见》(清党发〔2014〕33号),即利用生态、职教、贵安、中铝四张名片,加快推进西部地区开发建设,从清镇市经济发展来看,工业仍是经济发展的新引擎。

目前，虽然贵阳市和清镇市是矿产资源富集区，但矿产资源具有不可再生的特性，所以开发要遵循"充分合理利用矿产资源"的方针。作为铝资源富集区的清镇市站街镇，以铝产业为主导的生态工业园区发展将是清镇市乃至贵州省生态工业发展的支撑点和突破口。要建设好生态铝工业园区，就应构建以"原矿—精矿—金属—金属加工—废品回收"为核心的有色金属循环经济产业链网，从采、选、冶、加各个环节入手，实现资源的综合利用，同时实现尾矿废渣、废水、余热、有害废气和伴生资源的综合利用，提高资源利用率；加强废金属的回收利用，提高再生金属利用水平。[①]实现经济效益、社会效益和环境效益的最大化。

（一）站街镇基本情况。

站街镇位于清镇市中部，以清代设驿站得名，距市中心 18 公里，地处云归山、老黑山之中的丘陵地带。地势由东向西倾斜，四周多是群山环绕，中部缓丘陵坝地交错，平均海拔为 1 327 米，年平均气温在 14 ℃ 左右，冬无严寒，夏无酷暑，雨水充足，属亚热带季风性湿润气候。总面积为 213 平方公里，下辖 38 个行政村，6 个居委会（厂矿居委会 4 个），总人口约 8.6 万人（农业人口 6.4 万人）。站街镇是一个以汉族、布依族、苗族为主的多民族聚居镇。

1. 站街镇资源丰富

站街境内蕴藏着有铝、铁、磷、硅、煤、重晶石等丰富的矿产资源，境内森林资源居全市之首，境内水利、电力资源充足，两条蜿蜒曲折的河流伴随着纵横交错的多条小溪分别流入暗流河和猫跳河，全镇建有中型水库 5 个、提水站 54 处、变电站两座（近期新建一座），农电改造基本完成，实现了村村通电、城乡同网同价。

2. 站街镇生态优良

站街镇气候温和，冬无严寒，夏无酷暑，雨水充足，无霜期长；年平均气温在 14 ℃～15 ℃ 左右，最高气温在 35 ℃ 左右，最低气温在零下 8 ℃ 左右；境内森林总面积为 20 098 公顷，森林覆盖率达 28.03%，木林绿化率达28.19%。

---

① 樊森：《中国循环经济发展模式与案例分析》，陕西出版集团、陕西科学技术出版社 2012年版，第 79 页。

3. 站街镇交通便利

站街镇交通极为便利，是清镇市西部的交通咽喉，是卫城镇、新店镇等6个乡镇的必经之道，有307省道（清镇至织金）、004县道（清镇至鸭池河）、云站路、站马线，以及在建的厦蓉高速等连接外部，内部交通有经开区11和12号路等以及围绕这些主干线形成的镇村公路，现在全镇已实现村村通公路。

4. 站街镇区位优越

站街镇位于清镇市中部，承东启西，呼应南北，位居核心、辐射周边，是全市工业重镇、农业大镇、重点城镇以及循环经济生态工业西区，是黔中产业带上的工业和能源基地之一。另外，站街地处贵阳至毕节的发展轴带上，紧邻贵安发展轴，并处在贵阳都市区的影响地域。

5. 站街镇工业基础好

在清镇市工业发展的三个历史阶段中，站街镇都起着举足轻重的地位，多数重点企业均落户在站街镇。目前，站街镇境内有贵铝二矿、金山磨料、贵州广铝铝业有限公司、贵阳海螺盘江水泥厂等规模以上工业企业32家，加之清镇市经济开发区和我镇太平工业园区在建和建成企业，共有工业企业上百家，产业集聚效应强，工业发展基础较好。

（二）站街镇铝产业发展优势

清镇站街拥有良好的铝产业发展优势，且发展潜力巨大、发展优势明显、合作领域广阔，尤其是在煤、电、铝一体化及铝产业方面具有明显优势。

1. 资源优势

（1）拥有丰富的铝土矿资源。清镇市铝土矿资源丰富，已探明的储量为3.6亿吨，远景储量在5亿吨以上，居全省第一，占全省总储量的60%以上，且蕴藏的矿石质量优良，三氧化二铝含量约为60.18%～71.10%，铝硅比在5.1～11之间，平均达到7以上。目前全市有11个开展铝土矿风险探矿的探矿权涉及面积达114.14平方公里，现有持证合法生产的铝土矿山为33个，年产铝土矿为178.2万吨。为铝工业产业的发展提供可靠的资源保证，是我国南方铝土矿储量最为丰富的地区。

（2）拥有丰富的煤炭资源。目前，已查明的煤炭储量为16.8亿吨，远景储量为41亿吨，占贵阳市煤炭资源总量的24%，是贵阳市重点产煤区域。

此外，清镇市还与煤炭资源富集的"织纳煤田"山水相连，是贵州省三大煤化工基地之一。

（3）清镇市有充足的原材料。清镇市已有广铝、中铝两大铝工业企业入驻，广铝80万吨氧化铝项目已于2012年5月正式投产。两个项目全部建成后，清镇市氧化铝年产量可达到240万吨以上，电解铝年产量可达到90万吨以上。

2. 政策优势

国发〔2012〕2号文件明确提出：建设清镇—黔西—织金煤电铝、煤电化循环经济示范基地。清镇，正是位于黔中经济区的核心部位，位于贵安新区的核心节点，位于煤电铝、煤电化循环经济示范基地的主要板块。从国家的层面看，党中央、国务院实施新一轮的西部大开发，出台了关于资金投入、基础设施建设、经济结构调整、民生改善等一系列优惠政策；国发〔2012〕2号文件的出台为我市煤、电、铝一体化的发展提供了更大更好的政策平台。从贵州省的层面看，省委、省政府提出要大力实施工业强省战略，把工业放在前所未有的突出位置来抓，出台了支持工业经济发展的政策措施、贯彻落实国发〔2012〕2号文件的实施意见、推进热电联产加快发展的意见等一系列重要文件，为煤、电、铝一体化的实施提供了强有力的支撑。从贵阳市的层面看，贵阳市委、市政府专门出台了振兴工业经济的政策措施，同时将清镇站街铝加工园区列入贵阳市重点园区，在资金投入、基础设施配套等方面予以了大力支持。

3. 成本优势

一是原材料成本。广铝、中铝两大铝厂建成后，将对铝加工企业实行铝水直供、铝锭直供，其中铝水直供每吨可节约成本约800元、铝锭直供每吨可节约成本约300元。二是劳动力成本。目前，沿海发达地区劳动密集型产业工人平均工资约为3 000元/月、最低工资标准为1 300元/月，而我市劳动密集型产业工人平均工资约为1 200元/月，比沿海发达地区低1 800元，最低工资标准为930元，比沿海发达地区低370元。而且现在内地农民工很多都愿意选择就近打工，不愿意背井离乡到沿海打工，致使现在沿海企业普遍面临用工荒问题。贵州省劳动力资源相对比较丰富（据统计，清镇市农村可就业劳动力达22万人），铝及铝加工企业入驻清镇市后，可就近招募劳动力，解决用工问题。

4. 一体化优势

当初铝及铝加工企业之所以聚集到珠三角一带,是因为当时珠三角的快速发展,为铝及铝加工企业提供了巨大的市场空间和充足的产业配套。随着资源开采的日益贫乏以及对资源的有效利用,未来煤、电、铝一体化将是铝及铝加工产业发展的必然趋势。市场已经趋于统一,但资源却不是到处都有,现在全国各地为了地方的经济发展,都在限制资源和原材料外流,要求必须实现就地转化、就地加工增值。虽然目前广东铝及铝加工企业很多都是从国外进口原材料,但现在世界形势并不稳定,国外原材料供应难免存在风险。国内、国外的形势,很可能导致沿海各地包括珠三角的铝及铝加工企业成为无源之水、无本之木。同时,现在沿海铝产业的省份都在加快转变发展方式,实施经济结构战略性调整,铝及铝加工生存发展的空间被挤压而变得越来越狭窄,大有向西部地区转移的趋势。西部地区铝土矿资源最丰富的就是贵州省,而贵州省铝土矿资源最丰富的就是清镇市站街镇,清镇还有煤、水资源,还有优越的区位、交通,还有广铝、中铝、希望三大铝工业企业,因此在清镇市发展煤、电、铝一体化优势极为突出。

5. 配套优势

(1)专业的物流配套。清镇市规划了 32 平方公里的大型物流园区,目前已初具规模,物流园区的快速建成,将为入驻清镇的企业提供专业的物流配套。

(2)强大的人才技术支撑。清镇职教城规划面积为 46 平方公里,目前已入住职业院校 19 余所,预计到"十二五"期末,将入驻职业院校 25 所以上,在校学生达到 20 万人以上,这将为铝及铝加工企业提供强有力的技术人才保障。

(3)完善的城市功能配套。按照贵州省和贵阳市提出的"融入国际化、实现现代化、体现人文化、突出生态化"和 "世界眼光、国内一流、贵阳特色"的要求,以及百花生态新城和贵安新区的建设,将使清镇市的城市形象和品位大大提升,城市综合配套将十分完善。贵阳市委市政府提出,要将红枫湖和百花湖连片打造成为全国最大的人工生态湿地公园,因而清镇也将因为湿地公园的建设,因这两个靓丽的湖泊变得更加美丽、更加生态、更加灵动、更加珍贵,这将为铝及铝加工企业的生产生活提供优美、舒适的环境。

(三)站街镇铝产生态园区建设

该园区位于清镇市中部,规划面积为 30.33 平方公里。园区水、电、路、通讯基本配套,主干道及路网正在建设中。产业定位:依托资源、能源和现有产业基地优势，形成以采矿业—矿产品加工—氧化铝—铝冶炼—铝型材加工—铝镁合金产品制造的铝及铝加工主导产业，同时对工业废渣等进行综合利用。

氧化铝工业是资源、资金、技术密集型原材料产业，因生产过程中要产生大量的尾矿和赤泥，对环境的影响非常大，铝土矿作为不可再生资源，其保障程度直接制约着一个地区氧化铝工业的总量与生存周期。新建氧化铝项目必须采用国内研究开发的选矿拜耳法工艺并同步建设选矿厂，严禁采用烧结法、混联法等落后工艺的氧化铝项目上马。[1]

站街镇铝精深加工工业园必须而且应该实现三个循环。一是企业内部的小循环。让生产过程中一个环节的生成物变成另一环节的原料，构建"资源—产品—再生资源—再生产品"的物质能量循环流动生产过程。这是循环经济在微观层面上的实践活动，它要求企业遵循循环经济的减量化、再利用、资源化原则实行清洁生产，以实现对产品和服务的前端、过程和末端的资源消费控制和优化。企业内循环经济的实现关键在于使追求利润最大化的企业目标和资源利用效率最大化及废弃物资源化的社会目标相契合，使企业认识到发展循环经济不仅对社会有益，更会给企业发展带来意想不到的效益，成为其提高竞争力、在市场竞争中生存并发展的有效武器。二是产业园区的中循环。在区域层面构建工业生态链，实现区域污染排放最小化，并充分利用废弃物，减少二次污染，低成本地利用企业之间的边角余料及废弃物。这是循环经济在中观层面的实践活动，它是在更大范围内依据循环经济的减量化、再利用、资源化原则并运用生态学原理，通过模拟自然生态系统来设计园区的物质流、能量流、信息流，建立起循环流，把不同的企业、产业联结起来，形成互换副产品和共享资源的代谢和共生组合，使一家企业的废气、废热、废水、废渣等在自身循环利用的同时，也能成为另一家企业的原料和能源，从而实现物质闭路循环和能量多级利用，达到物质能量利用最大化和废物排放量最小化的目标。园区模式的关键在于打破企业"大而全"、"小而全"的组织结构和企业间单向式生产方式，而是根据自资源条件和产业布局，延长和拓宽产业链条，促进企业间的共生。三是社会发展的大循环。在全社会层面广泛开展节能、节水和废弃物回收工作，将循环经济理念贯穿于经济社会

---

① 国内氧化铝生产方法是从烧结法发展而来的。目前，我国有烧结、混联和拜耳三种生产方法。烧结法在氧化铝总回收率、碱耗等方面创造了世界同类生产方法的先进水平；混联法是我国创造的一种氧化铝生产技术，已成为我国氧化铝生产的主要方法。目前我国完全采用拜耳法生产的仅中铝广西分公司一家，因其能耗和制造成本最低，据全国领先地位。参见梁杰、周军编著：《贵州省铝冶金产业发展专利战略研究》，贵州大学出版社 2013 年版，第 19 页。

发展的各个领域各个环节，在全社会形成节约型增长和消费模式。这是循环经济在宏观层面的实践活动，它是以社区、城镇为重点，以污染预防为出发点，以绿色消费为主要手段，以物质循环流动为基本特征，建立起以全社会共同参与为重要标志的循环经济社会体系。可持续发展的循环型社会的最终目标要求树立全社会的绿色消费意识和绿色生活观念，建成社会生活与消费领域的绿色供应、采购、保障系统，生活垃圾和废旧物资的分类回收与再生利用网络系统，节水节能的社会系统，建立起完善的循环型社会的管理和政策法规体系等。[①]

相关链接一：卡伦堡生态工业园

丹麦的卡伦堡工业园区是目前世界上工业生态系统运行最为典型的代表。这个工业园区的主体企业是电厂、炼油厂、制药厂和石膏板生产厂，以这四个企业为核心，通过贸易方式利用对方生产过程中产生的废弃物或副产品作为自己生产中的原料，不仅减少了废物产生量和处理费用，还产生了很好的经济效益，使经济发展和环境保护处于良性循环之中。其中的燃煤电厂位于这个工业生态系统的中心，对热能进行了多级使用，对副产品和废物进行了综合利用。电厂向炼油厂和制药厂供应发电过程中产生的蒸汽，使炼油厂和制药厂获得了生产所需的热能；通过地下管道向卡伦堡全镇居民供热，由此关闭了镇上 3 500 座燃烧油渣的炉子，减少了大量的烟尘排放；将除尘脱硫的副产品——工业石膏，全部供应附近的一家石膏板生产厂做原料。同时，还将粉煤灰出售，以供修路和生产水泥之用。

炼油厂和制药厂也进行了综合利用。炼油厂产生的火焰气通过管道供石膏厂用于石膏板生产的干燥，减少了火焰气的排空。一座车间进行酸气脱硫生产的稀硫酸供给附近的一家硫酸厂；炼油厂的脱硫气则供给电厂燃烧。卡伦堡生态工业园还进行了水资源的循环使用。炼油厂的废水经过生物净化处理，通过管道每年辅送给电厂 70 万立方米的冷却水。整个工业园区由于进行了水的循环使用，每年减少 25% 的需水量。

发电站为卡伦堡约 5 000 个家庭提供热能，大量减少了烟尘排放；发电站为炼油厂和制药厂提供工艺蒸汽、热电联产比单独生产提高燃料利用率约30%。发电站的部分冷却水还被输送到养鱼场，该养鱼场年产 200 吨鲑鱼，鲑鱼适合在温度较高的水中生长。

发电站的脱硫设备每年生产 20 万吨石膏，这些石膏被卖给石膏板厂。同时，卡伦堡市政回收站回收的石膏也卖给石膏板厂，既减少了石膏板厂的天

---

① 赵涛、徐凤君主编：《循环经济概论》，天津大学出版社 2008 年版，第 86 页、87 页。

然石膏用量,也减少了卡伦堡固体填埋量。发电站每年产生的3万吨粉煤灰,全被水泥厂回收利用。发电站的脱硫设备用于降低炼油气中的硫含量,产生了副产品——硫代硫酸铵。每年,这种副产品被用于生产约2万吨液体化肥,相当于丹麦的年消耗量。

制药厂用原材料土豆粉、玉米淀粉发酵生产所产生的废渣、废水经杀菌消毒后被约600户农民用作肥料,从而减少了肥料用量。制药厂的胰岛素生产过程中的残余物酵母被用来喂猪,每年有80万头猪使用这种产品喂养。炼油厂多余的可燃气体通过管道输送到石膏板厂和发电站,以供生产使用。

污泥是卡伦堡市政水处理厂的主要残余物,这些污泥被微生物公司用来作生物恢复过程的养料。微生物公司是一家专门利用微生物恢复被污染土壤的公司。

废品处理公司收集所有共生体企业的废物,并利用垃圾沼气发电,每年还提供5~6万吨可燃烧废物。

相关链接二:包头国家生态工业(铝业)建设示范区

内蒙古包头国家生态工业(铝业)建设示范区(后简称包头铝业产业园区)位于包头市东河区东南部,园区交通条件优越,地处"呼包鄂金三角"核心区,北至丹拉高速公路,南至黄河二道坝,西起河北村以东,东至南绕城公路,总用地约19.8平方公里。

生态工业园区是以产业功能为主导的园区类型,主导产业功能和相关产业功能的组合联系则形成了生态工业园区具有循环经济特色的产业链,故产业链是从宏观、中观和微观层面对园区内功能区配置、土地使用和建筑设置的指导依据。首先,园区的龙头产业决定了园区的性质,形成了以主导产业为中心、附属产业辅助的产业结构及相应的空间功能结构。生态工业园区可以有两个或多个主导产业,并形成不同的产业链,但一个生态工业园区内的产业链一般都是相关性大的产业组织,它们共同形成多个产业链功能组团,并且呈等级式布置或平行式布置。其次,每个产业链组团或产业组团内部都由不同企业组成,这些企业根据产业链结构和功能分区都有相应的等级、平行或者序列关系;在相应的组团分区中,可以依据这些企业的重要性、相互关系以及其他条件,为企业选择合适的用地。最后,在企业厂区内部,由于企业内部的部门和分工不同,也可能产生各类工业建筑间的等级、平行和序列关系,尤其是在一些工艺流程严格的工业企业中,其建筑设计要严格按照其建筑功能关系形成相应的布局方式。

铝的生产加工产业是高耗能产业,它对粉煤灰原料、用电量的要求很高,在提取（氢）氧化铝和电解铝的生产过程中尤为明显。铝行业的生产过程一般为：先利用高铝粉煤灰提取（氢）氧化铝，通过电解铝工艺从（氢）氧化中分解出不同纯度的铝水，进而利用铝水或铝水铸成的铝锭进行多种铝产品的加工。[①]生态工业园区的建成可以为包铝集团提供下游或相关行业企业，形成相应的产业链，达到资源的高效运用、产品的清洁生产和能量的循环利用等目的。在新型工业化道路的指导和以可持续发展和优化资源利用为目标的前提下，园区依据生态链的设计理论，形成类似于"生产者—消费者—分解者"结构的多条产业链，以做到各类资源科学、合理、有效的使用，并形成企业集聚效应、构建产业联系网、增强抵抗市场风险的能力。

包头铝业园区的产业链分别有以下五种：

（1）煤—电—电解铝—铝加工—铝再生—铝的深加工；

（2）煤—电—建材生产；

（3）煤—电—供暖供热；

（4）煤—电—稀土铝合金产品；

（5）煤—电—稀土铝合金产品—铝再生—铝的深加工。

六、清镇市生态工业发展的招商举措

由于生态工业的发展是一个工业形态的根本转换，新建园区的建设是一个牵涉方方面面的宏大工程，国内外可供借鉴的经验并不多，且传统工业向生态工业转型更加复杂，牵涉的面更大。对于贵州这样的经济落后省份来说，"唯有通过大抓招商引资项目，才能将省外、国外的资金引入贵州，与省内的生物资源、矿产资源、劳动力资源以及其他社会资源结合起来，促进贵州工业大发展，经济大提速。"[②]清镇市生态工业的发展要明确市委、市政府制定的西部大开发"4＋1"发展战略，紧紧围绕"生态牌、贵安牌、中铝牌、职教牌"四大机遇和优势，加快推进西部地区开发建设，尤其是要突出招商重点，以外来资本、技术、人才、管理经验促进清镇市工业经济持续快速健康发展。

[①] 近年来，世界铝电解工业的科技进步主要是围绕着 Hall-Heronlt 工艺在电解槽的设计、效能、环保、机械化、自动化等方面开展改进、完善和创新。冰晶石-氧化铝熔盐电解方法是目前工业电解铝最经济合理的方法，但也存在影响生态环境和可持续发展的诸多问题，表现在能耗高、能量利用率低，投资成本高，单位面积的生产率较低，电解槽寿命短，废旧炉衬有毒。今后，应加强铝土矿氯化焙烧（氯化铝电解）方法的研究和运用。参见梁杰、周军编著：《贵州省铝冶金产业发展专利战略研究》，贵州大学出版社 2013 年版，第 25 页、28 页。

[②] 汤正仁等：《区域产业发展、城镇化与就业——基于贵州的实践》，西南交通大学出版社 2012 年版，第 118 页。

（一）强化生态引领

1. 充分利用传统产业优势

充分利用清镇市传统产业优势，把握推进产业结构调整和转型升级的契机，用足、用好、用活各级各类鼓励政策和扶持措施，着力推进百隆、红枫、华威等陶瓷项目搬迁，积极引导五矿铁合金、鸿运铁合金、创新铁合金、水晶集团、华能焦化"退二进三"、"退城进园"；扎实抓好国有企业破产重组、煤矿企业兼并重组及国有公司整合等工作，积极引导企业优化内部资源配置，进一步提高企业综合实力。

2. 加强文化旅游行业招商工作的力度

围绕文化创意、航模电游、旅游俱乐部、商务会馆、星级酒店、温泉疗养、休闲垂钓、水上漂流等产业重点方向，打造一批生态文化旅游特色产品，完善旅游基础设施和综合服务体系，做大做强特色旅游，努力把清镇西部建设成为全国知名、省内一流的旅游目的地和休闲度假胜地。

3. 打造户外活动区域

结合东风湖、索风湖景区，暗流镇、新店镇、流长乡等乡村旅游资源，卫城古镇、鸭池河、猫跳河、暗流河等典型的贵州喀斯特山地景观，打造最野最户外、最具民族风情的户外活动区域，形成喀斯特山地度假中心、运动中心和贵州西部自驾车出游的最佳目的地。

4. 创建新颖旅游文化模式

结合职教城自身生态、地域、科技、人才优势，创建"吃、住、玩、游、购、行"＋"学"的新颖旅游文化模式，推进"时光贵州"、"深圳印象""云站路 RBD（休闲商务区）"、"茶马古镇"等特色旅游文化项目，探索特色民族文化与旅游的融合发展，做实、做厚、做足生态文化旅游养生产业。

5. 发展都市型、生态型现代农业

围绕西部乡镇规划布局和产业特点，大力发展都市型、生态型现代农业。力争引进一批实力强的农业项目入驻，推进产业化经营，培育壮大一批龙头企业、农产品加工企业、农民专业合作社和家庭农场。按照生态价值、景观价值、经济价值三个最大化的要求，打造特色生态农业、现代都市农业、智慧农业。

（二）加强与贵安新区联动

1. 加强物流配套服务

紧抓与贵安新区毗邻的地缘优势，围绕物流新城已建成的仓储物流、粮油、建材、汽车等专业市场及马上到公路港、铁路港电商物流，为贵安新区城市建设、产业发展所需的生活和生产资料提供便利、快捷、安全的服务，在助力贵安新区快速发展的同时，促使物流新城现有产业集群化、专业化发展。

2. 促进互联网金融、商业服务、信息服务业聚集

紧抓富士康第四代绿色产业园及三大电信数据中心落户贵安新区的机遇，依托清镇绿谷产业园，重点引进大数据端产品研发和生产、数据服务外包、电子商务、数据存储、冗余备份等产业，加快形成和延伸呼叫中心为基础的服务外包产业链，促进互联网金融、商业服务、信息服务业聚集发展。

3. 制定和完善全市各类招商引资优惠政策

认真梳理国务院为贵安新区明确的财税和金融、投资和产业、土地、环境保护、科技教育五个方面的支持政策，结合清镇市西部大开发实际情况，制定和完善全市各类招商引资优惠政策，用最优的政策吸引企业入驻；在招商、宣传、融资等方面与贵安新区建立沟通协调机制，搭建资源共享平台，实现招商资源共享、地区差异发展。

（三）发挥经开区的带动作用

以经开区为龙头，统筹各乡镇园区协调发展，充分发挥经开区的辐射带动作用。

1. 大力发展铝及铝精深加工产业

抓住中铝落户园区的契机，大力发展铝及铝精深加工产业。依托清镇市西部地区丰富的铝土矿、煤矿资源以及塘寨电厂，在煤、电、铝一体化方面取得重大突破，形成集聚发展效应，加快推进中铝项目建设，积极促成中铝贵州分公司电解铝产能置换项目到我市西部工业园区异地建设，努力破解我市电解铝产业链招商瓶颈，为发展下游铝精深加工产业创造条件，打造中国西部最大铝城，引进和发展高强轻型铝合金、铝镁合金加工业。

2. 大力发展装备制造、磨料磨具产业

大力发展清镇市的装备制造业。立足区位和资源优势，引进和发展新型

绿色耐火材料等高端材料、磨料磨具等产业，推进国机磨料磨具产业园建设，打造全国最大的高端耐火材料基地。

3. 大力发展医药产业

依托东部新医药产业园，促进现有药企与国内外知名企业的产业合作及技术创新，加快园区改造升级。

（四）创新发展职教新路子

结合清镇市职教城"教城互动、产教互动、职教改革、技能培训的引领区、创新区、示范区"的目标定位，做好以下几件事。

1. 实现职教城院校与西部企业间的双赢与产教互动

利用贵州（清镇）职教城公共实训中心的建设，搭建院校、实训、西部企业之间桥梁，将院校实训楼、实验房建成企业分厂或生产线，形成"一校多产"的校内产业园，把学校办到工厂去，把工厂请进学校来，实现职教城院校与西部企业间的双赢与产教互动。

2. 探索现代职业教育与新一代信息技术产业融合

积极探索现代职业教育与新一代信息技术产业融合发展的新路子，形成职教城高新科技大数据产业园，强化大数据产业招商，推进贵州中电贵云数据服务科技园、清镇淘宝城、华唐教育集团等项目落地建设，努力把清镇西部建设成为全省重要的大数据、云计算、物联网、互联网金融产业基地。

3. 提升职教城整体办学品质

结合贵州省、贵阳市、贵安新区及清镇市的产业布局，以高新技术、现代制造、现代服务业、现代电子、现代信息、现代高效农业等专业设置为主，积极引入国内外 1~2 所知名职业技术院校或技术型本科院校，打造品牌名校，提升职教城整体办学品质。

4. 构建职教城"一城多园"多元化、复合型的产业链

围绕市场需求，整合统筹职业院校专业特长和校企合作资源，探究职教城入驻院校集团化办学模式，推进学校、企业、政府联动办学，积极引进符合职教城总体规划和贵州省产业而布局的优强企业参与职业教育发展，开展"一校多产"的校内外产业园特色招商，推动"产教融合、校企合作、校企双赢"的新型特色产业发展，打造产业园化院校，以点带面，构建职教城"一城多园"多元化、复合型的产业链。

七、清镇市生态工业发展的系统工程

生态工业是一种不同于传统工业模式的新型工业发展模式。生态工业要求以生态学原理为基础，以经济学原理为主导，以人类经济活动为中心，运用系统工程的方法，从最广泛的范围促进生态和经济的结合，从整体上改善生态系统和生产力系统的相互关系。一般说来，包含整体性、联系性、有序性、动态性、调控性、最优化在内的系统论是一个区域的生态经济协调发展的重要基础。[①]生态工业是实现经济增长与环境保护协调互动发展的有效途径。建立系统、科学、完备的生态工业体系结构和运作机制，并构建生态工业持续、健康发展的宏观产业布局和社会环境，是推动清镇市生态工业进一步发展的题中应有之义。

（一）构建工业生态化推进机制

一是提高思想认识，强化领导责任。要切实把促进工业生态化作为发展循环经济的核心任务，明确有关部门的职责分工，做到层层有责任、逐级抓落实。二是纳入发展规划。要把推进工业生态化、发展循环经济作为编制经济社会发展规划和工业发展规划的重要指导原则，用工业生态化理念指导工业发展规划。三是加大执法力度，落实主体责任。要依法加强对矿产资源集约利用、节能、节水、资源综合利用、再生资源回收利用的监督管理工作。四要建立完善目标导向机制、综合评估机制、同步发展机制、合作联动机制、服务保障机制、价格补偿机制、典型激励机制等，[②]以便更好地推动本地生态工业的健康发展。

（二）完善促进工业生态化的制度保障体系

一是出台配套政策。根据国家有关促进循环经济发展和生态工业示范园区建设的有关精神，出台清镇市鼓励循环经济发展和生态工业示范园区建设的配套政策，如税收优惠政策、土地利用优惠政策、财政补贴政策等；要根据发展循环经济的技术政策、技术导向目录和鼓励发展的节能、节水、环保装备目录，相应地提出有关目录；提出支持引进国外发展循环经济的核心技术，加快新技术、新工艺、新设备的推广应用的有关优惠政策。二是完善评价标准体系。对生态化工厂、生态工业园区、生态工业示范市等要有明确的

---

① 任正晓：《生态循环经济论——中国西部区域经济发展模式与路径研究》，经济管理出版社 2009 年版，第 69、70 页。
② 陈亢利：《区域循环经济发展理论与苏州实践》，科学出版社 2011 年版，第 27 页。

建设标准和考核标准。国家有关部门陆续出台了一些标准或者试行标准，主要的问题是不够具体。为了操作方便，可以根据清镇市的实际出台一些细化的考核评价办法，以便更具体地指导生态工业健康有序发展，防止假冒挂牌的"生态工业"泛滥的现象发生。

（三）建立支撑工业生态化的科技服务体系

生态工业实质上是由高新技术支撑起来的新型工业。大力发展高技术产业，加快用高新技术和先进适用技术改造传统产业，淘汰落后工艺、技术和设备，实现传统产业升级。加大科技投入，支持循环经济共性和关键技术的研究开发。积极引进和消化、吸收国外先进的循环经济技术，组织开发共伴生矿产资源和尾矿综合利用技术、能源节约和替代技术、能量梯级利用技术、废物综合利用技术、循环经济发展中延长产业链和相关产业链接技术、"零排放"技术、有毒有害原材料替代技术、可回收利用材料和回收处理技术、绿色再制造技术，以及新能源和可再生能源开发利用技术等，以提高循环经济技术支撑能力和创新能力。

（四）建立有利于工业生态化的咨询服务体系

发展生态工业需要相应的管理人才、规划人才、设计人才、咨询人才和关键技术人才。采取引进和培养相结合的办法解决工业生态化过程中的人才瓶颈问题。现代经济是信息经济，目前为了更好地指导各园区和有关企业生态工业健康发展，必须建立工业生态化技术咨询服务体系。充分发挥行业协会、节能技术服务中心、清洁生产服务机构等中介机构和科研单位、大专院校的作用，及时向社会发布国内外有关循环经济、生态工业的技术、管理、政策等方面的信息，建立相应的信息交流平台，对相关从业人员开展信息咨询、技术推广、宣传培训等。

（五）形成支持工业生态化的多元投入机制

作为一种现代新型工业，生态工业发展需要大量资金，要加大对工业生态化项目投资的支持力度。政府有关投资主管部门在制定和实施投资计划时，要加大对生态化工业项目的支持。对有利于工业生态化的重大项目和技术开发以及示范园区项目，政府要给予直接投资或资金补助、贷款贴息、税收等支持，并发挥政府投资对社会投资的引导作用。同时，更要注重通过市场渠道获取生态工业发展所需的大量资金，证监委等政府职能部门应指导相关金融机构对促进循环经济发展的工业生态化项目给予融资支持。

　　综上所述，在全面建设小康社会的征程中，只要清镇市坚持生态、绿色、低碳的发展理念，遵循生态工业发展的科学原理，正确地制定以生态工业园为核心的生态工业发展规划，坚持资源优势与经济优势、政策扶持、科技创新、系列配套，就一定能实现清镇生态工业的科学发展和后发赶超。

　　[研究、执笔人：中共贵州省委党校科学社会主义教研部副教授　何东]

课题四

扎实推进：清镇市生态农业发展研究

一、时代之需：为什么要发展生态农业

"生态农业"，指的是以物和环境之间物质循环和能量转化为基本特征的农业生产形态。它将农业生产视为生态系统，从生物和环境的有机结合上，充分发挥能量多级转化和物质再生的功能，创造出少污染且高产量的优质农产品，实现物流的良好循环和能量的顺利转化，促进和实现农业的可持续发展。因此，对于一个以农业为主要产业、自然资源和生态环境资源禀赋优良的城市来说，发展生态农业对建设生态文明城市、打造生态文明示范区起着基本的奠基性作用。在打造清镇市发展升级版、建设生态文明示范市的大背景之下，对清镇生态农业的可持续发展进行研究，能够帮助我们更加正确认识生态农业，提升人们对人与自然和谐发展的认识，促使人们观念的转变并树立起全面可持续发展的观念。

党的十八大报告提出：要把生态文明建设放在突出地位，努力建设美丽中国，实现中华民族永续发展。农业的可持续发展，新农村的建设以及农民生活水平的持续提升，需要跨越资源环境约束这道坎，从源头上扭转生态环境恶化趋势，因此必须在农村大力推进以生态农业为基本面的生态文明建设。推进生态农业建设，说到底就是为了提高农民群众的生活质量，满足农民群众对良好环境、宜人气候的需求。推进社会主义新农村建设，解决好农业、农村、农民问题，事关全面建成小康社会的大局，因此要加强农业基础地位，因地制宜地设计好生态农业发展的长效机制，以城乡经济社会发展一体化为契机，坚持把发展现代农业、生态农业，繁荣农村经济作为首要任务，加强农村基础设施建设，健全农村市场和农业服务体系，加大支农惠农政策力度，

增加农业投入，促进农业科技进步，增强农业综合生产能力，确保生态农业的可持续发展。生态农业，说到底就是要以促进农民增收为核心，发展乡镇企业、扶植农民互助合作组织，以此来壮大城镇经济规模和质量，在多渠道转移农民就业的同时深耕本乡本土的特色资源，培育有文化、懂技术、会经营的新型农民，发挥好农民建设新农村、发展生态农业的主体作用。在农村坚持好节约优先、保护优先、自然恢复为主的方针，着力推进农业的绿色发展、循环发展、低碳发展，逐步形成节约资源和保护环境的空间格局、农业结构、生产和生活方式，多管齐下，推进生态农业的建设。

（一）市场需求是生态农业发展的不竭动力

某种市场需求是一种产业得以产生的原动力。随着经济社会的高速发展，城市居民收入的不断提高，带来了人们生活消费方式的转变，在满足基本的生存之需后，人们越来越强烈地认识到人与自然和谐相处的重要性，越来越重视农业的品质与可持续发展。城市居民对生活质量逐年上升的要求，使得绿色有机农产品和休闲观光逐步成为生活必需品，特别是在城市化高速发展的今天，城市环境污染严重、绿地面积少、人口密度高，生活节奏快，生活空间小、食品安全质量问题频发，以及原有乡村旅游、农业旅游发展特色缺乏、生态效益低等问题的显现，已经不能够满足人们对优质农产品和休闲观光的实际需求。

生态农业就是在良好的生态环境条件下从事高产量、高质量、高效益的农业生产，不只是单纯地追求产量和经济效益，而是追求经济效、社会效益、生态效益的统一，使整个农业生产步入可持续发展的良性轨道，让人类梦想的"青山、绿水、蓝天、生产出来的都是绿色食品"变为现实。[①]由此可见，生态农业能够满足人们对农产品高质量的追求，而生态农业所依托的优质生态环境，迎合人们对回归自然、休闲养生的精神追求。于是，处于交通便利的城市近郊的生态农业及生态农业园区就成为城市居民优质农产品的供应源和追求田园风光、品尝特色美食、享受务农乐趣的首选之地。正是在这种背景下及双重市场需求的推动下，生态农业这种能够满足人们对绿色食品、有机食品、无公害食品、无污染食品和休闲观光需求的同时，也能够实现农业可持续发展的一种新型农业发展模式，因而其发展及其相关产业开发就显得尤为必要。

---

① 颜景辰. 世界生态农业的发展趋势和启示[J]. 世界农业，2005（7）：5.

（二）新农村建设促进生态农业的发展

清镇是贵阳市重要的饮用水源地和农副产品生产基地，清镇全市总人口约为 49.8 万人，其中农业人口约有 39.21 万人。作为农业人口占多数的发展中城市来说，走好生态农业发展的路子，是解决农民的收入增长和农村发展、农村生态环境保护，以及农业生产应对市场压力的关键所在。《国务院关于进一步促进贵州经济社会又好又快发展的若干意见》（国发〔2012〕2 号文）指出："发展现代农业、强化农业基地地位"，"实施山地高效立体农业工程，建设贵阳、遵义、毕节等山区现代农业示范区"。《国务院关于印发全国现代农业发展规划（2011—2015 年）的通知》（国发〔2012〕4 号）也指出："十二五"是全面建设小康社会的关键时期，是深化改革开放、加快转变经济发展方式的攻坚时期，是加快发展现代农业的重要机遇"。清镇着力于生态农业的发展，不仅能克服传统农业模式所造成的不利影响，而且还能够促进农业生产效率得到有效的提升，在保护好青山、绿水、蓝天的前提下全面提升农村的生存、生活软硬环境。对于生态农业的发展来讲，其实对资金的需求量不是很大，只需要对太阳能、沼气等一系列自然资源进行充分的利用，只需要在整个系统中实现物质的循环利用，就可以得到长期且稳定的经济效益。另外，朝着规模化的经营方向前进的生态农业发展，不仅孕育着产业化经营，更能延长产业链，大大提高农产品的附加值。所以，目前我们需要做的就是要尽可能地对自然资源进行充分的利用，来促使农业生产力得到有效提升，来促进农业、林业、牧业、渔业等各自拥有的自然禀赋和特色产业都得到发展，最终促进农村乃至整个城市的社会、经济以及生态的可持续发展。

党的十八大报告指出：要加快发展现代农业，增强农业综合生产能力，确保国家粮食安全和重要农产品的有效供给。坚持把国家基础设施建设和社会事业发展的重点放在农村，深入推进新农村建设和扶贫开发，全面改善农村生产生活条件。着力促进农民增收，保持农民收入持续较快地增长。建设社会主义新农村，要始终坚持科学发展的观念，正确地把人和自然之间的相互和谐关系处理好。社会主义新农村建设的本质内涵，就是人、社会以及自然三者之间的和谐和统一，而生态农业实际上所需要实现的也正是这三者之间效益的和谐和统一，实现三者的可持续发展。通过生态农业，不仅仅能够促使农业生态环境得到显著的改善，同时还能够帮助农民走出贫穷。所以说，无论从促进社会和谐、实现农业的可持续发展，还是基于对经济增长的需求，发展生态农业都是必要的并且是最优的方略。随着我经济和社会发展，生态农业应运而生并迅速得到广大民众的认可，生态农业因此成为实现农业现代化和新农村建设的必要途径。

（三）生态文明示范市的定位是生态农业发展的战略指引

清镇是贵阳市重要的饮用水源地和农副产品生产基地，清镇市的生态农业建设与发展，不仅是本市的新农村建设和经济社会的可持续发展的基本，而且对贵阳市的生态文明建设和市民的"菜篮子""餐桌子"安全也有着重要的影响和意义。贵州省委、省政府按照坚守生态与发展"两条底线"的要求，确定了"稳中有进、提速转型、又好又快发展"的总基调，市委九届三次全会做出了"奋力走出一个西部欠发达城市经济发展与生态改善双赢的可持续发展之路，打造贵阳发展升级版，全面加快生态文明城市建设步伐"的战略部署。可以说，贵阳市的生态文明示范市的定位，在城市布局和综合规划上为清镇生态农业发展提供了明确的战略指引，清镇市委、市政府适时作出了"走可持续发展道路、打造清镇发展升级版、加快生态文明示范城市建设步伐"的决策。

生态农业是支撑生态文明示范区发展的基础性产业，生态文明示范区的建设也有赖于生态农业的发展与巩固。发展生态农业产业，一能促进生态经济的发展，有利于农业产业布局、减少环境污染和生态破坏，增强农业发展后劲；二能促进生态文化发展，有利于人们转变生产方式、生活方式、消费观念，增强生态保护意识，推进生态文明建设；三能促进生态环境优化，有利于推进人们从物质精神消费上升到生态文明消费，改善人们的生活质量和生活水平。瞄准生态农业所蕴含的巨大优势和潜力，清镇市立足现实，在加快生态文明示范城市建设的进程中一直在为生态农业时代的到来做着各项充分的准备。

2012年1月，农业部以《农业部关于认定第二批国家现代农业示范区的通知》（农计发〔2012〕1号）批准清镇市为国家现代农业示范区，以其作为带动贵州省山区现代农业科学发展的思路。清镇市现代农业示范区建设的规划中，以现代农业高新技术为支撑，进一步调整农业结构，引进农业高新技术，促进全市经济发展，力争在3～5年内，建立集蔬菜等农作物优质高产栽培、种苗引进繁育和肉鸡、奶牛标准化养殖，以及现代物流、农业高新技术示范、农业观光、生态旅游、农产品加工产业为一体的大型现代化农业生产示范基地。可以说，国家现代农业示范区的规划与建设，将是清镇生态农业发展的总基石。

2013年，清镇市先后颁布了《中共清镇市委、清镇市人民政府关于与贵阳市同步全面建成小康社会迈向生态文明新时代的实施意见》《中共清镇市委、清镇市人民政府关于建设全国生态文明示范市的实施意见》《清镇市强力推进生态文明建设的实施办法》,其中大力发展生态农业都是清镇今后关注和聚焦的重点所在。生态农业发展的初步规划,是以诚信农民建设为抓手,以农业增效和农民增收为核心,着力实施农业"一基三化",进一步强化"九个跟进"措施,筑牢"国家现代农业示范区"和"全国蔬菜产业重点县"的标杆地位,逐步建成融生态化、产业化、集约化、科技化、市场化于一体,集生态循环、高效种养、加工配销、示范推广、研发孵化、积聚扩散、科普培训、信息交流及旅游观光于一身的现代农业体系。创新农业投资体制机制,聚合社会力量发展现代高效农业、生态循环农业。创建红枫、站街、卫城 3 个省级"现代高效农业示范园区",推进犁倭"远舟现代山地生态循环农业示范园"、站街"特驱希望商品猪、原种猪生态农庄"和麦格"肉鸡产业高标准示范园区"建设。调优农业产业结构,重点培育"5 个现代农业优势产业",建成上规模的无公害、绿色蔬菜基地,实现奶牛、生猪产业链延伸和产业化综合开发项目;打造万亩精品葡萄、万亩"玉冠桃"、万亩茶产业、万亩花卉苗木等特色产业;巩固、提升中药材种植基地,建成优质核桃扶贫产业示范带。继续实施粮食增产工程和特色种植业、特种养殖业。全力实施"生态品牌"战略,打造知名的绿色有机品牌,为消费者提供更多优质、安全的生态农产品。到 2015 年,实现农业生产总值达 25 亿元以上,力争到 2020 年再翻一番。

面对日益增长的人口和环境压力,发展生态农业是农业实现可持续发展的必然选择。经济基础决定上层建筑。城市发展的大量案例表明,发展什么样的农业,就会形成什么样的产业结构,结出什么样的经济之果,形成什么样的城市社会。各个城市和地区的竞争,从战略上来讲是差异化发展的竞争,区域的独有品牌将决定城市的发展前途。清镇市独特的地理区位和城市功能定位,决定了清镇只有通过生态的差异化竞争来突显区域城市优势,绕过比较劣势和短板,使清镇的区位优势、生态优势最大化,进而实现生态文明示范市和国家现代农业示范区的战略目标。

二、理论先导:国内外生态农业基本概念与研究综述

(一)生态文明的内涵

生态文明的基本含义,是以维护和尊重自然为前提,以人、自然、社会

三者和谐共处为宗旨，引导人类实行和谐持续的发展战略，其内涵是建立可持续的生产和消费方式。1869 年，德国生物学家海克尔首次提出"生态学"的概念，到 20 世纪 70 年代后期，因工业化造成的环境污染日趋严重，才使得全世界开始重视生态环境。1992 年，联合国召开了环境与发展大会，会中提倡可持续的经济发展形态，生态文明相关的研究因此而迅速展开。

生态文明是社会进步与发展过程中产生的人类文明的一种形态，是以尊重和维护生态环境为目的的，人类从环境的角度来规范生产活动，为未来经济文化等的可持续发展建立基础，它所强调的是人的自律自觉，强调自然环境的重要性，追求人与自然互助互存的和谐关系。用党的十八大报告中的相关论述来说，生态文明是人类为了保护生态环境而产生的物质、精神和制度的成果总结，主要通过法律、经济、政治、技术等方法，并结合自然的风俗习惯来实现生态环境的有效保护和人与生态的协调、科学发展。

（二）生态农业的概念

如前文所述，生态文明把世界体认为由人类、自然和社会三者相互联系的有机整体，人们需要通过制定相关的社会制度和规范来指引或制约生产生活的方式和行为，实现人与自然的和谐相处。生态文明突出生态的重要性，强调人类在进行任何活动时都必须考虑对生态的影响，尊重和保护自然环境。

就此而言，涵盖于生态文明之中的生态农业，就不能滥用甚至浪费自然资源来发展农业经济，而是要统筹兼顾，全面考虑土地承载力和环境保护来合理地安排农业生产活动，以促进农业经济稳定、可持续地增长。具体来说，生态农业是人类使用可持续的发展战略来进行农业生产，以达到农业资源的有效合理利用，协调人、经济、农业、环境之间发展关系的农业生产形态。"生态农业"最初是由美国土壤学家威廉（William Alboreeht）于 1970 年首次提出，英国农学家沃辛顿（Worthington）充实并发展了生态农业的内涵，将生态农业定义为"生态上能自我维持，低输入，经济上有生命力，在环境、伦理和审美方面可接受的小型农业"。[①]

在不断进行的生态农业实践过程中，我国的生态农业理论得到了长足发展。从其基本内涵上面来看，我国的生态农业概念及其实践，是以国际生态农业运动为基础，充分结合我国农业发展的基本国情而来的。20 世纪 80 年代初，以生态学家马世骏为代表的一批农业科学家选择性地吸取了国外生态农业研究的精华，结合中国国情，首次提出了"中国生态农业"的概念，并

---

① Kerr Metal. Integrating the supply chain trough Webenabled CAX systems [J]. The Institution of Electric Engineers. 1999, P1-4.

在各地组织推动了不同规模的试点、示范。经过30多年的探索和发展，具有中国特色的生态农业概念基本明晰，即运用生态学原理，按照生态规律，用系统工程的方法，因地制宜地规划、组织和进行农业生产，通过提高太阳能的利用率、生物能的转化率和废弃物的再循环率，以提高农业生产力，从而取得更多的农产品，做到因地制宜地开发利用自然资源，使农、林、牧、副、渔各业得到综合发展，保护生态环境、维护良好的生态平衡、农业生产稳定持续发展。农业部颁布的《生态农业示范区建设技术规范》中，将中国生态农业（Chinese Ecological Agriculture）定义为：因地制宜利用现代科学技术，并与传统农业精华相结合，充分发挥区域资源优势，依据经济发展水平及"整体、协调、循环、再生"的原则，运用系统工程方法，全面规划，合理组织农业生产，实现高产、优质、高效、可持续发展，达到生态与经济两个系统的良性循环和经济、生态、社会三大效益的统一。

生态农业从技术、资源利用等方面对传统农业进行了改善，根据不同的模式性质可以分为以下几种类型：一是立体利用型，即合理利用立体空间资源，根据不同的农业资源来发展不同种类的农作物；二是生物共生型，即把不同生态位置、不同习性、不同食物链结构的生物合理组合，使土地的单位使用效益达到最大；三是多业结合型，即把不同的产业结合起来共同发展；四是环境整治型，即用高要求的农产品促进环境的整治和维护，例如要种植有机农产品就要综合治理环境来达到种植的条件。此外，还有休闲观光型模式、科技带动型模式等。

（三）生态农业的特点

生态农业是在传统农业的基础上更高水平的农业模式，强调的是高效和生态的有机结合。生态农业具有生态性、高效益、低排放、功能强、可持续等特点，并科学利用各种农业资源、高效利用各种农业新技术来发展农业现代化。就此而言，生态农业可以避免传统农业所带来的弊端，能够带来良好的环境效应，有效地发挥农业生产潜力，充分、合理地利用自然资源，提高农业生产力，使农、林、牧、副、渔得到全面的发展，对建立资源节约型与环境友好型社会有着重要作用。具体来说，生态农业具有以下四个基本特点[①]。

（1）多样性特点。以现有生态农业实践来看，不同的区域有着不同的自然条件和经济社会发展水平，因此在进行生态农业的发展过程当中，各区域应把握传统农业存在的优势，结合自己所在地区的特点，充分利用好现代化

---

① 李全胜. 我国生态农业建设的理论基础[J]. 生态农业研究，2000（4）：1-4.

技术手段，各区域就能够因地制宜地选择好最适合自身发展的模式，并以此有效促进所在地区的经济社会的协调发展。

（2）综合性特点。生态农业强调发挥农业生态系统的整体功能，以大农业为出发点，按"整体""协调""循环""再生"的原则，对农村产业结构做出优化、调整和全面规划，从而实现农业、林业、畜牧业、渔业，以及农村的第一、二、三产业综合发展，提升农业综合生产力和农村经济社会发展水平。

（3）高效性特点。生态农业使用各种先进适宜的农业生产技术（如水肥智能调控技术、防震减灾技术、水土保持技术和能源开发技术等）来对农业生产资料和资源实行循环且可持续的深层次开发和利用，在能够确保产量提升的同时，保证废弃物能够得到循环利用，以此为基础来降低农业生产和农村生产生活的各项成本，实现生态农业的高经济效益、高环境效益、高资源利用率等综合指标，从而有效提升农业生产和产业发展的社会经济效益。

（4）持续性特点。实行生态农业，能够有效地减少一系列污染的产生，从而有效改善农村的生态环境和生产生活环境，并保证农产品的绿色安全。通过生态农业发展模式，还能够把农村的经济和社会经济建设、环境保护有机地结合起来，在满足人们对绿色安全农产品需求的同时，还能从根本上保护好农业生态系统，巩固并加强本区域的农业发展后劲。

（四）国外生态农业发展概况及研究情况

生态农业于 1924 年在欧洲兴起，后来在瑞士、英国、日本等国得到普及和发展。到了 20 世纪 60 年代，生态耕作成为欧洲多数农场所推广的生态农业模式，东南亚地区在 70 年代末也开始对生态农业展开了研究。又到了 20 世纪 90 年代，世界各国的生态农业都有了较大的发展，不仅生态农业用地面积具有一定规模，其产品产值也在不断增加，特别是随着全球绿色消费意识的普及和提高，世界有机食品的产销量一直呈现出快速发展的良好势头。

在理论研究方面，近年来国外在探索生态农业发展途径的过程中，在方法与技术方面的研究主要有以下几个方面：一是通过生态系统概念在农业上的应用，克服了现代科学技术高度专业化及还原论倾向所带来的生态与经济失调问题；二是从个体农田以及农场系统等不同层次上的各类环境因素考察农业生产力，研究系统内投入与产出的相互关系、生产效益与资源价值的长期平衡得失关系，以有利于获取提高农业生产力的正确调控关系与评估方法；三是农业生产系统中养分循环及土壤管理的生态学研究，其目的是为了控制化肥施用量以及限制系统载畜量、污染物处理；四是通过调整生产布局和农林景观，建立农林复合系统并为保护饮水和食品及环境质量立法、土壤有机物管理提供科学依据。总的来说，北美和欧洲一些发达国家的生态农业的发展趋势表现为：一体化经营首先在畜产品领域发展壮大，继而迅速向农林产品拓展，以此为基础做大做强的跨国农业综合企业迅速崛起。由此可见，国外生态农业及其产业化，是一种在专业化和协作化基础上用现代科学技术把与农业有关的工业、商业、金融和科技等部门的经济技术管理同国家政策联系在一起，既相互制约，又促进发展了发展模式。

（五）国内生态农业发展概况及研究情况

我国的生态农业在 20 世纪 70 年代就开始有了小范围的试点示范，直到 90 年代才迎来发展大潮，即以县级为基本试点单元进一步扩大示范推广规模。我国生态农业经过 20 多年的发展，取得了长足进步，逐渐成为农业生产现代化的一种新方式。为了探索中国特色农业现代化道路，加快现代农业建设的进程，农业部于 2009 年 11 月决定开展国家现代农业示范区创建工作，到 2012 年，两批共创建了 153 个国家现代农业示范区。生态农业建设加快了无公害、绿色、有机农产品的生产步伐，生态优势越来越多地转化为经济优势。有关生态农业产业化发展的国内研究与国外的研究进展框架相同，也主要从生态农业的理论与实践、农业产业化研究和生态农业产业化研究三个层次加以研究。

我国的生态农业是建立在广义生态农业观基础上的，其理论依据是：人们用生态平衡原则和生态学法则进行生产和农村建设，这种特有的广义生态学观把农业和农村作为一个开放系统，置于社会经济技术的大系统中。到目前为止，在理论上，国内生态农业已经逐渐建立了具有中国特色的理论体系，生态农业的理论的相关研究主要有以下几个方面：一是从农业生态系统的特征入手进行基本的理论研究；二是农田系统及农业生态系统的结构功能分析；三是农业生态系统能量；四是生态系统设计及生态农业模式；五是生态农业发展的生态策略研究；六是农业生态系统研究方法，特别是系统工程在生态农业建设中的运用[①]。

从生态农业的发展效果来看，我国生态农业的蓬勃发展给经济、生态和社会效益带来了全面提高，初步形成了经济增长、生态优化的良好发展新局面。以国家现代农业示范区为例：2012 年，153 个示范区的耕地总面积达 2.46 亿亩，粮食总产量达 2 450 亿斤，农牧渔业增加值达 7 748 亿元，以占全国

---

① 章家恩,骆世明. 现阶段中国生态农业可持续发展面临的实践和理论问题探讨[J]. 生态杂志，2005（12）：2.

13.1%的耕地产出了占全国总产量20.8%的粮食；示范区平均粮食单产为468公斤，劳均农林牧渔业增加值为2.5万元，农民人均纯收入为1.1万元，分别比全国平均水平高出了32.4%和25%、34.1%，在提高土地产出率、资源利用率、劳动生产率等方面走在了全国的前列。随着政府对生态农业政策、资金投入的不断加大，我国生态农业的发展正沿着高产、优质、高效的方向迅速发展。

生态农业的发展需要进一步和整个农村环境综合整治结合起来，以现代高新技术为抓手，在投入上向系统、高效、和谐的方向发展。无疑，生态农业将成为我国农村经济发展的支柱，生态农业产品也将形成广阔的市场。现阶段，国内在生态农业的研究方面颇有动力，形成了很多系统性的理论研究成果和实践经验总结，但各地区各区域如何结合好自身实际情况真正搞好本地区的生态农业，则还需要更多的地方化理论探索与不断完善的政策支撑和制度保障。

三、现实基础：清镇市生态农业发展的条件与评价

2012年1月，农业部发布了《农业部关于认定第二批国家现代农业示范区的通知》（农计发〔2012〕1号），批准清镇市为国家现代农业示范区，以其作为改革试验田，先试先行创造成功经验，带动贵州全省山区的现代农业科学发展。清镇市紧跟形势，把现代农业示范区作为生态农业建设与发展的总抓手，以现代农业高新技术为支撑，进一步调整农业结构，引进农业高新技术，促进了全市经济发展。在全面梳理和总结清镇市农业发展条件、厘清优势和短板的基础上，清镇市立足实际提出了遵循"总体规划、分步实施、突出重点、稳步推进"的总体建区原则，以农业"特色"、"和谐"、"高效"、"示范辐射"、"产业化带动"为切入点，以体制创新、科技创新和高效可持续发展为目标，立足清镇市农业的发展实际，把清镇的生态农业建设成为融生态化、产业化、集约化、科技化、市场化于一体，集生态建设、高效种养、加工配销、示范推广、研发孵化、积聚扩散、科普培训、信息交流及旅游观光于一身的现代农业与农村可持续发展示范产业。

（一）清镇生态农业的发展条件

1. 政策支撑

清镇市制定了《贵州省清镇市国家现代农业示范区建设总体规划》，明确了清镇市建设国家现代农业示范区的规划原则、规划范围、规划期限、规划

依据、示范区规划背景、实施主体、示范区范围、重点项目、规划投资及资金来源、规划期限及年度投资和规划效益。规划提出，要力争在 3～5 年内，建立集蔬菜等农作物优质高产栽培、种苗引进繁育，肉鸡、奶牛标准化养殖，现代物流、农业高新技术示范，农业观光、生态旅游和农产品加工产业为一体的大型现代化农业生产示范基地。

为了全面推进生态文明示范市建设，清镇市委市政府于 2013 年 1 月 9 日在《中共清镇市委、清镇市人民政府关于与贵阳市同步全面建成小康社会迈向生态文明新时代的实施意见》中提出：清镇市工作重点中第一项就是全力加快发展，努力迈向绿色经济崛起的新时代，对生态农业的发展做出了初步规划。实施意见的总纲是要以诚信农民建设为抓手，以农业增效和农民增收为核心，着力实施农业"一基三化"，进一步强化"九个跟进"措施，筑牢"国家现代农业示范区"和"全国蔬菜产业重点县"的标杆地位，逐步建成融生态化、产业化、集约化、科技化、市场化于一体，集生态循环、高效种养、加工配销、示范推广、研发孵化、积聚扩散、科普培训、信息交流及旅游观光于一身的现代农业体系。实施意见分别从投资体制、示范园区、产业结构优化、特色产业发展、生态农产品和农业生产总值六个方面作出全面规划。一是在农业投资体制机制创新方面，要聚合社会力量发展现代高效农业、生态循环农业；二是创建红枫、站街、卫城 3 个省级"现代高效农业示范园区"，推进犁倭"远舟现代山地生态循环农业示范园"、站街"特驱希望商品猪、原种猪生态农庄"和麦格"肉鸡产业高标准示范园区"建设；三是调优农业产业结构，重点培育"5 个现代农业优势产业"，建成上规模的无公害、绿色蔬菜基地，实现奶牛、生猪产业链延伸和产业化综合开发项目；四是打造万亩精品葡萄、万亩"玉冠桃"、万亩茶产业、万亩花卉苗木等特色产业，巩固、提升中药材种植基地，建成优质核桃扶贫产业示范带，继续实施粮食增产工程和特色种植业、特种养殖业；五是全力实施"生态品牌"战略，打造知名的绿色有机品牌，为消费者提供更多优质、安全的生态农产品。六是到 2015 年实现农业生产总值达 25 亿元以上，并力争到 2020 年再翻一番。

2013 年 2 月 22 日，清镇市委市政府颁布了《中共清镇市委、清镇市人民政府关于建设全国生态文明示范市的实施意见》。该实施意见在原有规划基础上对全市生态农业的发展作出了更加全面安排，指出要沿贵黄路、307 省道、站织公路、卫暗公路、清麦公路布局，强化基本农田保护，整合各种资源，发展现代农业、高效农业、生态农业、观光农业，促进农民增收。同时，在以下几个方面对已有的规划作出了新的补充完善。

（1）农村居住区要在科学规划的前提下，适度集中发展，以提高土地利用效率，建设生态农村美好家园。坚持把工业化、城镇化、生态化作为解决"三农"问题的根本措施，推动更多的农民进入第二、三产业工作，进入城镇居住。

（2）建设以"六大示范园区"（绿色蔬菜现代高效农业示范园区、畜禽菜生态循环示范园区、山地特色农业示范园区、标准化肉鸡养殖示范园区、休闲体验观光生态农业示范园区、特色农产品加工冷链示范园区）为重点的现代生态农业产业体系；着力建设农林业科技示范园区和山区现代农林业示范园区，加快建设无公害、绿色、有机农产品生产基地。创建红枫湖镇、站街镇、卫城镇3个省级"现代高效农业示范园区"，推进犁倭乡"远舟现代山地生态循环农业示范园"、站街镇"特驱希望商品猪、原种猪生态农庄"和麦格"肉鸡产业高标准示范园区"建设。

（3）积极推行生态循环种养、休闲观光生态农业、大中型沼气工程生态循环、村寨污水净化处理等生态农业模式，大力发展烟、菜、果、茶、药、苗、鸡、猪、牛九大优势产业，重点培育"5个现代农业优势产业"（蔬菜、肉鸡、奶牛、生猪、核桃）。不断优化农业产业结构，继续实施粮食增产工程和特色种植业、特种养殖业。

（4）大力发展都市农业、特色农业和高效农业，加快规模化、集约化、标准化和产业化步伐，建立现代农业产业体系。加强农产品流通体系建设，健全检测、检验、防疫、认证等农产品质量安全体系，推进农产品质量安全示范建设。拓展农业的生态、休闲、观光等功能，以满足城市的消费需求。

2013年9月29日，清镇市在《清镇市强力推进生态文明建设的实施办法》中再次对生态农业作出了更为细致的安排，提出要加强生态建设，建设"美丽清镇"和红枫湖"五园八镇"。2013年至2015年打造"五园"（万亩花园、万亩茶园、万亩葡萄园、万亩药园、万亩菜园）和八个生态田园风光特色小镇，形成国际化清镇特色，叫响"冬隐海南岛、夏居红枫湖"，并明确了涵盖组织保障、制度保障、经费保障和监督保障四个方面的保障机制，以及各单位的具体责任。

2. 区位条件与经济基础

清镇市地处黔中腹地，距贵阳市中心城区22公里，距贵阳市行政中心金阳新区12公里，距龙洞堡国际机场30公里，距黄果树风景名胜区90余公里。区位优越，交通便利。贵黄高等级公路、沪瑞高速公路、滇黔公路、321国道、站织公路和厦门至成都高速公路穿境而过；贵昆铁路湖林支线直达市境中部，境内有火车货运站7个，总运力达450万吨以上。清镇还是贵州西线的交通枢纽，位于南下大通道和西南出海口的交汇处，系南贵昆经济带和黔中产业带的核心部分。清镇属于《贵州省综合农业区划》黔中丘原山原农牧林城郊农业区中的"贵阳城郊农业区"，处于《国家可持续发展实验区》中的现代农业规划发展区域，是省会城市贵阳的蔬菜等重要农产品"保供"和外销主要生产基地，是"沃尔玛（中国）直接采购基地"和"贵州省出入境检验检疫局供港澳蔬菜备案基地"，肉鸡、蔬菜、牛奶等农产品数量和品质领跑贵州省。

清镇市境内干线公路大部分已实现标准化，县乡公路密集。首先，通乡镇公路全部是柏油路，通村道路大部分硬化，运输条件便利，为农产品的运输、销售提供方便。其次是通讯方便，示范区内具有良好的通讯条件，中国电信、中国移动、中国联通无线网覆盖全区，已开通光纤通讯程控电话，并已安装进村，2010年末固定电话和移动电话普及率达到98%，电视普及率达100%。互联网业务也已全部开通，规划实施有可靠的通讯保障。

清镇市农业示范区面积为509平方公里，共有5乡、4镇、5个城市社区（283个行政村）；涉及11.36万农户、农业人口36万人，其中农村劳动力为26.56万人。示范区已实现乡乡通电子政务网、村村通公路、村村通电、村村通电话、村村通广播电视。清镇市是贵州省经济十强县（市），排名第九位。2011年清镇市国民生产总值为117亿元，其中农业生产总产值为17亿元，农业生产增加值为11亿元，同比增长了4.2%；三类产业结构为9.79：48.24：41.97。另外，清镇市城郊农业比较发达，城市文化水平高，社会经济发展水平好。

3. 气候及水资源条件

清镇市海拔在790~1 380米之间，年平均气温为15.3 ℃，年降雨量为1 200毫米，无霜期为270天，年日照时数为1 130小时，具有冬无严寒、夏无酷暑、气候温和、雨量充沛、水热同季、日照充足的特点，为畜禽生长、繁育及各种牧草的繁衍生息提供了有利的气候条件。规划区远离城市中心和居民社区，周边绿草成茵、杨柳成林、无工业三废污染和社区生活污染源。大气质量完全达到国家《环境空气质量标准》（GB3095—1996）中的一级标准。

清镇水资源丰富，拥有"四湖三河"，全市水域总面积约106余平方公里，总蓄水量约为20.1亿立方米，多年平均年径流量为10.54亿立方米（其中地表水资源为8.62亿立方米，地下水资源为1.92亿立方米），且地下水量极其丰富。共有各类水利工程1 400余处，其中人工湖泊4座（红枫湖、百花湖、东风湖、索风湖），小（一）型水库 2 座（迎燕水库、右二水库），小（二）型水库 18 座，山塘 125 口，引水工程 11 处，提水工程 111 处。境内水面面积占贵州全省总水面面积的 7%。水资源、水面面积和蓄水量为全省之冠。规划区内水源充足，水量稳定，清洁无污染，ph 值在 6~8 之间，矿化度低，符合饮用、灌溉用水标准，能充分满足示范区生态农业生产用水需要。

4. 土地资源及生态环境条件

清镇全市总面积为 1 383 平方公里，全市耕地总面积为 82.3 万亩，其中，常年耕地为 25.70 万亩（水田 9.30 万亩、旱地 16.4 万亩），坡荒地为 8.4 万亩，林地面积为 46.4 万亩。清镇市现代农业示范区所在地土壤类型主要以黄壤土为主，地势平坦，土层深厚，质地疏松肥沃，其 pH 值在 6.8~7.1 之间，土壤肥沃，各种养分含量较丰富，特别是钾、磷等养分较为丰富，是贵阳市粮、油、特色蔬菜等主要农产品丰产区，属一类农业用地，非常适合现代农业示范区的开发和建设。

清镇市景色秀丽，立体型的气候和地理显著，是国家亚高原水上体育训练基地，有国家 4A 级风景名胜区红枫湖等旅游景区，享有"中国避暑之都、西部锦绣湖城"、"生态铝都、清凉湖城"等美誉。近年来，获"西部开发贡献奖——投资环境最佳区县（市）"、"全国最具投资潜力中小城市 50 强"、"中国特色魅力城市 200 强"、"全国平安先进市"、"贵州省经济十强县（市）" 等称号。

（二）清镇生态农业发展现状与评价

1. 先进理念与机制创新

先进的理念是生态农业得以大发展的先导，科学合理的机制则为生态农业的可持续发展提供了重要保障。近年来，清镇市为了坚守"发展速度不减"和"生态屏障不退"两条底线，在大力实施生态工业、生态都市农业和现代服务业三大振兴行动的同时，不断创新环保新模式，树立了先进的生态文明理念，不断创新着生态文明建设机制与实践，为生态农业的发展奠定了扎实的基础和软环境。

清镇市在 2007 年成立了全国首家"生态保护法庭"，专属管辖贵阳市所有的环境保护、生态保护、资源类保护案件。截至今年 3 月，已受理各类环境保护类别案件 665 件，结案率为 97.89%，其中环境公益诉讼案件占到全国总量的一半。2012 年 11 月，又再开全国之先河，即成立了清镇市生态文明建设局，统筹执行全市生态文明建设的相关职能。去年，清镇市委、市政府又出台了《清镇市生态文明建设"三联动"机制》，即公众参与机制、行政联动执法机制、司法联动机制，发动公众参与生态文明建设工作，形成了生态文明建设行政联动执法的强大合力。"三联动"机制出台以来，生态文明建设局联合工商局、经济和信息化局等部门开展了各项专项行动，确保城区空气质量达标率为 96.5%。

　　为了进一步加大环保监督力度，清镇市还引入第三方监督机制，市政府与贵阳公众环境教育中心签订了《公众参与环保第三方监督委托协议》。清镇市政府以购买社会服务的形式，委托贵阳公众环境教育中心，对政府相关部门和辖区内第一、二、三产企业进行第三方监督，监督时限为两年。这种由政府委托第三方机构监督企业和政府部门的做法，是我国环保监督机制的又一创新。在这种全新的环境社会评价体系和问责制度下，政府和企业成了"运动员"，公众和环保组织当上"裁判员"，这将更为有效地促使各方树立环保意识，助推生态文明建设。

2. 生态农业的实践与突破

　　在生态农业实践中，清镇也在不断探索，不断形成自己的新经验、新模式。以红枫湖镇大冲村为例：依托良好的生态环境，大冲村将生态保护与产业升级相融合，走出了一条百姓富、生态美的好路子。以前，大冲村除了发展传统的种植和养殖业就是下湖捕鱼捞虾。如何将生态资源转化为经济资源？大冲人积极谋变，从建设人工湿地、保护红枫湖到种植绿色蔬菜，大冲村从规划、产业上进行升级，实现了绿色崛起。2012 年，全村经济总收入达 4 046 万元，农民人均纯收入达 12 147 元，高于全市人均 8 488 元的水平。

　　大冲村的崛起有着这样几个要诀：一是胜在规划布局，"一村五寨"（彝、苗、侗、布依、仡佬五个民族风情村寨）进入"贵州省 30 个最具魅力少数民族村寨"；二是得益于蔬菜种植与乡村旅游产业，因此大冲村被授予全国"一村一品"专业村镇称号；三是赢在生态环境上，大冲村不但建起了污水处理等基础设施，还通过发展绿色、有机农业减少了农业面源污染，举全村之力保护红枫湖，成为"贵阳十大生态文明村"之一，优良的生态环境，让大冲村成为贵阳乡村生态旅游度假区，夏季从重庆和贵阳来大冲村度假的省内外游客络绎不绝；四是以产业化为推力，村里引进万达丰蔬菜公司等有多年蔬菜种植经验和技术的企业，以"公司＋农户＋基地"的种植模式，带领村民发展现代生态农业。经过多年的努力，大冲村逐步成为了以"观湖光山色、赏民族风情、品农家特色、享田园风光"为主要特色的乡村生态旅游度假区。①

① 都市农业，由传统向现代的华丽转身——贵阳加速推动农业集约化规模化市场化发展. 贵阳日报：http://epaper.gywb.cn/gyrb/html/2014-07/10/content_394768.htm.

3. 立足现实的长远规划

清镇市力图通过现代农业示范区的建设，探索形成贵州山区现代农业发展的生态模式和技术路线，示范带动贵州全省现代农业发展。围绕肉鸡、蔬菜（食用菌）、奶牛等优势主导产业，在示范区建成一批投入产品安全可靠、设施装备现代化、生产过程标准规范、废弃物循环再利用、产品质量安全可追溯、规模效益明显的现代农业生态农产品生产示范基地（示范区），凸显了现代农业示范区的经济效益、社会效益、生态效益和示范效应。

以蔬菜产业发展为例：规划以乡（镇）为单位，重点在红枫湖镇、卫城镇、站街镇、新店镇、暗流乡等乡镇建设 7 个"万亩蔬菜基地"；蔬菜基地面积从"十一五"末的 3 万亩增加到 2015 年的 15 万亩以上，涉及 9 个乡镇、115 个村、4.94 万个农户（人口约 17.3 万人）；蔬菜播种面积也从 6 万亩增加到 35 万亩，总产量从 29 万吨上升到 175 万吨，总产值从 2.34 亿元增加到 10.55 亿元。建设 15 个省（部）、市（地）级标准化蔬菜示范园，倾力打造全国农业标准化种植示范区。加工与冷链物流相结合，建蔬菜加工厂 4 座，重点支持一代、众旺等食品加工企业和东太国际农业物流企业，以大加工带动大基地。蔬菜产品质量安全水平稳步提升，累计建设了 38 个无公害蔬菜监测站，基地产品质量安全合格率达 98%以上，实现了蔬菜产品 100%品牌化销售。现有无公害农产品认证 60 个，设施农业基地无公害认证率为 100%，占全市蔬菜产品的 90%以上；绿色食品认证 20 个，保持在贵州省第一的位置。累计建立了农民蔬菜专业合作社 30 个，吸纳社员达 2 450 人，引进蔬菜种植、加工、物流企业达到 30 个，带动农户达 4.94 万户，建立蔬菜专业乡镇 9 个，新增蔬菜专业村 17 个。新建了单体钢架大棚、标准化大棚 3 500 栋，喷滴灌设施覆盖了 5 万亩以上。

（三）存在的问题与分析

生态农业是一个复杂的系统，需要有足够的理论支撑、设施支撑、资金支持和社会支持，而其在实际发展过程中必然会遇到不少困难和阻碍。清镇市生态农业的规划、发展与实践时间较短，在理论指导和成功案例上来说还没有很好的参考坐标系，与复杂的现实因素相叠加，难免会存在和遇到许多问题。例如，在农业基础设施上和农业投入上仍有薄弱环节，农业发展主体的能动性和主动性的欠缺，科学规划落实上并没有真正达到生态农业的具体要求，如园区的农业生产仅仅局限于局部的生态农业生产，城市郊区的生态农业生产与观光旅游活动的多样性和体验性之间的矛盾等。所以，为了有效避开以上误区、对症下药，还需要深入细致地进行调查、探讨和研究。

1. 农业基础设施与服务体系仍显薄弱，难以发挥整体效益

生态农业的推广发展，带来的是农业生产方式的社会化和规模化，这对农村农业公共基础设施的形式和内容有了更多的需求和更高的要求。现阶段，清镇市尚未建立起完善的服务体系，基础设施方面也存在较多的短板。农业基础设施不管是水利灌溉设施，还是能源方面、交通设施，以及农产品在加工或者是信息基础设施上都存在着历史欠账；同时，受山区自然条件的约束，调整空间小，投入成本高，加之地方财政对农业的投入有限，农民收入低，投入能力弱，因而农业基础设施建设相对滞后，农业生产条件差，生产力水平不免较为低下。

另外，即便具备了发展生态农业的基础条件，如果没有相关技术的支持和完善的服务体系，也是发展生态农业亟须突破的瓶颈。服务水平则包括种子肥料销售、技术支持、市场信息和信贷等一系列政府或企业提供维持生态农业正常运行的服务。基础设施和服务体系的落后，使得农民不能及时了解和掌握生态农业的动态，利用好本地的特色资源，从而耽误了调整抢抓市场机遇、调整农业结构的时机，限制了生态农业的发展。

2. 科技投入力度和研发能力不足，难以发挥创新优势

农业科技的进步，须要有大量的资金投入作为保证。因为农业生产的特殊性质，较长的周期存在着诸多的不确定因素和风险。而目前清镇市对农业科技创新投入还较少，新技术研究和开发能力还比较弱，科技成果的转化率相对较差，良种推广步伐较慢。目前，由于农业科技社会化服务的手段仍然比较落后、特别是科技推广经费的不足，因而农民科技培训的覆盖面仍然有待继续扩大。这一系列现实条件制约着清镇农业科研与科技的开展与普及。

3. 农民受教育和组织化程度较低，产业链基础比较薄弱

在生态农业发展过程当中，农村合作组织建设和农民组织化也是不容忽视的重要因素。现代农业的发展对农民知识和技能水平有着较高的要求，如果农业劳动者素质和技能还维持在现有的低水平上，将严重限制着农民、农村、农业的自我发展能力。农民的组织化程度不高，其直接后果就是产业化带动难，转移性增收受到抑制，农民适应市场的能力弱，农民在市场竞争中就不能有效地把农副产品的生产、加工、组织和销售等环节和流程加以科学化、合理化以增加市场竞争力。以上这些因素都严重制约着生态农业的普及和可持续发展。

近年来，清镇市在现代都市农业的产业化方面有了较大程度的探索与发展，但目前生态农业还是以单个乡镇为基础，或是仅局限在示范基地，生产

规模较小，很难得到大面积的推广，龙头企业的辐射范围也较为狭窄。从当前的实际情况来看，虽然龙头企业和农户之间通过签订合同建立协作关系，但在"订单"农业组织形式下，龙头企业与农户之间的关系相对松散，例如当市场行情看好时，农户更愿意将产品拿到集市上卖、谋求更高价，当出现产品卖难问题时农户又要求企业收购，由此引发了农业产业化经营居高不下的交易成本，无法控制产品原料供给的稳定性，影响了农业产业化经营的可持续性。综合来看，规模的局限性让现有的农业生产在对整体物质、能量、信息的多级转化利用上受到了限制，因而在产业化水平的提升上也仍然大有可为。

总的来说，目前清镇市对自身的农业基础状况和未来发展规划有着比较清晰的认识和定位，但是对于生态农业产业化的研究，无论是在理论方面还是在实践方面都还有待于继续探索，现实发展中也还存在着很多问题和矛盾。从实践要求的层次看，对有着不同发展基础和自然特征的乡镇、村域的生态农业产业化模式、生态农业产业化发展的经济效益、生态效益及实施途径的研究有待进一步深入。基于以上问题，认真分析研究生态农业产业化的模式，从而提出现阶段生态农业产业化的可行性方案，为进一步推广生态农业产业化发展提供理论依据和实践依据，具有重大的理论价值和实践价值。

四、因地制宜：清镇市生态农业发展的选择与构想

生态农业在资源投入上，通过充分利用太阳能和水能等自然资源和能源，促进物质在系统内的多次重复利用和循环利用，即可获得稳定的、长期的经济效益，这十分符合当前农村经济基础较差、基础设施比较落后但生态环境条件较好的现实。清镇生态农业发展所面临的现实条件与情况，决定了生态农业是清镇农业可持续发展的必然方向。要真正实现生态农业的发展，有许多问题需要慎重的加以全面考量。理清关键环节，才能给出在生态农业发展及其产业化过程中需要重点注意的问题，并找到正确的解决方案。生态农业生产，是按照生态学原理和生态经济规律，运用现代科学技术手段所进行的农业生产。就此而言，从事生态农业的生产、加工，就是采用生态与清洁的技术和方式对生态农业产品进行生产和加工的过程，不以牺牲生态环境为代价。与此同时，这必须在技术上可行、经济上可盈利，只有如此方能兼顾好生态与经济效益，让生态农业的发展接上地气。

（一）生态农业建设的基本环节

1. 生态农业的设计原则

生态农业的设计是其发展的前提和依据，因此生态农业设计的原则不仅仅是要遵循生态学规律，同时还要满足生态经济学的条件。在本地生态农业的发展进程中，要保证系统整体功能和效益的最优，实现物质和能量分级利用，提高系统的多样性、稳定性和系统的有序性，就必须在生态农业技术方案的设计中体现以下六项原则。

（1）全面规划、总体协调原则。生态农业不论规模大小，对山、地、水、林、村、路都应做好总体规划，统筹好总体布局，合理安排、协调好农业内外各部门之间的关系，以期获得"社会、经济、生态效益"的共同增长。

（2）合理利用、增殖资源原则。对可更新资源必须合理利用和增殖，对不可更新资源要注意利用和保护，以达到发展资源的永续。

（3）多业结合、集约经营原则。生态农业必须是多业结合，包括农业内部的横向联系和农业外部的纵向联系，实行集约经营，扬长避短，发挥优势。

（4）物质循环、多级利用原则。所有农业有机物质，包括"废物"（指死体、残体、排泄物）都应实行多次利用、多级利用、循环利用和深度加工等。

（5）保护环境、改善生态环境原则。发展生态农业必须与涵养水土、防止污染、保护资源、改善生态联系起来。

（6）正确运用调控原则。充分利用自然调控，结合人工调控，使自然生态尽快恢复生机，包括绿化环境，保护资源，保持水土、培肥土壤，防除灾害等。

2. 生态农业的规划设计

生态农业的内容与模式是多种多样的，在进行生态农业的建设的时候，必须做到因地制宜，对于不同的地域特点，都应该按照具体的条件和需求来创建生态农业发展模式，把生态农业的发展和所在乡、镇、村域的小环境，即自身有别于周边的自然、经济以及社会条件等结合起来，打造出极富自身特色的生态农业发展模式。[①]虽然生态农业在内容上是多种多样的，但我们在进行生态农业规划与设计时，以下六个方面是基础性工作。

（1）农业生态环境的综合治理。这要求我们把培肥地力和土地持续利用技术的推广力度加大，以此解决水土流失和土壤污染等问题，而通过数目以

---

① 石旭. 我国高效生态农业发展模式探索[D]. 西北农林科技大学，2008：25.

及草木的种植，能够促使农田的生态环境得到改善，最终使得农业环境污染的情况得到有效控制。

（2）生态农业的水平格局。设计生态农业的水平格局是指导在农业生态系统中各生物种群的水平方向和配置方式，其配置原则是根据当地自然环境和自然资源，以及社会经济条件等因素，对系统内的水平空间进行合理规划与设计，重点选择有发展前途、效益好的种群作为系统的优势种群，然后安排各种群的布局。这还适用于庭院生态工程，按照庭院所具备的时空结构特征，把生产、生活和生态进行有机地整合，从而最大限度地把光、热、水以及土等的潜力发挥出来，把庭院的住房和种植、养殖、能源的开发、景观等的功能进行最大限度的发挥。

（3）生态农业的垂直格局设计。生态农业的垂直格局是指农业生物群在垂直空间的成层现象，利用的是生态位和生物共生原理。生态农业的垂直设计是根据各类农业生物在形态、生理和生态习性上的特点，安排和布局立体空间复合结构，实现对环境资源充分利用，增加系统对不良环境的抵抗能力，提高农业生态系统的生产能力。例如，在农林复合工程模式中，农林以及农果的间作能够有效地促使农田的有机质得到增加。又如，水田中央共生互惠工程中的立体混养模式，还有水生动物和植物互利养殖的模式等。对于这些模式来讲，主要的运用原理就是生态学的互惠共生，通过这样的方式，能够最终实现成本节约的目的，同时使得污染得到减少，促使经济生态效益得到极大提升。

（4）生态农业的时间格局设计。这是根据生物生长发育的时间节律，把不同生长期和物种不同的生物组合在一起，合理配置和布局，从而把资源的利用率和转化率提升到最佳水平。例如，对于农田立体间套工程来讲，主要采用的是作物轮作间套的方式，主要就是对时空、光、热、水等一系列资源进行充分的利用，使得同一单位面积上能够获得更多更优良的农产品。

（5）生态农业的食物链设计。生态农业的食物链设计是根据生态系统中生物之间的营养关系，利用生态经济学理论配置和布局资源利用率和转化率最高、生态效益良好的生态农业系统的过程。系统的营养结构决定着物质转化、分解和再生等系统功能的高低，决定着整个系统的兴衰，所以说合理的食物链结构，直接关系到生态农业系统生产力的高低和经济效益的大小。在生态农业系统中，食物链的设计主要从两个方面考虑：首先是食物链的加环，即在原有食物链中引入或增添新的环节，来扩大系统的经济效益。例如，通过玉米秸秆或者其他农作物固体废弃物的利用，来大力发展猪、鸡（鸭、鹅）、牛（羊）等养殖业，在此基础上，结合自身乡、镇或村域的自然条件、地形条件、地势条件来发展果树、蔬菜等经济作物，以实现多种经营方式并举，有效地提高农业产值。又如，在农作物病虫害防治中，引入害虫的天敌可以有效控制病虫害的发生；对农业生产中的剩余物可以通过增加新的生产环节，将原本是废物的副产品变为系统有用的原料，比如说可以对微生物以及其他生物种类进行充分的利用，并在此基础上按照食物链以及营养级之间存在的量比关系，再借助沼气的方式把农业废弃物进行重复的利用，最终把生态系统的良性循环目标实现。其次是与食物链加环相反，运用食物链减环方法，将那些影响食物链运输和转化效益的环节去除掉，同样能达到提高食物链转化效率和增加系统的总效益。

（6）农畜产品的增值加工。增值加工就是要把农畜产品的每一个环节之间进行有机整合，以实现相互的衔接，这些环节包括了农畜产品的生产、加工、分级、储藏以及运销等。通过这样的整合、衔接，最终实现资源的有序流动，达到资源充分利用的目的，从而使农产品在得到深度开发的同时，还能够实现多次增值

（二）生态农业产业化的构成与关键

生态农业产业化应是既注重提高经济效益，又注重生态效益和社会效益，在加工与销售阶段都注意产品的清洁性和无害化，把农业、企业经济增长与生态环境的保护协调起来实施产业化经营，这无疑是生态农业产业化经营需要解决的一个重要问题。随着人们生活质量的逐步提高，消费要求普遍由低层次向高层次递进；在购买物品时，人们更注意对自身健康有益的产品，绿色消费的观念已经逐步树立起来并成为一种消费时尚。面对这日益"绿化"的世界经济，我们必须确立绿色经济新概念，强化绿色经济意识，改变传统的生产经营方式，走依靠科技进步、保护生态环境、合理开发利用资源的可持续发展道路。只有这样，我们才能在生态文明示范市的创建中找准自己的位置，以无可取代的优势开拓属于自己的发展空间。因此，无论从投资角度还是从消费方面，从现实发展还是长远利益来说，生态农业产业化经营，在生态农业系统发展非农产业，延伸产业链，其理想模式应是绿色经济模式，即生态经济模式。应该说生态农业产业化经营的生态经济取向并非城乡工商企业与生态农业的简单嫁接，也非城市污染工业或企业向农村的直接转移，而是应以市场为导向，按照市场经济规律和产业组织原理的要求，在生产、加工、流通诸环节一以贯之地采用生态经济模式，实现生态农业生产、生态工业加工和生态商业销售的系列化、一体化运作。

1. 生态农业产业化的构成

生态农业产业化是遵循发展农村经济与农业生态环境保护相协调、自然资源开发与保护增值相协调的原则，在基于生态系统承载能力的前提下，充分发挥当地生态、区位优势及产品的比较优势，在农业生产与生态良性循环基础上，开发优质、安全、无公害农产品，发展经济和环境效益高的现代化农业产业。通过区域化布局、专业化生产、系列化加工、网络化链接、一体化经营、社会化服务、企业化管理，把农民（基地）、高附加值的加工企业（龙头企业）、大市场三者紧密、有机地结合起来，形成一个利益共享、风险共担、共同发展的实体，使农村经济走上自我发展、自我积累、自我约束、自我调节的良性循环轨道。

具体来说，生态农业产业化是生态化与产业化在生态农业上的有机整合，这主要包括三个方面的内容：一是生态农业产业化以市场为基本导向；二是生态农业产业化围绕各地区主导产品展开；三是生态农业产业化要形成生态农业产业链。这三个方面是生态农业产业化的主要构成要素，其中生态农业产业链的不同又体现出农村经济发展水平，尤其是农村第二、第三产业的发达程度，以及农民的组织化程度差异。因此，生态农业产业化的系统要素包括农业资源禀赋、区位条件、主导产品、市场指向、农村经济发展水平、农民组织化程度、农业产业链等各项要素，这些要素及其之间的相互作用构成了生态农业产业化模式的基本结构框架。

就此而言，生态农业产业化系统的运行过程表现为在区域农业自然资源禀赋和社会经济条件的基础上，以生态化为前提，以市场为导向，以主导产品为中心，通过农工贸并举、产加销一条龙的形式，进行农业的生态化生产和产业化经营，最终实现生态农业产业化。实现产业化后，生态农业系统结构之间各项要素在生态农业产业化体系中分别扮演着不同的角色，而主导产品的选择是基础因素，各村或者区域实施生态农业产业化必须以具有市场竞争优势的主导产品为前提，同时产销结合的组织方式在很大程度上也是由其决定的。整个过程中，市场导向是关键因素，它主要通过对主导产品种类和用途的选择影响产业链条，同时它还通过市场覆盖范围的距离半径，直接影响产品的销售。农村经济发展水平是约束因素，生态农业产业化的一体化体系能否形成、形成后能否正常运作，在很大程度上取决于该地区第二、第三产业的发育程度。除此之外，在现实的经济活动中，我们看到在外部环境条件大致相同或相似的地区，仍存在农业产业结构和绩效的较大差异。

所以说，建立与生态农业发展相适应的产业化经营方式可以妥善解决生态农业发展中"小农户与大市场"的矛盾、小生产与生态农业规模化、标准化、集约化发展的不适应。同时，可以实现生产要素与环境资源的合理匹配，以利于生产有市场潜力的无公害、绿色、有机食品，营造碧水蓝天的优雅现代农业田园式观光体验环境。对生态农业产业化系统构成进行分析，理顺实现产业化后生态农业系统结构之间的关系，有利于寻找出发展生态农业产业化的要素和关键环节，以便对要素和关键环节加以重点研究分析，以便找出促进清镇生态农业产业化的具体措施。

综上所述，生态农业产业化经营体系就是由这些相互联系、相互依赖的多个要素组成的有机整体。各要素的发育状况、要素间的配置、各要素对生态农业产业化体系的主导作用的不同，不仅决定了产业化模式的类型，而且影响着该区域生态农业产业化的发展水平、经营效益、今后的调控方向和战略重点。因此，分析生态农业产业化体系的构成要素、各要素的功能作用和要素之间的相互联系，对于研究和构建生态农业产业化体系具有很强的理论意义和实践意义。

生态农业产业化的基本流程如下图所示。

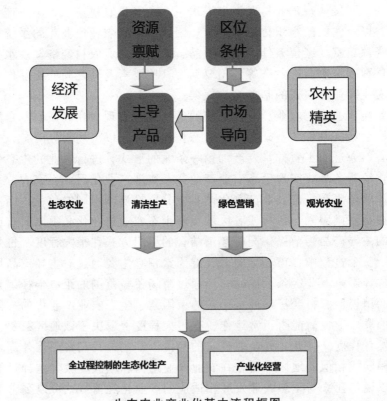

生态农业产业化基本流程框图

2. 生态农业产业化的关键

结合上述大量观点、模式和清镇市农业发展的实际条件，可以说清镇生态农业的产业化具有可行性和实践性，但具体采取何种模式，需与各乡、镇、村域的农业产业化的具体实践相结合，同时还要遵循生态经济的发展规律，综合国内外农业产业化模式及生态农业产业化模式，研究设计一个适合自身特点的生态农业产业化流程。具体来说，产业化的关键环节主要有以下两个方面：

（1）设定发展目标及道路。只有明确了任务和方向，农村生态农业产业化发展才可能顺利进行。改革开放三十年来的发展经验说明，要使农村发展、农业繁荣，就一定要解放思想，树立先进的经营理念，选准走生态农业、绿色农业的产业化道路。调研分析过程中，首先要厘清各乡、镇、村域自身的经济发展水平、资源禀赋及区位条件，并与周边地区发展情况及地域差异相互作出比对，分析出自身的比较优势；其次要根据市场的导向，宏观政策方向，并结合自身比较优势确定出要发展的主导产品和主导产业；最后要理顺主导产业的市场产业链条，根据调研情况、宏观政策方向、市场导向选择产业化的类型和产业化的组织模式。

发展目标是动力要素，各乡、镇、村域实施生态农业产业化必须建立在一定的目标之上，并且在其指引下一步一步前进；而摸清楚内外部情况、政策情况、市场情况则是基础。这些都是本区域发展生态农业产业化的背景，决定了本地区发展的主导产品和行业，以及产业类型和组织模式的选择；这些都是生态农业产业化发展的基本框架，决定着生态农业产业化发展模式的选择。

（2）区分生产层次，做好优势互补。生态农业产业化的生产，是按照生态学原理和生态经济规律所进行的农业生产。目前，生态农业主要按照两个层次在发展。一是规模化、区域化的生态农业，适于农业资源丰富的地区。以乡镇为基本组织单位，根据区位优势及资源优势，确定一个主导品种进行规模化生产、加工、运输、销售，与绿色食品、有机食品生产相结合，大力推进生态农业产业化，形成地方绿色、有机农产品知名品牌；二是村级生态农业，是发展生态农业的低级形式，适于交通不便、农业生产难于形成特色的地区。以自然村或行政村为基本组织单位，完善农、林、牧、渔复合生态系统，以提高生态效率及物质转化速率、增强生态系统功能为中心，与住宅、庭院建设相结合，发展庭院生态经济，提高农户经营水平。

（3）引导产业集聚，搞好基地建设。只有产业达到一定的规模后，才能产生出规模效应，才能更有利于产业化的发展。集聚手段是能动要素，各区域进行产业集聚的手段差别最大，也最能体现区域特色。产业集聚要求拉长产业链，以支柱产业和主导产品为中心，以农产品的规模化生产和供给吸引深加工、物流等项目，形成完整的产业体系，然后以规模化的供求关系，促进生态农业产业化发展。

支柱产业和主导产品越能吸引企业和农户的加入，就越能扩大经营规模、扩大产业集聚效应。具体来说，要壮大产业集群，搞好生态农业产业基地建设，需要从以下几个方面进行大胆的改革创新。

（1）合理扩大农户土地经营规模，建立生态农业生产基地。在中国的现实条件下，土地的集中只能是在日益累积的经济需求促进下逐步向前推进的过程。生态农业产业化发展需要进一步加快农村土地产权制度改革，因势利导地引导农户合理扩大土地经营规模，建立起生态农业生产基地。生态农业生产基地是其产业化的基本依托，也是解决小生产与大市场接轨的重要环节。为此，一是应当大力提倡和支持以土地大户租赁制和土地股份合作制等方式，实现土地向部分生态农业户或经济组织合理集中，主要依靠经济手段推动土地适度规模经营发展；二是在生态农业产业化发展中，应当将其作为一项基础性工作大胆而稳步地向前推进。

（2）实施生态工程，在生态农业产业化的生产基地所在地及周边区域实施综合治理，做到"源头控制、流域治理、小区优化"，关、停、并、转一些污染企业，按照"谁污染，谁负责"的原则，收取排污费，督促业主不排污或严格按照标准少排污。按照"植被最大化"原则，做好绿化规划，优化植被分布种类和覆盖格局，增加绿色植被覆盖率，为生态农业产业化的生产和加工创造一个良好的环境条件。在生态农业良好景观效应的基础上，还可以加强基础设施和园艺建设，充分发掘其观光旅游价值，发展观光型生态农业。

（3）统一规划，合理布局，创新基地建设方式。集中连片农畜产品专业基地，是兴办农畜产品加工企业的前提，因此基地建设关系到生态农业产业化是否能够真正形成规模和产能的关键。基地建设的方式主要有三种。第一种是加工企业自建基地。为了稳定原料来源，提高原料质量和生产水平由龙头企业根据生产和发展的需要，制订统一标准，企业与农户通过双向选择，确立紧密的生产合作关系。第二种是建设群体集合式的商品生产基地。选择有一定基础和生产习惯的区域，全面发动，引导家家户户搞生产，集中连片成规模。第三种是靠专业大户带动农户形成村域生产基地。无论哪种方式，都要保证农户的合法权益，形成稳定均衡的利益分配关系，协调企业与企业、企业与农户、企业与政府的利益关系，把产业内部各经营主体的权利和义务通过合同契约的形式明确起来，双方平等互利、恪守信誉，违约方要承担经济甚至法律责任。

（三）生态农业内容与经营模式的清镇化思考

就现阶段清镇的农业现状和战略发展目标而言，生态农业的发展，首先要使农业布局与比较优势相适应，根据自然资源分布选准主导产业，为产业化发展选好方向和起点。通过选准产业、发展基地来壮大市场和做强龙头企业，形成完整的产业链条；其次要树立先进的经营理念，选准走生态农业、绿色农业道路的切入点，突出产品特色，提高产品品质，培育绿色产品品牌。生态农业产业化要把整个区域内的农产品生产链条相互链接，形成原料到产品再到废弃物变原料的资源高效利用体系，打造无废弃物或少废弃物的清洁生产网络。对生态农业产业化模式进行选择和培育，是为发展选准良好的载体。展开来说，本土化即清镇化的生态农业建设及其经营模式类型的选择，需要在以下几个方面做出全方位的努力。

1. 夯实生态农业发展的基础

（1）以基本原则与目标为先导。遵循生态农业发展的基本原则，就是坚持以协调人与自然关系为发展目标，实现多目标综合决策。不仅要追求农业发展的生产和经济效益，还要遵循生态适宜性原理，兼顾社会和生态环境效益，以"整体、协调、循环、再生"的生态工程原理为指导，注重区域内各子系统间和子系统内运行的协调与平衡，维护区域内生态经济结构，保证自然资源的循环再生利用。

具体而言，一是需要依据农业可持续发展的目标，运用系统工程方法将各种现代农业单项技术因地制宜地加以优化组合，以发挥整体效能；二是强调农、林、牧、渔各系统的结构优化和"接口"强化，以形成生态经济优化的具有相互促进作用的综合农业系统；三是充分开发当地生态资源，形成地区性特色产业，在对资源潜力、生态优劣势、市场条件等因素进行全面调查分析的基础上，展开生态农业总体规划设计；四是既注重各个专业和行业部门专项职能的充分发挥，又强调不同层次不同专业和不同产业部门之间的全面协作，从而建立一个协调的综合管理服务职能体系。

（2）以稳定的农业政策体系为保障。在市场经济条件下，生态农业的发展面临着较大的市场风险。为了实现生态农业的可持续发展，政府要理顺政策环境，建立有效的政策激励机制和保障体系，加强产业化开发的领导，调动方方面面参与生态农业产业化的积极性，从政策引导和规定约束两个方面来对生态农业发展进程中的社会经济行为加以规范。

近年来，围绕生态文明建设和生态文明示范市的创建，清镇市相继制定并出台了一系列政策文件，其中和农业相关的有《贵州省清镇市国家现代农业示范区建设总体规划》《中共清镇市委、清镇市人民政府关于与贵阳市同步全面建成小康社会迈向生态文明新时代的实施意见》《中共清镇市委、清镇市人民政府关于建设全国生态文明示范市的实施意见》《清镇市强力推进生态文明建设的实施办法》等。这些政策、规定和体制机制创新，在不断地实践过程当中大大改善了生态农业生产与发展的大环境，但仍然存在着跟不上生态农业可持续发展实际要求的一面。因此，进一步完善系统、协调的生态农业政策、规定体系，对各个利益主体在生态农业发展过程当中所进行的经济行为做出组织和协调，已成为当务之急。

具体而言，现有的政策体系需要从以下几个方面着手加以整饬完善。第一，建立促进农业全面发展的政策，可以研究制定《生态农业补贴条例》，对生态农业补贴的范围、资金以及补贴的方式等加以明确，从而对生态农业的发展给予支持；第二，制定农产品的消费政策，如制定《农产品贸易条例》，对农产品在市场交易中的行为作出规范，从而为农民产出的绿色产品创建一个公平交易平台，在使得农民的利益得到有效保障的同时，也能够大大提升社会各界投入生态农业建设的积极性；第三，制定出台农业价格流通和交换的政策，可以制定《生态农业灾害救助条例》，以此来规范灾害发生的具体认定，把灾害的救助标准、资金的来源以及救助的方式等加以明确，同时还可以研究制定《生态农业保险条例》，详细地把生态农业的保险范围、投保方式、理赔方式和政府支付的方式等加以明确，以此来对生态农业的生产经营风险进行有效地防范；第四，制定农村教育和农业技术推广的政策；第五，制定出农业环境资源的保持和利用方面的政策。

为了避免这些政策沦为"墙头纸"，还应该结合清镇市的具体情况，以法规的形式来督促这些农业政策的贯彻落实。这里所说的规定可以是关于农业保护、农业环境保护、基本农田保护以及农业投资等方面政策规划的实施细则，量化具体指标，限制和约束农业政策执行过程当中可能出现的随意状况。必须始终明确，在政策规划的具体执行过程当中，一切要从严抓起，要严格经济法律制裁措施，切实唤醒人们的法律和生态文明意识。

（3）以财政投入和金融体系为抓手。一直以来，财政对农业的直接投资所占比例较小，而家庭承包的方式在激发农民干劲的同时也使得个人和家庭的农业投资担负较重，家庭联产承包责任制下家庭自负盈亏的经营方式，在释放了巨大改革红利之后，在新的形势与环境下开始显现出对农业长期的规模化集约式发展的制约。生态农业作为一个正在探索创新、谋求可持续发展的产业和一项新兴的系统工程必须得到包括政府在内的社会各方面的支持，尤其是资金和政策上的支持。对此，必须对本级国民收入再分配的格局加以调整和改善，促使农业发展在基本建设投资中的比重得到提升。

就现阶段而言，生态农业的投资力度比较薄弱，资金来源的渠道比较单一，缺乏专门的农村金融体系，生态农业投资主要还是专项财政来给予其支持。对此，首先要从市级财政层面适度加大农业投入比例，完善关于生态农业方面的财政补贴政策与机制，以灵活有效的财税措施来从根本上对生态农业发展的财政资金进行保证。其次，要进一步创新和完善农村金融体系，打造生态农业产业化发展的自我造血功能。现有的农村金融体系仍然存在着体制改革滞后、信贷投入不足、融资环境不利以及缺乏有效的信用评价和担保体系等问题。因此，必须构建完善的农业产业化经营的金融支持体系，健全农村金融供给体系和多元化的农业投融资体系，建立包括农业龙头企业在内的信用担保体系，构建和发展农村民间金融体系，完善金融支农政策体系，并规范和创新农村金融监管体系。多种措施齐下，以激活生态农业产业化发展的资金投资收益渠道。

2. 锻造生态农业生产过硬流程

（1）资源的高效循环利用是基础性工程。经济社会的持续高速发展，依赖的是对资源、能源的大量消耗以及对生存环境不同程度的污染和破坏。伴随着农村地区农业现代化，以及农村工业化的推进，农业的增产增收和农民生活水平的提升，使得农村对资源、能源的需求也随之迅速增加。另外，农业是物质和资源的依赖性产业，且其物质和资源的利用必须要在特定的条件之下进行，而在特定的条件之下，很多资源和物质都是能够进行重复利用和可再生利用的。因此，特定的条件如果遭到破坏的话，资源的再利用就不复可能；如果不采取措施加以改善，那必然是不能够实现生态农业的可持续发展的。

因此，如何既能保障农村能源的供应，同时又能够兼顾生态环境的保护，就是目前农村能源建设过程当中所面临的最根本的问题。而这些问题的解决，不仅仅要求我们要尽可能地把石化、煤炭等常规能源的使用效率大大提升，而且还要对水电能源、太阳能、沼气以及小型风力发电等清洁能源以及可再生能源进行开发和利用。就此而言，我们必须把农业生态系统的物质良性循环以及水资源的可再生利用体系构建起来。

首先是对污染物进行控制并实现资源化利用。对于农业生产来讲，污染农业环境的有害物质主要来源于工业和生活"三废"，对此必须要前瞻性地对环境污染现象做出预防和治理。具体来说，可以通过工程措施、生物措施以及综合措施来针对农田、空气以及水源污染进行综合治理，进一步通过先进的肥料和病虫害防治技术，来控制化肥以及农药等所能够造成的资源和环境污染。除此之外，还应该努力实现农业废弃物的资源化利用，强化生态农业环境管理的立法工作，以此来对"三废"对农业用地的污染给予绝对禁止。而对无公害产品基地要加快建设的力度，尽早把农业生产的无害化目标实现。

其次是土壤养分循环系统、土地资源和水资源的可再生利用。在具体的农业生产过程中，要不断地把土壤的保护管理工作强化，并尽可能地控制无机肥的使用量。应该通过土壤生态系统以及养分循环系统的构建，来促进土壤养分的高效利用，促使土壤养分的良性循环。要把对耕地的保护管理力度合理化，尽可能地把耕地的损失减至最少，同时把对农业基本建设的力度强化，来促使土地生产力的有效提升。要把农村水资源的节约管理力度强化，通过生态工程建设的措施蓄水和节水，从时空上进行水土资源的调节和控制，控制住旱季农业生产缺水程度日益严重的趋势，通过有效的措施切实将水资源的利用效率提升。

再次是对物质循环利用技术的充分利用。秸秆饲料的加工技术是物质循环利用的典型例子，面对规模化畜牧业的发展需求，要求我们经济实惠地把饲料来源加以扩大。多数植物残体因自身的营养价值较低或消化性差等问题而不能够直接用作饲料，这就需要我们对秸秆进行微生物处理，以及对单细胞蛋白饲料加工、秸秆碱化处理等技术进行大力推广，就地取材、变废为宝。

最后是对共生作业的高效种养技术的充分利用。要把植物的栽培和动物的养殖进行有机整合，通过这样的整合来促使其朝着我们所需要的方向发展。举个例子来讲，稻田养鱼技术就是这样的一种技术，其基本原理就是鱼、稻共生，通过鱼来养稻田，通过这样的互惠关系，最终实现稻谷增产、渔业发展和经济生态发展共赢的目的。需要注意的是，将农业和养殖业进行充分结合，其最关键的地方就是要针对农产品的秸秆以及畜牧业的粪便等做出综合且高效的利用，以达到废弃物清洁化生产的目标。在今后的很长一段时间里，我们必须把农牧业复合生态工程的建设不断强化，以此提升资源的利用效率，促使畜禽类粪便的污染降低，促使农业生态系统朝着良性循环的方向发展。

（2）建立生态农业技术支撑体系。建立生态农业技术支撑体系、加强生态农业产业化的科技含量需要双管齐下，将传统农业中实用技术与现代农业技术相结合，发掘好我国精耕细作的用地、养地相结合等优良农业传统，以此为基础利用现代农业科学技术为生态农业发展插上腾飞的翅膀[①]。

在生产种植技术层面来说，传统农业技术包括了农作物的轮作技术、间作技术和各种套种技术等，另外还要注重节约土地的现代农业技术特别是良种技术的应用和推广。这些技术的应用，能够充分利用地上、地下空间，利用生物间的共生关系，实现立体种植、混合喂养；合理利用时间，提高复种指数，将农田生态系统打造成一个比较复杂的立体结构。具体而言，充分利用好这些空间和资源的立体种植技术（豆稻轮作技术、农林间作技术、林药间作技术、种植业和食用菌栽培技术等），以传统经验结合现代农业科技，发挥生态系统当中每一个生物的潜能，注重以生物之间"相生相克"的生态关系进行田间农业品种（包括种植、养殖和林业）的合理配置，把各种形式的立体结构构建起来。唯此，方能在农田生态系统当中最充分地利用好光能资源以及其他自然资源，减少农药和化肥的使用量，维持好养分的基本平衡，从根本上控制好病虫害，最终有效提升农田生态系统生产力。

就产业链完善方面而言，要加强跨区域合作、引进先进技术，在产品精深加工、多层次转化增值上下好功夫。通过生物间的食物链关系，循环利用废物，使农业有机废弃物资源化，以节约生产成本，这样既增加单位土地面积的农产品产出，又能延长产业链增加就业岗位。但是，目前生态农业还在一定程度上存在着重生产功能轻生态功能、重生产实践轻理论研究的问题，因此在本地生态农业产业化的发展进程中一定要避免因科学论证不足可能为生态环境带来安全隐患。例如，部分地区在大力发展农林复合经营时，因对植物特性认识不到位，引进外来速生物种导致本地生态环境受到破坏甚至灾难。所以说，必须加大科研投入的力度，以避免生态农业产业化的发展给生态环境带来安全隐患。

另外，还要注重乡镇农技站的建设，健全生态农业科技推广网络。以农技站为乡、镇农技学堂，配合上级农业主管部门或农业科研机构推广好关键性实用技术，尤其是各类农产品深加工技术、水果、蔬菜、食用菌的生物保鲜储运技术，及时解决生态农业产业化中的技术难题。以农技站为平台，通过高等院校、科研院所和推广部门的科技人员与农民的结合，在生产实践中不断有所创新，加强对农业劳动者的科技文化培训工作，造就一批农村科技人才。

（3）农民和农民合作组织是主力军。发展生态农业、建设社会主义新农村，从根本上说是关系到农民切身利益和根本福祉的创新事业，最终目的在

① 吴婕. 西部生态农业产业化发展研究[D]. 兰州：兰州大学，2006.

于从根本上转变农民传统的生产方式、生活方式和价值观念，引导农民在投身发展生态农业的过程中转变观念、提高素质、走向富裕。在建设自己的美好家园中成为生态农业大发展的创造主体，共享现代文明成果。党的十七大曾经明确指出："要培育有文化、懂技术、会经营的新型农民，发挥亿万农民建设新农村的主体作用"，这充分表明了新农村建设中农民的主体地位。发挥好农民群众的主体作用，不仅能有效解决建设新农村"为了谁"的问题，而且还能有效解决"依靠谁"的问题。所以，切实通过各种政策措施，尊重和突出农民的主体地位，最大限度地调动广大农民的积极性，使农民充分发挥主体作用是生态农业最终取得发展和实效的关键。

第一，想获得更多更好的人力资本，最根本的途径应该是教育和培训。在生态农业建设过程当中，农民是生态农业发展的主体所在，在具体实施过程中，可以通过示范、培训和经验交流等方式来促进生态农业知识以及生态农业技术的不断普及。只有不断提升农民的自觉性，并创造平台和机会让农民认识和接受并采用新知识、新技术、新经验，才能够真正促使知识转变成为生产力。所以，农村基础教育和农技培训常规化机制的重视与建设刻不容缓，需要将其放置在新农村建设与发展的最优先的战略地位之上。通过教育的方式，把农民的传统思想观念加以改变，促使农业人力资本的有效提升。另外，可以充分做好"4＋1"战略中"职教牌"的深度内容。与职教城的相关类型的技术院校合作，设置或合办一些生态工程、现代化农业技术和观光农业等专业，邀请省农科院等科研机构专家进行教学、指导，根据自身特色开展有针对性的教学科研。可以在农闲时期让农民在课堂上或劳作时在田间地头都能够接受科学理论与实践的指导，为清镇生态农业的发展提供全方位的技术人才支撑。

第二，要想把农民的智慧和力量集中起来，就要促使农民组织化程度不断提升，加强社会化服务体系建设。农民自己是生态农业发展的主力军，因此生态农业的可持续发展除了政府与社会的支持外，更多的需要依靠农民自己。但就现实情况而言，农民的文化程度普遍偏低，生态观念和发展意识、环境保护意识也比较薄弱。从目前我国的情况来看，基本上实行的都是由下至上的把农民协会或合作社建立起来，把产、供、销、农、工、商等有机整合的综合性组织建立起来所形成的是一个较为完善的组织网络的系统，能有效地促使农民整体竞争能力的提升。通过这一系列农民组织化的措施来最终实现农民自我管理、自我教育、自我服务体系的不断完善，使农民群众普遍认识到自己就是生态农业发展的主人和最大受益者，逐步提高自我服务意识，形成加快新农村建设和生态农业发展良性循环的合力。

　　具体来说，社会服务体系建设需要重点抓三个方面的服务：一是抓好产业经济组织的内部服务，对农户自身难以办到的事情由各企业或合作组织负责，如对代养户实行"五统一"（统一供雏、统一供料、统一技术监控、统一药械供应、统一结算）的服务方式，使农户集中精力从事专业化生产；二是组织各涉农部门不断完善服务网络建设，强化服务功能，对农户在技术、种肥、农膜、农药、资金等方面开展专业服务；三是引导农民积极发展各种专业协会、研究会、中介组织等农民自我服务体系，开展有偿或互助性的自我服务。通过以上三个方面的服务措施，把农民一家一户的生产整合进生态农业产业合作经济组织内，克服了小农经营的障碍，从技术、生产资料供应、作业、销售等各个方面为农民提供方便和保障。这不仅能够提升产品的品牌和市场竞争力，还增强了农民抵御市场风险的能力，保障生态农业产业化的顺利发展。

3. 优化生态农业营销流程

　　（1）市场导向环节。推进生态农业产业化必须坚持市场导向，让市场来决定资源的配置和产业化的水平和进程。尊重农民和企业的意愿，根据各地的条件适当加以引导，让没有基础的乡、镇培育基础，让具备一定基础的乡、镇先试先行，使各个乡、镇、村域和企业能够依靠自己的条件或生产经营优势来决定自己的发展道路，不要强迫不具备条件的地区硬搞产业化。

　　第一，在考虑本地区区域优势的基础上，依据市场供需创建主导产业，以市场需求信息和价格信号来引导生态农业的生产、加工和销售。从某种程度上讲，生态农业的产业化就是生态农业的市场化，区域优势最终体现的是农产品的市场竞争力。由于比较优势会随自身条件和外界条件环境的变化而变化，因此要求各地的产业结构不断地进行调整、优化、升级。区域比较优势除自然资源优势以外，还包括交通、区位条件、市场营销状况、生产技术与经营管理水平、产品生产规模与专业化程度等因素。

　　第二，拉长产业链，以支柱产业和主导产品为中心，以农产品的规模化生产和供给吸引深加工、物流等项目，形成完整的产业体系。具体来说，可以按照区域化布局、专业化经营的要求，打破行政区域界限，大力培植跨区域性的支柱产业，以规模化吸引产业聚集，以"集群效应"推动产业化发展，逐渐培植起万亩精品葡萄、万亩"玉冠桃"、万亩茶产业、万亩花卉苗木等特色产业产业带，大力发展烟、菜、果、茶、药、苗、鸡、猪、牛九大优势产业，着力打造绿色蔬菜现代高效农业示范园区、畜禽菜生态循环示范园区、山地特色农业示范园区、标准化肉鸡养殖示范园区、休闲体验观光生态农业示范园区、特色农产品加工冷链示范园区、犁倭乡"远舟现代山地生态循环农业示范园",以及站街镇"特驱希望商品猪、原种猪生态农庄"和麦格"肉鸡产业高标准示范园区"。

第三,每个产业带内都以加工企业和基地为中心形成系统的产业集群,每个集群都有一个运转的核心,龙头企业就扮演了这个角色。这些企业上连接市场、下连接农户,通过供求关系把市场和农户衔接起来,在全市基本形成种植、加工、销售一体化的产业化经营格局,拉长并连紧了产业链条,把一家一户的分散经营与清镇市内外大市场有效地衔接起来。培育绿色化的龙头企业,大力发展集群经济加强对绿色龙头企业的培育,其关键是要严格按照生态经济规律设计构建龙头企业。尤其是加工环节,要自觉采用综合利用资源的无废料工艺,促进企业物资流、能量流、信息流和价值流的合理流转,实现清洁生产的目标;要选择规模较大、起点较高、技术力量较强的龙头企业按照绿色经济运作的要求进行重点扶持,依托其为产业骨干,组建突破城乡界线和所有制结构的企业集团,形成辐射面更大的规模优势,产生更强的产业牵动能力。这需要在生态农业领域认真贯彻落实好贵州省和贵阳市的决策部署,大力实施民营经济三年倍增计划和提高民营经济比重五年行动计划,切实搞好政府服务,加大"3 个 20 万"等政策落实力度,充分保障民营企业发展需求,利用贵州省、贵阳市和贵安平台进行招商引资,着力引进带动力强、科技含量高的生态农业经济项目。规模化聚集产业集群,产业集群又推动农业产业化,以此循环式链条便构成了清镇市生态农业产业化的良性循环。

第四,生态农业的产业化在某种程度上就是生态农业的市场化,因此培育并规范绿色市场十分重要。生态农业产业化以市场为导向,根据市场需求信息和价格信号引导生产、加工和销售。在重点生态农产品的产地或集散地,有计划、有步骤地建设一批大中型生态农产品专业批发市场,采取由点到面的方式在城区和贵阳市内有选择地建立一批绿色食品配送中心,努力形成覆盖全城乃至整个贵阳市的生态农产品、绿色食品销售网络,打造"山花"、"黔山"、"红枫"、"山韵"等绿色和有机品牌,为消费者提供更多优质、安全的生态农产品,进而以高质的绿色农产品进军贵阳市绿色农产品市场,通过绿色产品市场范围的拓展来拉动生态农业产业化的发展壮大。

(2)生态农业的电商平台建设。在通信和互联网技术突飞猛进的全新经济形势下,电子商务在我国方兴未艾。相关数据显示,2014 年第二季度,全国电子商务市场交易规模达 2.83 万亿元,同比增长 47.1%,环比增长 19.7%,在第二季度社会消费品零售总额中占比达 10.1%,单季度渗透率首次突破了10%。电商已越来越成为社会批发零售的主渠道。

作为基于计算机技术、网络技术和现代通讯技术开展的商贸活动，电子商务变革了商品流通的时空观念，即突破了地理空间限制，消除了妨碍公平竞争的制约因素，降低了交易成本，提高了经济影响力和辐射力、交易成功率和资源配置效率；变革了营销模式，即缩小了生产与消费之间的时间路径、空间路径、人际路径，促进生态农业、制造业和服务业有机结合，促进农产品和各种要素的流动。以乌当区为例，2014 年 7 月，贵阳市乌当区百宜镇与京东贵州馆达成了合作协议，9 月底，百宜镇的特色精品农产品——黄金梨——成熟之际便可以借助京东的电商平台销往全国。百宜镇只需负责黄金梨的质和量，销售以及物流运输都由京东负责。尽管尚未上市，但黄金梨上线短短一周时间内，订单就超过了 2 000 单。①毫无疑问，电商给百宜镇带来的对传统流通渠道、营销模式的改变以及销售成效已有目共睹。

首先，生态农业要抓好电商发展新机遇，就要明确理念与规划。时值贵阳市成为全国 30 个创建国家电子商务示范城市之一的历史机遇，树立"电子商务与生态文明融合发展"的创新理念成为抢抓机遇的前提，以具有清镇特色的电子商务服务应用为基础，凭借产业基础和地方特色，做大做强生态农业，将是清镇生态农业的重要发展方向。因此，清镇在打响"贵州省主要商贸物流中心"、"贵州省区域性物资分拨和贸易中心"这些牌子同时，还需要通过完善政策法规、基础设施，打造良好的电子商务环境，以构建支撑体系为核心，按照电商惠民、电商惠农、电商惠企的发展思路，发展结合清镇实际特色的生态农业电子商务服务应用体系。

其次，要充分利用现有资源，发挥优长，借船出海。目前，我省电商企业已初具规模，京东贵州馆、中国特色淘宝·贵州馆、酒联网、黔酒在线、黔茶商城等不少销售贵州特色产品的网上商城和电商平台运营良好。清镇必然要围绕自身的特色，依托现有电商平台，发展壮大特色旅游业、酒类、茶叶、和特色农产品等优势产业领域。

再次，依托贵阳市的物流节点和空间布局，以高效物流配送体系畅通生态农产品销路。2012 年 6 月，贵阳市获批开展现代物流技术应用和共同配送试点。贵阳市公开招标组建了全国首个低碳城市配送车队，而且是全国少数允许符合条件的货运汽车白天入城进行配送的城市，并制定了完善的配送体系规划、服务规范等行业标准。生态农业产品的电商配送，必然会使电子商务后端链条上的快递业务越来越繁忙，紧紧依靠电子商务与物流配送协同发展的信息共享技术和标准、网购物流服务网络和业务流程研究，以不断优化

① 贵阳杨帆逐梦 全力打造西南电子商务中心城市. 贵阳日报: http://www.gywb.cn/content/2014-09/04/content_1367659.htm.

的全市物流节点和空间布局为基础,建立起高效的生态农产品物流配送体系。

（3）生态观光旅游。坚持产业化、特色化并重,加快发展都市现代农业。以生态农业的优良环境和产业特色为基础,发展村级生态观光旅游有三个结合点,产生了三种不同的生态观光旅游类型。

一是与农业风光、生态农业产品绿色、有机产品相结合,借助于田园风光、精品葡萄、"玉冠桃"、花卉苗木、安全健康农产品采摘等吸引城市居民发展观光农业,以生态农业带动生态旅游、生态旅游促进生态农业,形成生态农业与生态旅游相互促进的良性发展模式。例如,红枫湖镇右七村的金藤玉园（葡萄园）,自 2005 年红枫湖葡萄文化节举办以来,逐渐被外地人知晓,慕名前来观赏、采摘购买的客商和游客高达 2 万多人次,客商和游客在赏湖光山色、品葡萄盛宴的同时,还可参与印象红枫、体验红枫、诚信之诺等丰富多彩的休闲避暑活动。另外,要依托清镇农牧场良好的生态、产业优势,搞好规划设计,帮助农牧场加快发展独具特色的山地观光农业。

二是与优美、奇异的自然生态相结合,借助自然风光发展自然生态旅游。自然生态旅游要尊重自然、顺应自然、保护自然,在保护中发展,在发展中保护。例如,红枫湖镇大冲村青山绿水间的虎山彝寨,在巍峨峻美、形如一只时欲啸搏的卧虎的黑虎山脚下,在碧水明丽、波光潋滟的红枫湖对岸,融情于湖光山色,绽放出魅力极强的彝族文化韵味。在市委、市政府的大力支持下,相继修建了"彝寨（金、银、铜）三寨门"、民族文化广场、迎宾广场、焰火广场、灯光球场,实施了庭院整治、路灯、轮廓灯、道路改造、寨内绿化和饮用水工程等,自 2011 年 9 月被评为贵州省最具魅力的民族村寨后,虎山彝寨成为贵州省特色旅游一道靓丽的风景线。

三是与传统民俗、生态文化相结合,借助古村落、历史人文景观、传统民俗、以彝族、苗族、布依族等为代表的少数民族文化资源等发展文化生态旅游,使人体验乡情、传承文明的民俗旅游。例如,红枫湖镇芦荻知青寨紧紧围绕着"知青故里,田园人家"这一主题,以知青文化为核心资源,以绿色生态农业为载体,在发展种植葡萄、茶叶、辣椒、烤烟等经济作物的同时,借助浓郁怀旧色彩的知青历史生活,使该寨的乡村旅游建设亮点凸显,当年知青下乡插队落户生产的情景尽显现代都市人的眼前,逐渐成为了远近闻名的景观村。

党的十八大报告指出:坚持和完善农村基本经营制度,依法维护农民土地承包经营权、宅基地使用权、集体收益分配权,壮大集体经济实力,发展多种形式规模经营,构建集约化、专业化、组织化、社会化相结合的新型农业经营体系。坚持工业反哺农业、城市支持农村和多予少取放活方针,加大强农惠农富农政策力度，让广大农民平等参与现代化进程、共同分享现代化成果。要贯彻好十八大和十八届三中全会精神，真正让农业农村发展、农民富裕，政府以政策来宏观调控和引导方向必不可少。在整个农村生态农业产业化发展进程中，还需要社会各阶层、群体的关注与支持，而具备社会责任感的企业家，农技人才和踏实勤恳的农民，更是农业农村的自我造血系统，对生态农业发展和新农村建设起着不可替代的决定性作用。可以说，生态农业产业化实质上是由这些相互联系、相互依赖的多个要素组成的有机的整体，更是各类条件、因素在特定的发展环境条件下对农村农业结构和主导产业进行决策选择的产物。生态农业各要素的发育状况、要素间的配置不同就构成了各种不同的产业化模式类型，而且影响着该区域生态农业产业化的发展水平和经营效益。在具体工作中，因地制宜地选择生态农业产业化模式、发展方向和战略重点，围绕市场和市民的消费需求，通过农业园区来积极拓展农业的生态休闲、科普教育、健康养生、文化体验、观光旅游等功能，引领生态农业发展。通过旅游资源的开发与整合，使园区内生态旅游资源的效能得以真正的释放，为清镇农民的生产经营模式提档升级打下坚实的基础。

[研究、执笔人：中共贵州省委党校科学社会主义教研部讲师 郑钦]

课题五

创新引领：构建清镇市生态城镇建设研究

　　城镇是社会发展的必然产物，而作为适应自然环境而建造的人类社会系统，其可持续发展受到世界各国的重视。自 20 世纪 50 年代起，城市化的相关问题就日益受到学者的关注。70 年代以后，随着众多发展中国家相继开始本国城镇化进程，城镇化的研究重点也就相应地转移到了发展中国家。80 年代中期，中国进入了城镇化加速发展的中期阶段，持续推进的城镇化已成为我国经济发展的重要动力，但也表现出与环境之间的矛盾胁迫特征。传统的以追求城镇化率为目的的发展思想受到质疑，人们越来越重视城镇化进程中生态与经济的协调发展，更加关注城市环境与发展水平的同步提升，生态城镇化便成为我国城镇化发展的新的选择。

　　随着清镇市工业化进程的不断深入，使得城镇化逐步发展，城镇规模不断扩大、人口数量迅速增长、住房占地面积增加，由此便带来了资源与生态环境问题，进而衍生出清镇生态城镇建设问题。如何改变过去的城镇化发展模式，寻求高效、可持续的生态化发展道路，是清镇市面临的重要课题。

一、国内外生态城镇建设的经验

（一）国外生态城镇建设的现状

　　目前，世界上许多国家已经在生态城镇建设实践方面取得了一些成果，这些成功的建设经验将会带给我们有价值的借鉴。2009 年，英国维斯特敏斯特大学对世界各国的生态城镇进行调研后发布了研究报告，初步确认了世界范围内开展生态城镇建设的国家（见下表）。

世界范围内建设生态城镇的国家

欧　洲	英国、法国、德国、瑞典、丹麦、荷兰、挪威、冰岛、爱尔兰共和国、西班牙、意大利、斯洛伐克、保加利亚
亚　洲	中国、日本、韩国、印度、阿拉伯联合酋长国、约旦、菲律宾
北美洲	美国、加拿大
南美洲	巴西、厄瓜多尔
非　洲	乌干达、坦桑尼亚、肯尼亚、南非
大洋洲	新西兰、澳大利亚

其他国家，尤其是发达国家在科学规划、推行生态预算、建立生态指标体系等方面取得了较大进展。在环境污染治理、节能减排、生态规划、产业布局、完善城镇交通体系等方面拥有针对生态城镇建设的大量成功实施案例和经验启示。特别是第二次世界大战以后，发达国家步入了"黄金时期"，因而在经济发展推动下，其城镇化运动掀起了一个新的历史高潮。

1. 美　国

美国的工业化和城镇化发展较早，这是由其移民特点所决定的，即国际性的人口迁移促使美国城镇化迅速发展。1851—1910年间，欧洲向美国移民数量达2 337.3万人，每年平均迁入人数为39万，其中大多数是技术工人；正是这些技术工人所拥有的知识和技术在一定程度上推动了美国的城镇化进程。美国城镇化呈现的特点是与工业化、城镇化同步实现了农业现代化。由于农业生产率得到提高并解决了原材料和粮食问题，从而为工业提供了良好的国内市场，而出口的农产品则为工业化和城镇化提供了大量的资金累积。

美国小城镇的建设非常注重环境和生态保护问题，其市（镇）政府设有区划委员会专门从事区域和远景规划，以实行优惠政策吸引外资，并适时修正税收方案和土地使用情况。若规划不符合生态要求，公众可以否决政府的决定。例如在佛罗里达州奥多兰市的一个镇，政府以增设餐馆来增加税收，而社区内的公众认为餐馆会带来环境问题，影响到居住环境，于是便否决了增设规划。这是由于居民支付的财产税是政府税收的重要来源，所以只有维护和建设好当地的居住环境，使社区居民愿意留在当地居住，政府才能有更多的收入，所以生态建设指标在小城镇建设中是非常重要的。

2. 英　国

英国的城镇化特点是以乡村工业的高度发展为前提。英国人多地少，历史上著名的"圈地运动"在某种程度上以暴力形式强制实现了农业人口向非农产业的转移。英国政府特别注重环境的整体规划和生活设施的配套，以确保小城镇居民生活便利、舒适。政府根据城镇的功能和规模，科学考量交通、通信设施、医院、文化娱乐场所等设计和布局问题；然后政府出资为小城镇修建厂房、商店、公立学校、住宅、医院以及公园，从而吸引城市中的企业和居民自愿迁入。这在促进就业、资源配置、区域经济发展及环境保护方面，小城镇都起到了积极的推动作用，同时小城镇还能转移中心城市人口、减缓城市压力、缩小城乡差别。

3. 德　国

近些年来，德国的德累斯顿、海德堡、图宾根等市都开展了生态城镇建设。其中，海德堡市在生态预算、生态经济、生态道德和生态标准方面还形成了一套科学的生态城镇建设体系。如今，海德堡市的生态预算方法已受到大家的认可并被其他城市仿效，不少欧盟国家都在向他们学习。目前，循环经济已经逐步成为该市的生态支撑和标志。另外，德国南部的图宾根市的教育、科技、文化、道德、法律等都需"生态化"，将生态环境与城镇建设实现一体化，在全市范围内设计若干个绿色坐标，以便对不符合生态要求的状况适时进行调整。

4. 日　本

日本政府从 20 世纪 90 年代以来，在国土开发和城镇发展方面制订计划并实施，积极推进地区开发，大力促进了城镇的快速发展。通过减少废弃物、加强循环利用，解决了日本因土地资源有限而使可进行废弃物填埋的土地不足等问题。通过城镇区域和环境协同规划，实现了资源投入、废弃物管理和环境保护一体化模式，以此促进工业快速发展。另外，日本还通过实施 3R 措施（减排（Ruduce）、再利用（Reuse）和循环利用（Recycle））来进一步实现生态化目标。

5. 法　国

法国政府颁布了生态城市的发展建议书，其目的是为了实现零碳排放。建议书的内容包括了就业及相关服务一体化的发展目标、综合的公共交通发展、对能源和水及废弃物的处理等具体的措施。

以上经验表明，其他国家的生态城镇化建设有一定的共性，即：生态城镇的发展与建设需要通过规划引导的方式来实现社会、经济和环境的协调发展；控制和减少碳的排放，进一步提高人民的生活水平；城镇体系的物质形态建设应顺应自然规律，两者互相适应、相辅相成（这对于有效减少废弃物的生成与排放是最有益的）。

（二）国内生态城镇建设的现状

我国对创建生态县、生态市、生态省的工作非常重视，国家环保总局从2003 年起连续三年下发了《生态县、生态市、生态省建设指标（试行）》《生态县、生态市建设规划编制大纲（试行）》及实施意见的通知、《关于印发全国生态县、生态市创建工作考核方案的通知》，并于 2008 年又修订了生态县、生态市、生态省的建设指标。这一系列政策明确规定了生态县、生态市建设的内容、主要领域、实施步骤、考核办法等。

2004 年 12 月，国家环保总局公布了 166 个国家级生态示范区的名单，从此生态建设在全国范围内展开（见下表）[①]。

国家级生态示范区（第一批至第三批，共 166 个）

地　区	第一批命名（33 个）	第二批命名（49 个）
北京市	延庆县	平谷县
天津市		蓟县
河　北		围场县
内蒙古	敖汉旗	科左中旗
辽　宁	盘锦市、盘山县、新宾县、沈阳市	
吉　林	东辽县、和龙市	
黑龙江	拜泉县、虎林市、庆安县、省农垦总局 291 农场	穆棱市、延寿县、同江县、饶河县、宝泉岭分局
上　海		崇明县
江　苏	扬中市、大丰市、姜堰市、江都市	溧阳市、兴化市、丕州市、高淳县、丰县、仪州市
浙　江	绍兴县、临安县、磐安县	开化县、泰顺县、安吉县
安　徽	砀山县、池州地区	黄山区、马鞍山市南山岭矿、金寨县、涡阳县
江　西	共青城	信丰县、东乡县、宁都县
山　东	五莲县	桓台县、莘县、枣庄市峰城区、栖霞市、寿光市

[①] 包景岭，骆中钊，李小宁，等. 小城镇生态建设与环境保护设计[M]. 化学工业出版社，2005.

续表

地　区	第一批命名（33个）	第二批命名（49个）
河　南	内乡县	淇县、内黄县
湖　北	当阳市、钟祥市	老河口市
湖　南	江永县	浏阳市
广　东	珠海市	
广　西		恭城瑶族自治县、龙胜各族自治县
海　南	三亚市	
四　川		温江县、郫县、都江堰市
贵　州		赤水市
云　南		通海县
宁　夏	广夏征沙渠种植基地	
新　疆	乌鲁木齐市沙依巴克区	

地　区	第三批命名（84个）	
北　京	密云县	
天　津	宝坻区	
河　北	平泉县、怀来县、迁安市、阜城县	
山　西	侯马市、安泽县、武乡县、五寨县、清徐县、晋中市榆次区	
内蒙古	奈曼旗、呼伦贝尔市	
辽　宁	海城市、建平县、沈阳市东陵区、大连市旅顺口区、宽甸满族自治县、清原满族自治县	
吉林省	集安市、长春市双阳区、长春市净月开发区、天桥岭林业局	
黑龙江	省农垦总局红兴隆分局、嘉荫县、克山县、省农垦总局建三江分局、省农垦总局牡丹江分局、省农垦总局绥化分局	
江　苏	常熟市、昆山市、张家港市、苏州市吴中区、太仓市、吴江市、海门市、扬州邗市江区、句容市、溧水县、如东县、如皋市、睢宁县、盐城市、盐都区、滨海县、金湖县	
浙　江	丽水市、宁海县、象山县、德清县、海宁市、桐乡市、平湖市、淳安县	
安　徽	霍山县、岳西县、绩溪县	
福　建	长泰县	
江　西	武宁县	

续表

地　区	第三批命名（84个）
山　东	章丘市、青州市、鄄城县、胶南市、胶州市、青岛市城阳区
河　南	新县、固始县、罗山县、商城县、泌阳县
湖　北	十堰市、武汉市东西湖区、远安县
湖　南	望城县、长沙县、石门县、长沙市岳麓区
广　东	中山市、南澳县
广　西	环江毛南族自治县
重　庆	大足县
四　川	蒲江县
云　南	西双版纳傣族自治州
新　疆	乌鲁木齐市水磨沟

　　上表中的唐山曹妃甸生态城、中新天津生态城、深圳光明城、上海东滩生态城、大连长兴岛、南京生态岛、苏南小城镇等都是比较著名的。下面主要介绍对清镇市有可借鉴意义的苏南小城镇的生态建设模式。

　　改革开放以来，苏南小城镇建设在其特殊的经济发展基础和地域环境下，展现出强劲的发展势头和发展的灵活性，较早地进入了商品经济运行的轨道。苏南地区的特点是土地少、资源匮乏、环境容量有限，这就决定了其发展的重点就是环境整治和生态建设，因而高新技术产业在总产值中的占比高达20%。苏南地区在发展先进制造业方面最具特色的是先引入再消化吸收并创新。他们主要采取两方面发展路径：一是突出引入国外著名公司以获得核心生产技术，特别是研发中心的引入与建设。二是突出学习加工贸易产品的生产方式。为了更好地掌握核心技术和关键技术，边生产加工贸易产品边学习。通过对城镇化的规划和引导，苏南地区在城镇化发展进程中坚持由政府科学规划，并转向以追求绿色GDP为目标及相应的公共投资引导。由于采取一系列措施进行科学规划和积极引导，使得公共交通、金融业、商业、教育和医疗等得以同步发展，最终提高了城镇的整体功能。为了避免制造业发展带来恶劣的环境和生态问题，苏南地区各级政府采取了有效的防范对策：一是建设新型生态工业园，并推动工业向园区集中；二是下大力气发展高科技、低能耗、低污染的环保型、节能型、低碳型产业，逐步淘汰低效率、高能耗、高污染的传统资源依赖型产业；三是加大对环境污染治理和生态保护的投入力度，为可持续发展创造有利条件。

通过对国内外开展生态城镇建设实践的研究，可以看出生态城镇化建设逐步实现了从"低碳"的排放过渡到"零碳"的排放目标是发展趋势。因此，在今后的发展过程中，提高和提升城镇的发展、建设规模及档次是目前国内城镇化的当务之急。要提倡产业的创新和改造，比如通过产业共生实现减排，以减少污染，还应进一步促进居民生活方式的转变，以逐步实现低碳的城镇化发展模式。生态城镇化建设的目标是实现经济、社会和环境可持续发展，通过减少碳排放来缓解全球生态问题，中国也要根据国情走出一条具有中国特色生态发展模式和生态城镇道路，以期更好地促进社会融合，保护生态人文和生态环境。

二、生态城镇建设基本问题

（一）生态城镇的概念

生态城镇也可以翻译成生态城市，这个概念一经提出就受到全球广泛关注，最早是在 20 世纪 70 年代联合国教科文组织发起的"人与生物圈（MAB）"计划研究中提出的，但是至今尚无国际上认可的确定的概念。由于各学科研究侧重点不同，对其理解与诠释也不尽相同（见下表）。

部分生态城市概念的比较

代表人物	概念要义	理论依据
Richard Register	生态健康的城市是紧凑、充满活力、节能与自然和谐共存的一类聚居地	田园都市理论
钱学森	将现代化城市建成一座大园林，整个城市是"山水城市"	田园都市理论
王铎、王诗鸿等	认为山水城市具有开放体系和多元模式特点，建设"生态城市"、"园林城市"	田园都市理论
O.Yanitsky	"物质、能量、信息"三者高效被利用并实现良性循环	生态系统理论
宋永昌等	生态城市的指标体系由城市生态系统结构、功能和协、调度三方面构成	生态系统理论
王如松	"社会、经济、自然"复合生态系统、相互协调发展，天城合一	复合生态系统理论
黄光宇等	应用生态工程、社会工程、系统工程等现代科学与技术手段而建设的社会、经济、自然可持续发展	工程学理论

从以上研究可以将生态城镇理解为：在生态系统承载能力范围之内通过利用生态经济学原理和系统工程理论去改变生产和消费方式，开发一切可以利用的资源潜力，用科学的决策和管理方法来建设经济发达、生态高效的产业，构建体制合理、社会和谐的文化，最终建成适宜人居住、环境美好的城镇。生态城镇是在社会主义市场经济基础下实现经济跃升与环境保护、物质文明与精神文明、自然生态与人类发展的高度统一的一种城镇化模式，是可持续发展思想的理论延续。

城镇化是一个具有浓郁中国特色的城市化用语，是专指中国的城市化进程。"城镇化"一词晚于"城市化"，是中国学者提出的词汇，最初在分析城市人口增加、农村人口减少时使用，意味着不仅要发展城市，还要重视发展小城镇，这也是中国的"城镇化"内涵最显著地区别于国际上已有"城市化"概念的地方。

从历史发展的角度看，城镇化是一个反映社会变迁的历史过程，也是形成社会传统和市民精神的过程。在史学家雷颐眼中，西方城市传统体现了一种自由精神，城市本身就是公民的大课堂。从社会发展的角度看，城镇化既是城市的生活方式、价值观念、制度规则向农村地区渗透和影响的过程，也是农村向城市展开的人口集聚、空间融合和制度博弈的过程，是城乡二元结构转换和农民市民化的过程。从经济发展的角度看，城镇化是第二、第三产业向城镇聚集的过程，也是一个全面降低交易成本和收敛城乡收入差距的过程。

从城镇化与生态环境协调发展的关系来看，要求城镇化进程维持在环境承载能力和调节能力之内，了解影响城市发展的关键变量，以多种手段促进和维持各种形式的（社会的、经济的、生物的、景观的）多样性，使城镇能承受更强的干扰[①]。因此，健康、完整的城镇化是一个包容性极强的进程，是在许多看似矛盾、实则相融的复杂关系的作用下演进的过程，在许多方面超出了人类现有的认知水平。

应该说，生态城镇化是城镇化建设方面最新的理念，并受到广泛关注。各国几乎都将城市化与资源环境的协调置于战略高度，反映出这是一个世界性的难题。城镇走生态化发展道路是历史发展的必然趋势。显而易见，创造性的规划设计必须以前瞻性的理论为指导，最终通过生态城镇建设体现出来。结合前人的研究成果，可以明确生态城镇建设需要注重把握对环境的影响及治理，建立环境管理的长效机制，控制城镇环境污染，完善相关法律和制度

---

① 李姣，张灿明，罗佳. 洞庭湖生态经济区生态功能区划研究[J]. 中南林业科技大学学报：自然科学版，2013，33（6）：97-103.

保障体系。只有对以上问题引起重视，才能真正切实地建设好生态城镇。

生态城镇化主要包含两个要素：一是"生态"，二是"城镇化"。中国的很多学者主张，在分析城市人口增加、农村人口减少时使用"城镇化"一词。按照广大学者使用的较为频繁的定义，"城镇化"是指农村人口不断向城镇转移，第二、第三产业不断向城镇聚集，从而使城镇数量增加、规模扩大的一种历史过程。城镇化的过程，也是各个国家在实现工业化、现代化过程中经历社会变迁的一种反映。由于城镇化为我国特色，因此国内的"生态城镇化"研究与国外的"生态城市化"研究高度相关，但又不完全相同，然后二者都将经济增长、资源利用、社会进步与生态环境结合起来。

综上所述，本书认为："生态城镇化"主要是指城镇化过程中人和生物同其自然环境之间的有机整合，其发展不是追求社会、经济和生态各个子系统发展的最优化，而是追求在一定约束条件下的生态、经济、社会整体发展最优化。

（二）理论基础

1. 可持续发展理论

可持续发展是指既要达到发展经济的目的，又要保护好人类赖以生存的大气、淡水、海洋、土地、森林等自然资源和环境，使子孙后代能够永续发展和安居乐业。因此，环境保护是可持续发展的重要方面，可持续发展的核心是实现人类、自然、环境、生态等地球系统的协调发展。1994 年，我国政府在《中国 21 世纪议程：中国 21 世纪人口、环境与发展白皮书》中也明确提出了"走可持续发展道路，是中国在未来和下一世纪发展的自身需要和必然结果"[①]。

可持续发展包含了"发展"与"可持续"两个并列的重要概念。发展意味着不单单是物质财富和社会经济的简单数量增加，而是包括生活环境、人们生活质量等各方面的改善和提高；可持续包括社会可持续、经济可持续和自然可持续等多个方面。可持续发展强调能动地调控城市复合系统，在不超越环境系统再生能力的条件下提高生活质量、促进经济发展和保持资源永续利用，即在不危及后代人需要的前提下，寻求满足我们当代人需要的发展途径。

现代可持续发展理论的产生和发展使人们在观念上发生了巨大转变，为

---

① 中国国务院. 中国 21 世纪议程：中国 21 世纪人口，环境与发展白皮书[M]. 中国环境科学出版社，1994.

生态城镇化的建设提供了新的理论依据，对生态城镇化建设工作有很强的指导意义。

2. 生态经济学理论

城市生态经济学理论是城市可持续发展的科学基础。生态经济，从广义说，是地球生态圈内人类经济活动的总和，涉及生态、经济、社会三大系统层面，包含着人口、技术、制度、伦理、法律等因素，是人类经济活动与生命支持生态系统协调可持续发展的经济模式。生态经济学理论主要是强调生态与经济发展之间的平衡、人类与城市生态环境互相制约和促进，是一个历史的辩证的过程。

在传统经济学观念里，资源耗竭、废弃物产生、生态支持功能下降、环境恢复功能下降等资源环境问题只作为经济增长的外生性来研究，并没有纳入经济发展的要素作为内生变量对待。正如 Samuelson（1992）指出土地和劳动是"初级生产要素"——因为土地和劳动都不被看作是经济过程的产出品，它们的存在主要是由于物理和生物上的因素，而不是由于经济上的因素①。所以，生态资本进入经济发展观是人类对资本认识的一次大飞跃，它使人们认识到价值并不仅仅来源于劳动，自然资源环境更是天然的财富。

根据生态经济学相关理论，为了寻求解决城镇发展过程中生态环境问题的措施和途径，同时也是为了适应生态城镇化发展的客观需求，为了适应现代化城市社会、经济、生态的协调发展的客观需要，应从整体把握，并从长远生态共赢的角度研究经济发展的规律，以便在城市国民经济发展中为宏观决策提供依据。

3. 区域经济学理论

区域经济学理论是对区域整体化和城乡协调发展的思考，源于 20 世纪初因西方国家面临日益严重的城市病问题而对城市化发展进行反思并因此进行的大量实践探索。基于对大城市无限扩张、城市病演变为地区病的忧虑，西方国家的专家学者为了解决城乡之间日渐深刻的矛盾尝试从区域整体层面进行统筹规划与发展，使得区域经济学理论应运而生，这是对城市发展过程中的集中与分散关系、城乡职能互补关系及建立新型城乡统筹关系进一步深刻的认识。已有研究通过分析城市与乡村各自的优势和不足，创造性地提出了城乡结合统筹发展的新型模式，希望城市与乡村能将各自职能融为一体，并探索城乡一体的合理规模和最佳结构组织形态。区域经济学理论认为人们

---

① Samuelson P. A, Nordhaus W D. Economics[M]. New York etc：McGraw-Hill, 1992.

不能将农村当成从属于城市的附属品来看待，在发展的过程中更应该重视农村本身的自由特点和功能，正如早期知名的地理学家 Jefferson 所说："城市和乡村是一回事，而不是两回事，如果说一个比另一个更重要，那就是自然环境"[①]。因此，基于区域经济学理论，我们在探讨生态城镇化发展的时候，不能只按照传统的城镇规划理论、只注重建设用地的规模扩大和简单的功能分区安排、只单纯地安排好各种物质设施的内容，而且还必须从自然资源、自然环境、人类经济活动、人类所处的社会、人类所处的文化习俗等各个方面进行整体协调、综合发展。我们应依据区域经济学理论，使城乡空间环境的规划与发展不仅满足经济增长的需求，更要有助于促进社会各方面的发展和进步，并实现区域自然环境、自然资源与人类社会、人类经济相协调。

（三）生态城镇的发展阶段

人与人、人与自然相互和谐、自然系统的和谐这三方面内容构成了生态城镇的发展目标。自然系统和谐是基础性条件，实现人与人和谐、人与自然和谐是根本性目的。

2002 年，第五届国际生态城市大会在广东省深圳市召开，会议将生态卫生、生态安全、生态整合、生态文明以及生态文化五大发展阶段写入《生态城市建设的深圳宣言》，该宣言系统地阐述了生态城市建设的有关内容[②]。

1. 生态卫生

生态卫生是指通过支持采取生态导向、经济可行和与人友好的生态工程方法回收和处理再利用生活污水、废弃物和垃圾，从而减少空气污染和噪音污染，给城镇居民提供整洁环保的自然环境。

2. 生态安全

生态安全是指向居民提供基本的安全生活条件，包括清洁安全的饮水、食物、公共服务、住房和减灾防灾等方面。生态城镇建设中的生态安全主要包括水安全、食物安全、居住区安全、减灾和生命安全。

3. 生态产业

生态产业强调主要"通过生产、消费、运输、还原、调控之间的系统耦合来实现生产从产品导向转向功能导向，企业及部门之间形成食物网式的横

---

① Jefferson M. Distribution of the World's City Folks: A Study in Comparative Civilization[J]. Geographical Review, 1931: 446-465.

② 杨家栋，秦兴方，单宜虎. 农村城镇化与生态安全[M]. 社会科学文献出版社. 2005.

向耦合，产品生命周期的全过程形成纵向耦合，工厂生产与周边农业生产及社会系统形成区域耦合。

4. 生态景观

生态景观主要是指通过"景观生态规划与建设来实现景观格局的优化过程，目的是减轻热岛效应、温室效应、水资源消耗及环境恶化等影响"[1]。

5. 生态文化

生态文化的核心是如何影响人的价值取向、行为模式，启迪一种融合东方天人合一思想的生态境界，诱导一种健康、文明的生产消费方式。在物质文明与精神文明的自然与社会生态关系上，是生态建设的原动力。在管理体制、政策法规、价值观念、道德规范、生产方式及消费行为等方面具有和谐性。

（四）生态城镇的评价指标体系

2008年7月8日，我国首个生态文明建设（城镇）指标体系出台，对生态文明的内涵进行了详细的阐释，也为生态文明建设的正确决策、科学规划、定量管理、准备和评价、具体实施提供了科学依据。该指标体系对我国的生态城镇建设起到了积极的推动作用。其中，指标1—6项重点放在发展生态经济、建设资源节约型环境友好型社会方面；指标7—10项是强化生态治理、维护生态安全方面；指标11—24项是改善生态环境，提高生态意识，建设环境友好型社会方面；指标25—30项是实行生态善治，建立制度保障体系方面。本书主要参考1—6项指标，见下表。

生态建设（城镇）指标体系

序号	指标名称	指标解释及计算方法
1	每平方千米产出值（亿元/平方千米）	二、三产业增加值/城市建成区面积
2	人均GDP（万元）	辖区内居民总数/辖区国民生产总值
3	单位GDP能耗（吨标煤/万元）	辖区能源消费总量/辖区生产总值
4	清洁能源使用率（%）	清洁能源使用量/终端能源消费总量
5	工业用水重复利用率（%）	工业复用生水量/工业用水总量
6	工业固体废物综合利用（%）	综合利用的工业固体废物总量/当年工业固体废物总量

[1] 王宁. 生态城市与住宅小区园艺设计的思考[J]. 科技信息（学术研究），2007，（15）.

具体而言，可将指标体系分为经济增长水平、资源利用水平、环境协调发展水平 3 个一级指标。其中，经济增长水平包括 6 个二级指标，资源利用水平包括 6 个二级指标，环境协调发展水平包括 9 个二级指标。这种指标体系更能直接和有效体现城镇化与生态协调发展之间的关系。

经济增长水平方面包括地区生产总值增速、人均地区生产总值、城市化率、城市居民人均可支配收入、城市居民每万人拥有医院床位数、城市居民每万人拥有中小学教师数。地区生产总值增速表征地区经济增长潜力，人均地区生产总值体现地区当前经济发展水平；城市化率则体现城镇化规模，一般情况下城镇经济增长水平高于农村经济增长水平，因此城镇化规模更大，这在一定程度上意味着经济增长水平更高；城市居民可支配收入、城市居民每万人拥有医院床位数、城市居民每万人拥有中小学教师数则分别从城市居民收入水平、享有的医疗公共服务水平、教育公共服务水平三个方面体现城镇化过程中是否有力地促进了城市居民生活水平的改善。城市居民生活水平改善情况在一定程度反映了社会福利是否得到提升，从而也利于评判地区经济增长水平。

资源利用水平方面包括综合能源消费量增速、综合能源消耗量、增长值能耗降低率、单位产出能源消耗量、单位建设用地产出、单位耕地产出等。其中，综合能源消费量增速体现能源消费是逐步增大还是减小；综合能源消费量则体现能源消耗规模；增长值能耗降低率体现经济增长过程中的能源节约水平；单位产出能源消耗量能有效体现能源利用水平；能够体现资源利用水平的主要数据包括能源利用能力和土地资源能力，所以单位建设用地产出和单位耕地产出则主要体现城镇化过程中的土地利用效率。单位建设用地产出越高则意味着城镇化扩张中建设用地利用效率越高，能够在一定程度上反映城镇化过程中的土地集约利用水平。已有研究表明，城镇化建设用地扩张占用了大量优质耕地资源，从而在一定程度损害了耕地资源，降低了耕地利用效率，所以单位耕地产出则反映城镇化对耕地资源利用情况是否有影响。

环境协调发展水平方面包括单位产出二氧化硫排放量、人均工业废水排放量、人均工业烟尘排放量、工业废水排放达标率、工业二氧化硫去除率、工业烟尘去除率、人均绿地面积、建成区绿地覆盖率、人均林地面积等。其中，单位产出二氧化硫排放量、人均工业废水排放量、人均工业烟尘排放量等体现经济生产过程中的环境污染程度，污染排放量越少就意味着经济与环境协调发展水平越高；工业废水排放达标率、工业二氧化硫去除率、工业烟尘去除率等体现地区在城镇化和经济生产过程中对环境污染的治理能力及其治理程度，治理程度和治理能力越高，就说明经济生产对环境发展的影响越小，从而也越利于经济与环境协调发展；人均绿地面积建成区绿地覆盖率主要是体现城镇化后的城市生态建设情况，城市生态建设是生态城镇化的重要内容之一；人均森林面积则一定程度上能够体现城镇化对自然生态环境的影响。

三、清镇市城镇化发展历程及存在的问题

（一）清镇市自然情况及城镇化发展历程

十八大以来，清镇市城镇化发展和生态环境保护取得显著成效。依托职教城管委会、物流园区管委会、百花生态新城管委会对城镇化发展项目的实施和推进，城区在原有的基础上进一步扩大。百花新城、省旅游学校至广大上城、百马线、金马线、云站路等空间布局已基本成型或已形成城市空间特色。

1. 清镇市自然情况

（1）经济区位。区位即为某一主体或事物所占据的场所，具体可标记为一定的空间坐标。任何经济系统都存在一定的特征，如资源分布非均匀、经济活动相互依存、分工与交易的地域性等，因空间位置不同会产生不同的资源、市场、成本和技术约束，最终导致不同的经济利益。从这个角度来讲，经济区位重点强调由地理坐标所标识的经济利益差异[①]。

清镇市是贵阳市下属的一个县级市，位于贵州省中部，地处苗岭山脉北坡、乌江干流鸭池河东岸，即东经 106°07′~106°32′，北纬 26°25′~26°56′之间。截至 2014 年，清镇市辖 6 个镇、3 个民族乡，即红枫湖镇、站街镇、卫城镇、新店镇、暗流镇、犁倭镇、麦格苗族布依族乡、王庄布依族苗族乡、流长苗族乡，以及新岭社区、红塔社区、巢凤社区、百花社区、红新社区 5 个社区服务中心，总人口约 50 万，行政总面积为 1 383 平方公里；东与白云区、乌当区毗邻，南与平坝县接壤，西为东风湖与织金县相连，北为鸭池河、猫跳河与黔西县、修文县隔岸相望，经济区位优越。

（2）矿产资源。截至 2014 年，清镇市已探明的主要矿藏有铝土矿、赤铁矿、硫铁矿、煤、大理石等 30 多种，其中铝土矿是贵州铝厂主要的矿源基地之一。猫场矿区面积约 80 平方公里，远景储量 2.1 亿吨，是目前中国已知铝土矿中最大的连片矿区。

---

① 郝寿义，安虎森. 区域经济学（第二版）[M]. 经济科学出版社，2006.

（3）水资源。截至 2014 年，清镇市红枫湖、百花湖、东风湖"三湖"水域面积约 91.4 平方公里，蓄水量达 18 亿多立方米，可养殖水面占贵州全省的 1/10。目前，已完成了红枫湖饮用水源保护地生态移民 216 户（1 050 人），贵州广铝 100 米防护范围群众搬迁 152 户，红枫湖水质稳定在Ⅲ类以上。

（4）旅游资源。清镇市境内有国家级风景名胜区红枫湖、省级风景名胜区百花湖和市级风景名胜区东风湖。波光激滟的红枫湖，湖面开阔、湖湾秀丽、山中有湖、湖中有岛、岛中有洞、洞中有水；百花湖山青水碧；雄奇险峻的东风湖，两岸叠峰，湖水悠长，沟壑溶洞，岩穴飞泉。清镇市每年举办中秋瓜灯节、红枫湖旅游节等。清镇有刘姨妈黄粑、羊肉粉、牛肉粉、各式烧鸡、烤肉、络锅土豆、汤圆、冰粉冰浆等风味小吃。清镇民族风情浓郁，如苗族四月八、布依族六月六、彝族火把节、仡佬族吃新节等，民族旅游资源丰富。

2. 经济发展状况

改革开放以来，通过招商引资等途径强力推进工业化，一批中小企业入驻清镇，目前已基本形成化工、电力生产及供应、医药制造、铁合金、磨料及建材六大行业。截止到 2010 年底，六大行业的工业总产值为 65 亿元，比 2005 年增加了 21.3 亿元，占全市工业总产值的 63.6%。

2013 年，清镇市地方生产总值为 175.01 亿元，相比 2012 年增长了 17.3%，增幅在贵阳市各区（县、市）排名第五，占清镇市计划的 102.9%，占贵阳市计划的 101.75%。

2013 年，清镇市农业完成增加值为 14.3 亿元，相比 2012 年增长了 7.1%；完成农业总产值为 21.5 亿元，相比 2012 年增长了 13.2%。农民人均纯收入为 9 022 元，相比 2012 年增长了 13.4%，增幅在贵阳市各区县市排名第四，占计划的 90.8%，超贵阳市计划 0.4 个百分点。

2013 年，清镇市规模以上工业产值累计完成了 166.05 亿元，相比 2012 年增长了 23%，占清镇市计划的 95.1%；规模以上工业增加值实现了 36.08 亿元，同比增长了 20.9%，占清镇市计划的 81.8%，占贵阳市调整计划的 102.2%。

2013 年，清镇市第三产业增加值完成了 76.81 亿元，相比 2012 年增长了 14.8%。2013 全年接待生态旅游人数逾 561.47 万人次，相比 2012 年增长了 54.37%；旅游收入为 33.1 亿元，相比 2012 年增长了 30%。全社会固定资产投资完成为 294.38 亿元，相比 2012 年增长了 21.7%，占清镇市计划的 81.1%，占贵阳市计划的 107.1%，增幅在贵阳市各区县市排名第五（第二名为并列）；500万元以上固定资产投资完成了 168.22 亿元，相比 2012 年增长了 28.4%，在贵阳市各区（县、市）排名第四。招商引资实际利用内资为 121.33 亿元，相比 2012 年增长了 42.24%，占清镇市计划的 105.2%，占贵阳市计划的 105.6%；实际利用外资为 2 185.1 万美元，同比增长了 30.3%，占清镇市计划的 96.3%，占贵阳市计划的 100.1%。城镇居民人均可支配收入完成 22 086 元，同比增长 10.3%，增幅在贵阳市各区（县、市）排名第二，占计划的 88.9%，超贵阳市计划 0.3 个百分点。社会消费品零售总额完成了 29.43 亿元，相比 2012 年增长了 15%。财政总收入完成了 19.83 亿元，相比 2012 年增长了 26.25%，占清镇市计划的 104.24%，占贵阳市计划的 103.8%。地方公共财政预算收入完成了 9.87 亿元，相比 2012 年增长了 17.7%，占清镇市计划的 81.5%，占贵阳市计划的 102.1%。2013 年，清镇市完成项目融资为 5.08 亿元，完成银行贷款融资为 4 650 万元。开展大规模招商活动，对接洽谈企业有 150 余家，有投资意向的达 30 余家，含框架性协议在内的签约项目共有 12 个，总投资达 200 亿元以上。另外，完成林织铁路林罗至塘寨段的建设并投运，组织供应电煤 35 万吨、铝土矿 38 万吨，争取高载能企业用电补贴、技改资金、中小企业专项资金等共计达 5 720 万元，使塘寨电厂、贵州广铝、海螺水泥等企业正常生产，西南水泥、磊鑫钢结构、螺旋钢管厂等新建成企业达产增效。

从以上数据情况看，第一、第二、第三产业产值都实现了大幅度增长，尤其是第三产业也逐步充满活力，反映出今后应在城镇化建设方面下大力度，从根本上提升服务业占比。

3. 城镇化发展情况

所谓城镇化，一方面是指人口从农村到城市迁移聚集的过程，另一方面又是地域景观的变化、产业结构发生转变、生产生活方式产生变革，也是人口、地域、社会经济组织形式和生产生活方式从传统落后的乡村化向现代、先进、文明的城市化转变和融合的过程，反映着一个国家或地区经济社会发展和进步的状况。

我国城镇化进程起步于建国初期。回顾 60 多年的城镇化历程，人为"抑制"农村人口向城镇转移是各个时期的共同特征。传统时期自上而下的城镇化通过城乡隔离的二元制度的构建来强制阻断农村人口的城镇化进程，结果使得我国城镇化在建国以后的 30 年中发展十分缓慢。而贵州省地处经济落后的西南地区，在西部大开发以前，更是按照传统的方式，通过把农村人口限制在有限的农村土地上而把农业资金大量抽出，严重抑制了城镇化，造成了城镇化发展受阻而工业化和非农化却快速推进的不均衡局面。经济体制的影响和人为的干涉，使得清镇市乃至整个贵州省的城镇化建设推进过程缓慢，以卫城镇为代表的清镇市示范小城镇建设更是从 2012 年才开始正式步入轨道，因此政府要加大推进城镇化进程的主导作用。

党的十八大提出要坚持走中国特色新型城镇化道路。这种"新"就体现在生态城镇建设上，就是要在城市建设发展由粗放式管理转为精细式管理，建立良好高效的城镇基础设施和完善公共服务体系，提升城镇承载水平；加强城镇空间的规划管理，优化调整空间布局；城镇建设由"重地上轻地下"转变为"先规划后建设、先地下后地上"。在《中国中长期科学和技术发展规划纲要（2006～2020 年）》中，把"城市功能提升与空间节约利用"作为基础研究的重点领域之一，研究开发城市市政基础设施和防灾减灾等的土地勘测和资源节约利用技术、城市发展和空间形态变化模拟预测技术、城市地下空间开发利用技术等，把地下空间资源的研究与利用纳入发展建设的考虑当中。

清镇市在 2013 年政府工作报告中提出："要坚持以尚湖城规划为引领，统筹推进城市建设；要不断拓展城市发展空间、优化功能布局；要进一步完善公共服务基础设施，推进给排水、供气、供电、通信、环卫等市政设施建设"。2014 年又提出要全面实施"六个清镇"建设，奋力打造清镇发展的升级版，建设生态文明示范市及深入实施"4＋1"战略，加快推进清镇生态城镇化建设步伐，同步小康目标。

目前，清镇市人口数量基本保持稳定，截至 2013 年全市城镇化率达到 40%，但与全国平均为 52.6%的水平还有一定的差距。从城镇化进程的一般规律来看，清镇市城镇化处于平稳发展阶段，但从经济发展和人民生活水平看，清镇市的工业化水平决定了其城镇化质量仍然较低。

（二）清镇市建设生态城镇的特殊意义

生态城镇研究要注重地区的特殊性，清镇市之所以提出建设生态城镇正是由于其特殊的区位特征、资源禀赋、经济结构等特点。清镇市走生态城镇化道路，不仅能更好地统筹城乡发展、促进清镇市转型振兴，而且对于改善人居环境、提高民生福祉、促进社会和谐都具有重大意义。

1. 区位特征

目前，清镇市生态比较优势明显。清镇市属北亚热带季风湿润气候，冬暖夏凉、气候温和、舒适宜人。清镇市境内有贵黄高等级公路、贵州省标准的第一条双向 6 车道高速公路——清镇（贵阳清镇—安顺镇宁）高速，以清镇作为起点，并穿境而过，321 国道、320 国道、站织公路和湖林铁路支线在境内纵横交错；同时，清镇是省城贵阳的西大门，是通往云南、四川、广西等省（自治区）和省内安顺、兴义、六盘水、毕节等地及黄果树、龙宫、织金洞、百里杜鹃等景区的必经之路，是贵州西线旅游的第一站。因此，清镇市应明确在贵阳市乃至贵州省生态区位的重要性，只有处理好城镇化发展和生态保护的关系，才能在产业发展、城镇建设、环境保护和资源利用的发展进程中走出一条最具清镇特点的生态城镇化发展道路。

2. 有利条件

（1）资源条件十分优越和丰富。清镇市自然资源丰富，具体有以下类型：① 林业资源丰富。截至 2013 年，清镇市的森林覆盖率达 40.82%。② 矿产资源储量丰厚。截至 2014 年，清镇市已探明的主要矿藏有铝土矿、赤铁矿、硫铁矿、煤、大理石等 30 多种，其中铝土矿是贵州铝厂主要的矿源基地之一，其中猫场矿区面积约 80 平方公里，远景储量 2.1 亿吨，是目前中国已知铝土矿中最大的连片矿区。③ 旅游资源优势同样不容忽视。清镇市境内有国家级风景名胜区红枫湖、省级风景名胜区百花湖和市级风景名胜区东风湖。清镇市每年举办"中秋瓜灯节"、"红枫湖旅游节"等；有刘姨妈黄粑、羊肉粉、牛肉粉、各式烧鸡，烤肉、络锅土豆、汤圆、冰粉冰浆等风味小吃；民族风情浓郁，尤其是苗族的"四月八节"、布依族的"六月六节"、彝族的"火把节"、仡佬族的"吃新节"等。

（2）基础设施基本完善。清镇市已建成城区面积达 11.09 平方公里，城区共有 44 条道路计 31.3 公里。城区主干街道大致形成了"三纵五横"的格局，还新建有百花大道 1.2 公里。其中，主干道云岭街、云岭东路、红枫大街、红旗路、塔蜂路全长 7.94 公里，且建设较为规范；次干道建国路、建设路、新华路、富强路等有 25 条，构成了清镇市城区市政路网体系。建有清镇社会客车站、庙儿山过境站、奥隆快巴车站和 10 个乡镇客运站场。城市客运有公交车 31 辆营运 5 条线路，基本覆盖了城区主干道及离城区较近的旅游景点。城市出租车有 155 辆。目前清镇市有客运班线 78 条，境内行政村客运通车率达 87%，境外已开通至白云、平坝、安顺、贵阳。

清镇市已建成日供水能力为 10 万吨东郊水厂，城区供水管网覆盖人口达 11.6 万人，自来水普及率达 95%。城区供电实现 100%。城区煤气使用已在红枫街和云岭街两条主干道、部分次干道和新建小区内完善。城区数字闭路电视基本覆盖并正常运行。固定、移动电话等通讯设施完备。

目前，清镇市已建成区绿地面积达 30.3 万平方米，绿地率达 30.7%、绿化覆盖率达 31.8%，人均公共绿地面积达 6.7 平方米。朱家河污水处理厂日处理污水达 6 万吨，建成城区污水管网全长达 48.65 公里，污水收集管网涵盖城区主次干道、百花大道、药园、温氏集团、枣矿总部、清纺等，基本实现了城市生活污水收集与集中处理。东门河综合治理取得明显成效。建成了城市生活垃圾卫生填埋场。城区建有广场 2 个，即政府广场、东门桥广场。城市亮灯工程也日益完善，共有路灯 2 561 盏。城市主干道实施了"白改黑"工程，有效降低了城市浮尘和噪声污染。

清镇市城镇地下综合管线也具有了一定的规模。① 给水工程管线。目前清镇市中心城区有东郊水厂和白龙洞 2 个水厂，其中以红枫湖为主要饮用水源，2013 年日平均用水量为 10 万立方米；现敷设的供水管道总长度达 100 多千米，供水普及率达 100%。② 排水工程管线。老城区内尚未形成完善的排水系统，基本为雨污合流体制；几个管委会、园区的排水管线正在按雨、污分流体制实施，目前已建成雨水管线总长度达 50 余公里，污水管网长达 30 余公里。③ 电力工程管线。目前城区电网主要还是以地上架空为主，只有园区新开发的几条市政道路采用的是地下敷设方式，中压、低压敷设规模都很小。④ 通信工程管线。目前清镇市市区电信、移动、联通等各类通讯管线敷设总长达 78 公里。⑤ 协议广播电视管线。广播电视事业发展迅速，有线电视网络在全市建设光缆达 30 余公里。⑥ 燃气工程管线。目前敷设的供气市政主干管长达 35 余公里，小区管线长达 11 余公里，发展合同用户达 2 万户，居民安装使用用户有 300 余户。

（3）良好的政策环境。《清镇市城市总体规划（2009—2020）》及《清镇市土地利用总体规划（2006—2020）》等政策文件，对资源型城市发展生态型接续产业给予资金和政策支持作了具体规定。例如，清镇市卫城镇制定了《清镇市卫城镇总体规划》（2013—2030）、《清镇市卫城镇重点地段城市设计》（2013—2030）、《清镇市卫城镇修建性城市设计》（2013—2030）等规划文件，并在 2013—2015 年间共建设小城镇"8 个 1"工程项目 11 个，其中已建成项目 7 个（卫城农贸市场升级改造工程、垃圾中转站项目、贺龙广场修缮项目、社区便民利民服务中心升级改造项目、卫生院业务用房建设项目、卫城镇绕镇路项目），共计完成投资 1 161.4 万元；另有其他已建或在建项目 14 个，涉及资金共约 2.5 亿元，目前已完成投资约 1.5 亿元。一系列项目的建设，大大促进了乡镇基础设施的发展，为农村城镇化的推进奠定了基础。这些政策的陆续实施，将对清镇市生态城镇化的发展起到一定的推动和促进作用。

3. 制约因素

目前，清镇市城镇规模还比较小，产业支撑较弱。受矿产资源影响，清镇市城镇化率虚高掩盖了城镇化发展的真实水平。城镇规划建设标准低，城镇基础设施落后，建设资金短缺。尤其是城镇化发展与资源环境冲突日趋明显，传统产业急需改造升级，发展绿色经济、循环经济、低碳经济迫在眉睫。

（1）经济总量不大、产业结构不优。由于清镇市所属乡镇大多是传统的农业乡镇，农业较为发达，第二、第三产业较为落后，因而经济基础薄弱，城镇积聚人口的功能不强。全市人口中绝大部分人口居住在农村，并从事农业生产。从 2012 年的相关数据来看，清镇市区的城镇居民人均可支配收入只有 22 086 元，明显低于全国城镇居民平均水平的 24 565 元。经济总量和规模相对不大，产业层次提升缓慢，产业结构不优、布局分散、运行质量不高，以资源型产业占主导地位，综合经济实力薄弱。第一、第二、第三产业比例不协调，产品加工层次低、科技含量不高，缺少名牌产品，效益差，市场竞争能力低。生态经济建设和生态环境投入能力不足，发展生态工业缺乏整体规划和设计。第三产业规模不大，对农村剩余劳动力的吸纳能力不够，因而发展后劲不强。产业结构仍然有待进一步调整，因为清镇市第二产业仍然薄弱，对生态城镇发展支撑作用不够。清镇市没有大型的重工业，也很难吸引外来资金，本身经济基础薄弱，没有能力进行发展，加工制造业也不发达，从而影响了农村城镇化的进程。在改革开放前，清镇市工业发展得益于国家"三线建设"，使省工业布局得以形成了贵阳西部工业基地。在改革开放后，随着国企改革的不断深化，清镇市国有大、中、小企业纷纷"迁出、转型、破产"，存留下来的为数不多，且效益不好，工业支撑作用大幅减弱。近 15 年来，通过招商引资等途径引进的各种企业也在发展中又存在各种问题，总体来说工业经济不够强大，直接影响了城市建设和城镇化进程。在第二产业内部，还存在工业产品关联度小、技术含量低、产业链短、效益低等种种结构性弊端，在发展过程中暴露出了一些问题，如果不及时加以改造，将会影响未来产业的健康发展。在第三产业内部，金融服务业等高附加值服务业比例极低，如果现代市场服务体系发育不全，将会影响城市服务功能的发挥，因为发达的城市服务功能正是城市发展壮大的一个必要条件。

（2）发展生态城镇的体制机制不健全。清镇市城镇化进程缓慢，除了城市基础设施跟不上（部分老街道交通拥堵，道路不畅，停车难，公交 3 路、4 路乘车拥挤；学校分布不合理，教育资源优劣分化突出；局部供水、供电、供气紧张；垃圾处理存在诸多问题，生态和生活环境未得到根本好转）等因素外，还存在发展生态城镇的体制机制不健全的问题。一是农民转化为城镇居民的若干问题得不到解决。城镇化的核心是农业人口不断转化为城镇居民，从而使城镇人口数量增加，城镇规模扩大。然而，清镇市农村人口转化为城镇人口数量偏小（2009 至 2014 年上半年总计只有 772 人），其原因是农民转化为城镇居民存在若干问题。首先是户籍制度问题，即户口仍紧密地与利益挂钩，农业政策的好处比非农业多得多，例如农业人口参加农村合作医疗交纳费用低（2011 年是 30 元/人），且可享受门诊治疗；而非农业人口参加城镇居民合作医疗，是按不同的年龄段支付医疗费的，费用不但高，而且不可以享受门诊治疗补助。其次是住房制度问题，即改革后城镇住房商品化，在城镇打工的农民工基本买不起房子，因此在城镇定居难。再次还有土地经营权、人口生育权、教育卫生资源的享有问题等都阻碍着农村人口向城镇的流动。二是城镇自身发展存在着若干问题，对农村人口缺乏吸引力。例如，城镇发展的产业依托不强，现有的城镇都因行政机构的设置或是较大型工厂的建立而形成并壮大的，因而城镇建设管理制度科学化、人性化程度差，不能满足城镇居住人口的需要，对农村人口进城吸引力不大。三是随着城市的不断扩大、人口集聚增多，城市管理在基本的客观要素上远达不到要求。例如，各行政执法部门普遍存在执法设备差、执法水平不高等问题，行政执法队伍建设滞后，环保执法人员、卫生食药监管执法人员和公安结构性执法队伍缺乏等，这些都影响了城市执法管理。此外，还存在城市管理体制机制不健全的问题（建管脱节，交接手续不清），例如，东郊水厂和自来水管网改造工程存在建管脱节问题；部门间缺少配合，有推诿扯皮、敷衍了事现象；条块分割管理形成职能交叉；监督管理方面的对违法现象处罚不到位、不全面、不完整，事后跟踪不够；自我监督形式化，上级部门或政府监督表面化，下层群众监督虚无化，等等。

另外，城镇地下管线管理体制不完善。地下管线管理涉及多职能部门及管线单位，形成了多头管理，但协调困难，不能适应建设生态城镇发展需求。一是管理职能上相互交叉、职责不清、关系不顺、管理弱化等。二是整体协调上建设与管理脱节。各部门都从本位出发，各行其是，使建设和管理缺乏系统性、统一性。在工程建设和地下管线铺设施工中经常出现管线"打架"、挖断管线，造成停水、停气和通讯中断事故，甚至对安全运行、节能、环保、防灾、反恐等埋下了巨大隐患，严重影响了城市生产和居民生活。三是现状不明、家底不清。地下管线档案移交机制未形成，导致了地下管线资料不全、现状不清。

（3）城市公共设施配建不足。清镇市生态条件优越，但基础设施建设投入不足，中心城区功能不强，人口承载能力有待提高。制约清镇市城镇化进程的突出问题主要有：以文化科技教育为代表的社会性公共服务设施还比较缺乏，不能有效发挥城镇的功能性作用，辐射带动能力较差，导致人流、物流、信息流、资金流和技术流集聚力较弱；未来经济发展和城镇化需要配建的城镇基础设施质量不高，建筑密度过大，绿化欠缺，基础设施不配套，如城区文化体育娱乐设施欠缺，尚未建成向市民开放的文化馆、图书馆，城区无公共体育场馆设施；原规划设计的庙儿山公园、青龙公园因城市房开建设已不可再行实施，东山公园除巢凤寺外，没有其它公园设施；市政设施完善与维护问题突出，如城区部分街道路面破损、坑凹现象普遍存在；停车场建设规划缺失，如庙儿山社会停车场破旧、场内设施不齐、管理松散，快吧车站的设施不规范，道路交通标志设施未达标，公交车数量也达不到标准等；无障碍设施不完备、现有的不规范；城区公厕数量不足，现有的布局不合理，多数未达标，等等。

（4）产业转型人才匮乏。随着知识经济时代的到来，自然资源产业劳动力和普通非技术型劳动力资源的作用相对下降，技能型、创业型、知识型劳动者的作用开始日益提升。资源型城市转型急需人才资源，创新型人才尤其重要。由于清镇市与发达地区相比其经济水平较差，生活环境、工作条件、福利待遇等均难以对高层次人才产生吸引力。人才匮乏已成为资源型城市转型的瓶颈。高新技术人才和高素质的人才匮乏，已经成为构建清镇市生态城镇的制约因素，阻碍了产业发展与结构升级。

（三）清镇市城镇化过程亟须解决的生态环境问题

城乡环境质量和工业污染源是联系在一起的，环境质量状况好坏直接反映出污染控制的程度，而污染源排放又势必影响乃至决定着环境质量的优劣。改善环境状况的关键就是要把握好源头管理，坚决治理好工业污染源，才能控制住污染物排放总量。清镇市城镇化过程中还存在工业边发展边污染同步伴生的情况，工业废水、废气、固体废物的排放对环境造成了一定的污染，生态平衡遭到破坏，制约了城镇空间的拓展。

农业的可持续发展涉及农业资源与环境、农业生产、农业市场、农产品消费和农业管理等众多方面，但最终要追溯到农业发展赖以依存的农业自然环境资源的利用能否实现可持续发展。在这一点上，无论是发达国家的现代化农业还是欠发达国家落后地区的传统农业，都存在农业资源不可持续与环境问题之间的矛盾。

与环境问题密切相关的自然资源对农业的影响最大，自然资源包括水资源、土地资源、气候资源和物种资源等。从清镇市的情况来看，随着城镇化的推进，新的问题也不断涌现，建设用地的增量造成耕地资源减量，导致农村自留用地明显不足，耕地资源有限性和稀缺性问题日益突出。另外，非农产业的不断发展也给生态环境带来了影响，加剧了农村水资源和大气的污染程度，农业资源不可持续性与环境问题的矛盾日益凸显。

四、加快清镇市生态城镇建设的对策建议

（一）树立可持续的生态发展理念

可持续发展是 20 世纪 80 年代提出的一个新概念。1987 年，世界环境与发展委员会在《我们共同的未来》报告中第一次提出了"可持续发展"的明确定义，即"在满足当代人需要的同时，不损害后代人满足其自身需要的能力"。可持续发展的核心在于发展，是在保护环境、资源永续利用的前提下实现经济和社会的发展，它与循环经济发展的目标相一致。可持续发展有两个明显的特征：一是发展的可持续性，即发展对现代人类和未来人类需要的持续性满足，使现代人类与未来人类利益达到统一；二是发展的可协调性，即经济和社会发展必须限定在资源和环境的承载能力范围之内，其目的是为了追求经济社会和资源环境的协调发展。

树立可持续发展的生态理念关系到能否处理和协调好城镇化建设与生态环境保护和能否做到生态效益、经济效益和社会效益的有机统一的关键问题。为此，应注意以下几方面的问题：首先，应以生态经济发展为依据，制定城镇发展的整体规划。其次，要认真做好工业项目的可行性研究。由于工业开发可能造成污染甚至破坏生态环境，所以应谨慎上马，以免对生态环境与居民生活造成不利影响。最后，要合理利用城镇土地资源，使其良性发展，并真正达到生态平衡。

（二）合理编制生态规划，优化城镇空间布局

生态城镇建设中，规划是前提。生态城镇规划不仅要注重总体规划，还要注重区域规划，如在区域规划上要分析物质流的走向，对其数量和质量进行有效控制，特别是物质被利用后产生的废弃物是否能成为再生资源而被循环利用，均需要进行规划创新。清镇市的城镇规划要充分考虑城镇空间的优化布局，须与城镇历史、文化、生态、发展相一致。

在城市三类功能区域划分的基础上，还要进一步进行分级要求，确定优化开发、重点开发、限制开发和禁止开发的地区。优化开发地区主要是指各

区域内开发建设强度已经较大、功能配置基本饱和、承载力开始减弱的地区，主要包括中心城区和各区县建成区；重点开发地区主要指各区域内体现主要功能定位、代表未来发展方向的地区，主要包括规划新城、中心镇和重点产业功能区，要加大开发投入力度，增加其承载能力；限制开发地区主要包括山区、浅山区和划定的基本农田保护区及绿化缓冲地区，要严格控制不符合功能定位要求的开发建设。禁止开发区域包括各类自然保护区、水源涵养区及其他生态功能区和划定的历史文化整体风貌保护区。

（三）增强生态产业支撑能力

产业发展是城镇化的核心和关键。产业支撑对城镇化的发展至关重要，因为好的产业将会对城镇化的发展产生助推作用，城镇化离开产业支撑就成了无源之水、无本之木。因此说，工业化与城镇化是相互促进、互动发展的。工业化是城镇化的发动机，城镇化是工业化的加速器。只有生态产业才能够有效支撑生态城镇化建设。

1. 以循环经济为核心，发展生态工业

生态工业是指依照自然界生态过程物质循环的方式来规划工业生产系统的一种工业模式；其实现途径是以循环经济理念和清洁生产理论为基础，把不同的企业联合起来，形成共享资源和互换副产品的产业共生组合，使一家企业的废气、废热、废水、废物等附产品成为另一家企业的原料和能源，构建起企业之间的资源循环体系。

在生态产业与循环经济体系建设方面，应注重以循环经济为核心，利用节能减排、节约替代、资源循环利用和污染控制与治理等先进适用技术，通过提升自主创新能力，积极探索低碳、绿色、循环经济的发展模式。生态工业园区应以保护环境和资源、高水平建设为原则。在产业上，大力发展生态环保型产业；在布局上，对不同企业污染物排放划分不同区域以便集中管理，从而使污染物排放能被有效控制；在生产中，推行清洁生产和使用清洁能源，实现达标排放。

针对清镇市资源情况，今后应结合生态城镇化建设重点构建以下两种循环产业园。

（1）绿色食品特色循环经济产业园区。以"无污染、安全、优质、营养"为目标，依托清镇市特色资源，按照基地＋加工＋销售一体化模式，促进第一、第二、第三产业联动发展，延伸产业链，发展绿色食品加工业，提高产品附加值。

（2）中药特色循环经济产业园区。清镇市拥有丰富的药材资源，这是自然赋予清镇市的珍贵资源，要力争创立清镇市中药品牌，拉长中药 GAP 标准种植基地——GMP 标准医药产业——GSP 标准市场产业链，以构建集保护、种植、生产、科研为一体的医药产业体系为重点来发展中药特色循环经济产业园区。

2. 积极发展生态农业

生态农业（Ecoagriculture）最先是由美国密苏里大学 A.Willam（1971）提出的。他认为：生态农业是运用生态工程和现代科学技术来优化农业生产，根据的是生物共生和物质循环再生的思想。在我国，生态农业主要以系统思想理论为出发点，依照生态学和经济学的原理，运用现代科学技术成果、管理手段以及传统农业的经验建立和逐步完善起来的一类多层次、多结构、多功能的集约经营管理化综合农业生产体系。

对于清镇市而言，应从以下几方面着手来开展生态农业。

（1）以生态型农业为中心，建立绿色农业产业体系。近年来，以旅游、休闲为主的观光农业逐渐盛行，清镇市拥有较好的林业资源，可以利用优势打造特色农业，特别是季节性特色产业，如绿色山野菜、坚果、野果产品等。

（2）以提高农产品质量为根本，建立绿色农产品质量监测体系。从特产养殖、中药种植、畜牧业以及绿色农产品加工业上入手，生产绿色、特色和名优的农产品，进一步提高农产品质量。

（3）建立绿色农产品市场流通体系。农业产业化经营要形成规模，多多加入工商企业、个人和外商的参与，并且引导龙头企业以多种灵活的形式与农户集群化发展，实现规模经营。

（4）建立生态农业技术服务体系。具体可通过推广农作物秸秆、废弃物的无污染利用、规模畜禽养殖、生活污水无污化沼气工程和以沼气为纽带的能源生态模式及太阳能利用等绿色能源环保技术。

3. 依托地域优势，重点发展生态旅游业

生态旅游（Ecotourism），简言之就是一种生态的户外活动，即城市居民在空闲时间到郊外良好的生态环境中去保健疗养、度假、休憩以及娱乐。生态旅游已受到国际社会的普遍关注，而且发展生态旅游既符合国家生态文明的战略目标，亦与清镇市生态城镇建设目标相一致。

清镇市生态旅游业主要依托于原生态的自然风光和丰富多彩的民族风情。要想发展好生态旅游，需要从区域自然山地、水体、森林景观入手，科学有效地开发利用优越的森林资源、优质的江河湖泊资源、特殊的地质地貌

资源、多姿多彩的民族风情，以此吸引国内外游客来欣赏清镇市神奇的自然生态和人文特色。

（1）处理好旅游资源的生态保护，实现其可持续发展。过度开发旅游资源会严重破坏环境、破坏资源，这在各地已有过深刻的教训。发展生态旅游要坚持把握可持续发展思想、注重保护资源，要按照清镇市生态立市的战略，落实好相关生态环境保护的具体措施。在旅游开发中，要把握好合理开发、永续利用的原则，尽量少破坏自然生态和人造景观，坚持保护第一的原则，控制好游客的容量，尽最大努力减少人为性破坏。

（2）加强旅游基础设施建设，提高管理和服务水平。在旅游交通线路建设方面，需完成城市公路的改、扩建工程；同时，进一步完善旅游交通干线沿线的警示标牌及防护设施的建设。在旅游交通沿线或重点景区周边形成一批知名的旅游集镇，大力兴建休闲广场等旅游活动场所。

在旅游服务设施建设方面，生活必须具备的水、电、热、气供应系统十分重要；另外，还需要加强完善废水、废气和废弃物排污处理系统。旅游相关的服务设施如宾馆、别墅、度假村、旅行社、商场以及餐饮、娱乐、咨询、通讯、医疗和保险等应同步配套；还要注重搞好城镇街区绿化、路标、路灯、停车场等相关设施建设。

（3）加快生态旅游精品项目开发。生态旅游精品项目的开发应着力打造精品旅游线路，培育特色鲜明的旅游名品，以丰厚的民族历史文化和自然资源为依托，倾力打造清镇市精品旅游线路；以民族风情为依托，打造黔中风情小镇；以自然风光为依托，打造以旅游度假区为主的自然风景旅游线路；以生态农业、土特产品、西南少数民族风情为重点开发农家旅游休闲项目，拓宽旅游范围。

（4）积极开发各类生态旅游商品。第三产业对旅游业的拉动作用很大，旅游业发展能够进一步促进旅游商品的开发，清镇市的土特产品需要通过旅游业推介出去。各类旅游商品的作用就是使旅游者在享受自然、欣赏清镇市优美的生态景观的同时，对清镇市的风土人情、地域文化和富饶的物产也能留下美好印象。

（四）全面提升城镇承载力

城市承载力（Urban Carrying Capacity），是指一个城市在可以预见到的期间内综合利用本地的能源和自然资源以及智力、技术条件，并保证符合其社会文化准则的物质生活水平条件下该国家或地区能够持续供养的人口数量。承载力是与资源禀赋、技术手段、社会选择和价值观念等密切相关的、具有相对极限内涵的伦理特征概念，其本质上是灵活、动态的和多元化衡量评价系统。城市承载力主要包括"要素系统承载力"和"城市综合承载力"两个方面。要素承载力是指与城市经济活动密切相关的土地承载力、水资源承载力、交通承载力和环境承载力等；城市综合承载力是指城市在不产生任何破坏时所能承受的最大负荷，即城市的资源禀赋、生态环境和基础设施对城市人口和经济社会活动的承载能力。

1. 土地承载力应符合城镇化发展

1949 年，威廉·福格特给土地承载力下了定义，即土地承载力是指一个区域在维持一定生活水平并不引起土地退化前提下，能够永久供养的人口数量及人类活动水平，或者土地退化前，区域所能容纳的最大的人口数量。土地承载力具体评价模型涉及生态学及环境保护学科相关知识（超出本文作者学科研究范围，在此不作深入探讨）。

2. 加快综合交通体系建设以增加其承载力

现代化的生态城镇应以良好的基础设施作为支撑。城市经济的快速发展，物质流、能源流、信息流、价值流和人口流都在加速运动，面对这样高效率的流转系统，只有高效的交通运输系统才能为城市各要素流的有效、有序运动创造条件。因此，必须优化城市路网结构，加快城镇公交建设，畅通城市进出口通道，加快建设便捷、高效、省能的综合交通运输体系；大力发展公共交通，形成干线公交、常规公交等相互补充的公交体系，进一步提高公共交通的通达性和线网的整体服务水平。

对清镇市而言，市内交通应鼓励公交优先，现有的 801 路、802 路公交车极大地缩短贵阳中心城区到清镇市的距离，使清镇到金阳的时间缩短至 10 分钟左右，加快了清镇市融入贵阳市中心城区的步伐，优化了清镇市的发展环境，有力地推动了清镇市经济社会发展；321 国道、320 国道、站织公路和湖林铁路支线在境内纵横交错，同时清镇是省城贵阳的西大门，是通往云南、四川、广西等省（自治区）和省内安顺、兴义、六盘水、毕节等地及黄果树、龙宫、织金洞、百里杜鹃等景区的必经之路，是贵州西线旅游的第一站。

3. 城镇规模应适应其环境承载力

城镇聚集经济带来的作用影响到生产效率随城镇规模增加而提高，但是到达一定规模之后，聚集经济效益会因城镇人口拥挤以及相关费用的增加而相互抵消，随之带来的就是生产效率的下降。即使政府加大对各项公共设施的投入力度，以及高科技的迅速发展，也无法改变其运作机制和机构臃肿所带来的规模不经济，这也与可持续发展所要求的高效率、低消耗的集约型社会相悖①。

在生态系统理论研究中，城镇是生态系统的子系统，因此不能脱离环境这一重要载体，即城镇各项活动均受到自然生态规律的制约。城镇规模与城镇环境之间存在着此消彼长的关系。也就是说，城镇的一切要素均来源于自然，而排出的废物又流向自然。自然资源与生态环境都有一定的承载限度，一旦超过这一限度，就会影响城镇未来的发展潜力，甚至会破坏城镇赖以生存的自然基础。

在一定限度之内，人们从城镇发展中享受的福利与城镇规模成正比增加，但增长率却递减；当达到城镇规模极限后，聚集经济所带来的福利将随之下降。随着城镇规模的扩张，环境受到污染、居住条件变差，这些会导致人们生活质量变低。而低质量的生活进一步会影响到人们心理，引发一系列社会问题，最终的结果是城镇的社会环境恶化。因此，城镇规模与城镇社会效益成反比。

（五）切实优化城乡居民生活环境

从理论上来讲，新农村建设以及十八大报告中重点提及的生态文明建设，都是针对城乡生活环境提出的新要求。发展生态城镇，要将环保放在优先地位；发展循环经济，严格落实节能减排，目的都是为了创建更加美好的城乡居民生活环境。

1. 打造绿色生态园林城市，完善城镇绿地建设

立足清镇市实际，建设绿色生态园林城市势在必行。应避免出现城市只有建筑式园林，缺少展现城市的地域文化内涵，机械地将城市园林变成千篇一律的复制工厂的现象。应将清镇市特色文化内涵融于其中，使其源于自然又高于自然，既继承了传统又力求有新意。在清镇市生态园林城市建设中，具体应从以下几个方面予以实现。

（1）大规模的城市绿化树种以本地树种和草种为主，因为用本地易培育的树种和草种来进行城市绿化，可以减少日常维护费用，达到节能的目的。

（2）要充分利用绿色雕塑这一重要的"城市配件"，提升城市的魅力和文化艺术品位，尤其是园林与雕塑相结合，以期达到人与自然和谐的目的，切实地美化城市环境。

（3）在园林建设中利用园林建筑进行点缀，因为园林建筑小品既有简单

① 郝寿义，安虎森. 区域经济学（第二版）[M]. 经济科学出版社，2006.

的实用功能又有组景装饰作用。园林建筑小品主要是指露天的陈设、带有装饰性的园林细部处理或小型点缀物。

城市、建筑、园林缺一不可，城市就是自然环境与文化艺术相互交融的特殊艺术品，只有将公园设计、植物景观设计、建筑设计、雕塑设计与城市环境相平衡，才能达到自然和谐的目的。要以生态学原理为基础对城市的土地资源、水资源、生物资源进行合理利用。

2. 加快生态农村建设，创建环境优美的乡镇和生态村

生态农村建设主要有以下几方面措施。一是加强环境基础设施建设，如抓好供排水、生活垃圾处理等；二是严格保护饮用水及水源地，如禁止在饮用水源地建设有污染的项目等；三是搞好村容镇貌和环境卫生，如科学使用农药和化肥、减少农业污染源等。

3. 推广绿色住宅建设，加强节能降耗措施

绿色住宅主要是指以人与自然和谐共处为原则和能源被高效利用为特征的一种建筑设计方式，最终将促成住宅内外物质能源系统得以良性循环。这种新型住宅模式在一定程度上能够实现无废物、无污染、能源实现自给。全面实现城镇绿色住宅需要一个较长过程，开发绿色住宅是今后的发展趋势，而目前主要通过建筑节能来实现。一般来说，建筑节能就是使用隔热保温的新型墙体材料和高能效比的空调设备，来达到居住舒适性的要求。实践经验表明，绿色住宅节能可以达到30%以上。

4. 倡导低碳生活方式和消费方式

低碳经济是随着产业结构的调整和能源结构逐步优化，由科技创新带来技术进步和能源效率的提高，使过去传统的高消耗和高排放的生产方式将不复存在，取而代之的是高产出低排放的产业成为经济结构中的重要支柱。低碳经济将会使人们的生活水平和质量不断提高，是一种实现经济社会可持续发展的重要手段。倡导低碳生活方式和消费方式会减少碳排放，使环境得到改善。因此，低碳生活将碳排放维持在一个较低的水平上，这种方式将使人们生活更加美好。

大力倡导低碳生活和生活方式可以实现生产模式的转变，从源头上减少生产、消费的浪费，有效地推动经济可持续发展，促进生态城镇化建设。低碳消费有三方面的内容：一是引导消费者改变固有理念，逐步转变为崇尚自然、追求低碳健康的生活，在生活各方面节约能源资源，使消费能够良性循环；二是消费者在进行物质方面的消费时，要对废弃物分类处理，以避免环

境受到污染；三是消费者应有目的地选择未受到污染和健康有益的绿色产品和生态产品。在低碳生活和消费的过程中，政府也有责任引导消费者的绿色消费方向，必须向无污染、无公害、有助于身体健康的方面发展，引导各行各业不断创新绿色生态技术，达到生态平衡。

对消费领域而言，要求每一位社会公民有简约的生活方式，要运用道德手段提高全民低碳节能意识，引导人们向低碳生活方式转变。因此，和谐的消费观念是生态文明城镇建设不可或缺的组成部分。优化消费结构的目的是将自然生态的可承载力与人类的消费行为有机地结合起来，实现理性消费和科学消费，统筹人与自然的和谐发展。优化消费结构，提倡"5S"消费原则[简约性消费（Saving）、耐久性消费（Sustained）、共享性消费（Sharing）、无害性消费（Safe）、和体恤性消费（Sympathetic）]。倡导低碳消费理念，构建低碳消费生活方式，需从政府、居民、社会三个方面着手。政府应率先垂范低碳消费，居民应走出节约消费的认识误区，社会应广泛宣传与发展低碳消费文化，其核心是消费结构低碳化。同时，应构建政府、市场与企业"三位一体"的监管体制，从而实现清镇市的低碳经济和绿色生态的良好互动。

在城镇化发展的背景下，生态与经济这一对关系的研究价值始终在上升。通过科学分析，人们希望调整政策和改进实践，扭转不够理想的现状。因此，区域生态安全和经济增长之间的权衡，始终是制定区域发展政策，尤其是生态城镇化政策的主题。在生态城镇化过程中，人和生物同自然环境之间要有机整合，不是追求片面发展的最优化，而是追求在一定约束条件下的生态、经济、社会整体发展最优化。清镇市加快生态城镇化建设，必将极大地促进城乡统筹发展，让清镇市城乡居民生活得更加美好，守住发展和生态两条底线，早日建成"高原明珠、滨湖新城"的生态清镇和宜居清镇，更好地推进美丽中国的实现。

[研究、执笔人：中共贵州省委党校科学社会主义教研部副教授 李旭]

课题六

大胆实践：加强清镇市生态党建研究

在当前形势下，本课题组提出"生态党建"的概念，旨在通过梳理当前理论界就生态文明建设和党的建设的研究成果，以便找到二者的结合点，探索把生态文明的理念"融入"到党建工作的各个方面的途径和思路，加强生态党建，切实提高党的生态执政能力，具有重大的理论和现实意义。同时，结合贵州、贵阳、清镇以生态文明建设为主旨的发展思路，梳理总结清镇市在多年来所开展的以落实生态文明建设为基本内容的党建工作的实践与经验，在此基础上针对面临的问题提出未来加强生态党建的思路与路径，为未来发展提供一定的参考，并期望课题成果具有一定的前瞻意义和资政作用。

一、生态党建的理论分析

生态党建，是指将党建理论与生态文明理论相结合的新概念和新命题，目前国内学术界尚未开展相关研究。本章通过对党的建设和生态文明两大领域现有研究成果的理论梳理，探求二者的结合点，并通过生态执政研究的引入，从提升党的执政能力的视角推导出生态党建的概念和内涵，为课题研究构建理论基础。

（一）党建理论概述

中国共产党的建设（简称党的建设或党建），指的是中国共产党在马列主义党建学说指导下进行的领导国家和提高自身生机与活力的理论和实践活动，是中国共产党为保持其无产阶级先锋队的性质，提高党组织的战斗力，加强和改善党的领导而进行的自身建设，它既包含党建理论也蕴涵党建实践。

　　中国共产党的建设已经有 90 年的光辉历史了。党的建设历程与党领导的革命、建设和改革的历程是基本同步的，党的自身建设状况直接影响着党领导的各项事业的状况。中国共产党建党 90 年来之所以能够从小到大、从弱到强，其原因归根结底就是：党在领导革命、建设和改革的历程中不断从思想上、政治上、组织上和作风上等各方面加强自身建设，永葆党的先进性和蓬勃生机，从而焕发出强大的感召力、凝聚力、战斗力。由此可见，党的建设是中国革命、建设和改革取得胜利的重要法宝。在不同的历史时期，中国共产党人结合时代特征和社会实际，把党的建设与各时期党的中心任务结合起来，形成了一脉相承、承上启下、与时俱进、不断创新的党建理论体系。

1. 毛泽东党建思想

　　毛泽东党建思想是毛泽东思想体系中的重要构成部分。毛泽东同志把马克思列宁主义的建党思想与中国国情相结合，创立了一套完整的具有中国特色的中国共产党党建理论，成功地解决了当时在半封建半殖民地社会性质尤其是农民占人口大部分情况下的中国如何建设无产阶级政党的问题，在继承和运用马克思列宁主义建党学说的同时极大地丰富和发展了马克思列宁主义的党建思想。

　　毛泽东党建思想中主要包涵了加强党的政治、思想、组织和作风建设的思想。毛泽东同志在总结中国革命经验时说："没有一个革命党，没有一个按照马克思列宁主义的革命理论和革命风格建立起来的革命党，就不可能领导工人阶级和广大群众战胜帝国主义及其走狗。"这句话已经深刻揭示了毛泽东同志党建思想的核心内涵，即加强中国共产党的自身建设，对于中国革命和建设具有决定性的历史意义。

　　毛泽东同志的党建学说针对中国实际革命与建设中的利与弊，多层次地解决了党的建设问题。第一，党的政治建设。毛泽东指出：党的建设过程是同党的政治路线紧密联系的，这是无产阶级政党巩固和发展的基本规律，是实现党的领导的根本保证。正确处理好党的建设与政治路线的关系，党的组织就发展；反之，党就不能前进和发展。第二，党的思想建设。共产党员不但要在组织上入党，更要在思想上入党。党的思想建设是由中国共产党所处的社会环境和自身特点决定的，是党的各方面建设的基础。毛泽东创造性地在全党通过批评与自我批评进行了马克思主义思想整风运动。整风是进行党的思想建设、纠正错误思想的有效途径。第三，党的组织建设。从组织上建设党是民主集中制原则的根本要求，是马列主义政党的独有优势。民主集中制是毛泽东党建学说的有机组成部分，实践民主集中制原则，中国共产党就会成为统一且有战斗力的整体。第四，党的作风建设。毛泽东多次在会议中提出全党必须重视思想作风建设，要警惕由于党风腐败引起一些党组织和领导人的蜕化变质，告诫全党要继续保持谦虚谨慎、戒骄戒躁、艰苦奋斗的作风，坚决反对脱离群众的官僚主义。

2. 邓小平党建理论

邓小平同志在领导全党建设中国特色社会主义的过程中不但高度注重社会主义经济建设，也同样高度重视党的建设。他科学地分析了当时国际国内的政治经济形势，总结时代特征，针对党情及党担负的崇高历史使命，系统地总结了党建的历史经验，并将其理论进一步发展。邓小平同志的党建理论，充分体现了时代性，准确把握了规律性并富于创造性，对于新时期加强党的执政能力，改善党的领导起到了重要作用。在组织建设方面，邓小平通过对党情的分析提出干部"四化"标准，即"革命化、年轻化、知识化、专业化"，强调在历史新时期，中国共产党人要充分发挥党内党外知识分子的作用，"尊重知识、尊重人才"，全面实施科教兴国战略。在党的作风建设方面，他强调党风党纪是执政党生死存亡的大事，"整个改革开放过程中都要反对腐败"。作为合格的执政党，党内必须端正党风，拒腐防变，加强党的作风建设是历史的必然和迫切要求。

3. "三个代表"重要思想党建理论

江泽民同志"三个代表"重要思想提出：中国共产党始终代表中国先进社会生产力的发展要求，始终代表中国先进文化的前进方向，始终代表中国最广大人民的根本利益。"三个代表"重要思想总揽全局、内涵丰富、思想深刻，是面对世界政治多极化、经济全球化的国际形势，继承历史、立足现实、前瞻未来的精辟论断，从根本上进一步回答了我党在既面临着难得的历史机遇又面临着诸多可以预见和难以预见风险挑战的二十一世纪，要把自己建设成为一个什么样的党和怎样建设党的问题，是全面加强党的建设的指导方针和行动纲领，是对马克思主义党建学说及马克思主义中国化党建学说的发展与创新。

中国共产党作为马克思主义政党，作为担负重要历史使命的政党，要不断总结经验教训，深化对社会发展规律、对党的建设规律的认识。"三个代表"是对党的性质、宗旨和根本任务的新概括。"三个代表"与党的性质、宗旨和根本任务的基本规定一致，并将三者有机整合，从新的高度丰富和深化了党的性质、宗旨和根本任务的内涵。党的性质是一个政党本身所固有的质的规定性，是有别于其他政党的最本质的特征。"三个代表"坚持了全心全意为人民服务这一党的根本宗旨，把人民根本利益的代表和先进社会生产力发展要求的代表、先进文化前进方向的代表三者结合起来，也就是把党的宗旨和实现宗旨的途径、手段有机统一起来，使党的宗旨的实现有了更加可靠的保证。同时，"三个代表"重要思想为中国共产党的建设总目标实现得如何提供了一个客观的检验标准。"三个代表"的重要思想是衡量党的建设好坏的准绳，是马克思主义中国化的又一个伟大成果，它根据时代的发展做出了新规划、新探索，体现了求实创新的科学态度，体现了与时俱进的时代精神，体现了中国共产党作为无产阶级执政党的先进性。

4."科学发展观"党建理论

以胡锦涛同志为总书记的党的领导集体带领全党、全国各族人民，在全面推进建设小康社会、改革开放和现代化建设的实践中，准确把握当今时代脉搏，从中国实际国情出发，深入思考和论证我国社会主义初级阶段这一新的历史时期中经济、政治、社会发展的一般性规律，创造性地提出了"科学发展观"重大战略思想，进一步回答了为什么发展、怎样去发展的重大问题，赋予马克思主义新的时代内涵和实践要求，用新思想、新观点、新论断深化我党对中国特色社会主义的发展道路、发展战略、发展布局、发展动力、发展目的的认识，使党内对共产党执政规律、社会主义建设规律和人类社会发展规律的认识达到了一个新高度，实现了马克思主义中国化的新飞跃。"科学发展观"重要思想中科学地包涵了在新的历史机遇期内如何通过党的自身建设应对国际国内新的阶段性特征的问题。

要推动中国政治、经济、社会的科学发展，就必须首先解决中国共产党的自身建设问题。科学发展观党建思想一方面对以往党建思想做出深刻归纳与总结，另一方面富有建设性地为如何科学建党提供了理论依据。科学建党，要保持党的执政能力建设与党的先进性纯洁性的统一。从某种程度上来说，党的先进性建设从根本上决定了党的执政能力建设，党的先进性建设涵盖了党的执政能力建设。党的先进性建设是指党对自己的本质要求，党的执政能力建设是党的先进性建设具体到执政过程中的外在表现。科学发展观是指导经济社会发展的重大理论，是指导党的建设的大智慧。

从不同时期党的建设理论的发展脉络可以看出，新民主主义革命时期、社会主义革命和建设时期，党所处的环境不同，但党的建设思想主线都是根据不同时期的世情、国情、党情的变化而发展变化的。新民主主义革命时期，党建思想围绕党的阶级性和先进性来展开，而社会主义革命和建设时期，则围绕不断提高党的执政能力，保持和发展党的先进性和纯洁性而展开。具体而言，毛泽东党建思想所要解决的核心问题是"在一个半殖民地半封建的东方大国，如何实现新民主主义革命和社会主义革命的问题"；邓小平党建思想集中体现了"在中国这样一个十几亿人口的发展中大国建设什么样的社会主义、怎样建设社会主义"的命题；"三个代表"重要思想党建理论回答了在新的历史时期"建设什么样的党、怎样建设党"的历史课题；科学发展观党建理论则为"实现什么样的发展、怎样发展"的问题和推动发展观的转变提供重要的党建保障。

世界在前进，国家形势在发展，当今世界处于大发展大变革大调整时期，为适应新形势的变化和人民群众的呼声，科学发展观应运而生。在回答人与自然的关系这一宏大命题时，科学发展观倡导人与自然相和谐，而这一回答正集中体现在生态文明建设思想之上。因此，新时期要贯彻落实科学发展观，促进人与自然的和谐发展，重要的一项工作就是将生态文明理念与党建工作结合起来，大力推进生态党建。

（二）生态文明理论概述

新时期以来，随着生态环境的每况愈下，生态意识的逐渐增强，国内涌现了大批与生态文明建设相关的研究成果。20世纪80年代，我国著名生态学家叶谦吉第一次提出了生态文明的概念。1987年6月23日，他在《真正的文明时代才刚刚起步——叶谦吉教授呼吁开展生态文明建设》一文中，从生态哲学的角度中提出，"所谓生态文明就是人类既获利于自然，又还利于自然，在改造自然的同时又保护自然，人与自然之间保持着和谐统一的关系。"①

2007年以来，党的十七大将生态文明建设其列为全面建设小康社会的重要指标和十八提出建设"美丽中国"后，学术界掀起了生态文明建设研究的新高潮。大批学者围绕"生态文明"这一核心概念，从多角度对生态文明的定义、内涵、基本内容、实现途径等方面开展了广泛而深入的研究。

在关于生态文明含义的研究方面，学者们大致有两种观点：第一种观点认为生态文明仅指人与自然和谐相处，例如陈寿朋在《生态文明建设论》中认为："生态文明是指人类在生产生活实践中，协调人与自然生态环境和社会生态环境的关系，正确处理整个生态关系问题方面的积极成果，包括精神成果和物化成果"。高长江在《生态文明：21世纪文明发展观的新维度》中从发展哲学的意义上也将其理解为人与物的同生共荣。其实质都在强调生态文

---

① 刘思华. 对建设社会主义生态明论的若干回忆[J]. 中国地质大学学报（社会科学版），2008年第4期。

明内涵仅指人与自然的和谐相处。第二种观点认为，生态文明不仅指人与自然的关系，还包括人与人的关系。廖才茂在《论生态文明的基本特征》中认为："生态文明是指人类能够自觉地把一切社会经济活动都纳入地球生物圈系统的良性循环运动。它的本质要求是实现人与自然、人与人双重和谐的目标，进而实现社会、经济与自然的可持续发展和人的自由全面发展。"杨智明在《生态文明论》一书中也指出：生态文明反映的是人类处理自身活动与自然界关系和人与人之间关系的进步程度。

在关于生态文明建设的内容方面，学者们经过多年的研究分析，认为其覆盖了多个层面。在自然观方面，强调人是自然生态环境的一部分，人的内在价值只是自然生态内在的一部分，人类的发展建设必须依靠自然环境，生态文明建设就是要改善自然环境。余谋昌在《生态伦理学——从理论走向实践》、蒙培元在《人与自然——中国哲学生态观》、廖福霖在《生态文明建设理论与实践》中均认为：生态文明建设的核心内容是在提高人们的生态意识和文明素质的基础上，自觉遵循自然生态系统和社会生态系统原理，运用高新科技，积极改善与优化人与自然的关系、人与社会的关系以及人个体间的关系。在文化价值观方面，生态文明建设要关注自然生态具有的内在价值。姜春云在《偿还生态欠债——人与自然和谐探索》、葛悦华在《关于生态文明与生态文明建设研究综述》中均指出：生态文明建设应重视文化价值，提升生态文化价值底蕴。在生产方式方面，王宏斌在《生态文明与社会主义》和石建平在《生态文明建设的战略地位和实施途径》中均强调：建立一种生态系统可持续前提下的生产方式，不仅要积极倡导进步的生态文明思想和观念，而且要推进生态文明意识在经济、社会、文化各个领域的延伸。在生活方式方面，曹明德在《从人类中心主义到生态中心主义伦理观的转变》和刘西华在《建国以来中国发展道路选择的理论与实践》中均强调：生态文明要求建立一种既满足自身需要又不损害自然生态的生活方式。在社会结构方面，陈立在《生态文明建设的基本内涵与科学发展观的重要意义》中强调：要注重"社会结构的生态化"建设。

在关于生态文明建设的实现路径方面，学者们从对生态文明内涵的不同理解出发，提出了各有侧重的观点和意见。例如，诸大建在《生态文明与绿色发展》和《中国发展 3.0》中强调：生态文明建设的实践活动不仅仅体现在对环境保护和思想观念的建设，还应体现在政治、经济、文化、社会等多方面。薛晓源在《生态文明研究与两型社会建设》中认为：环境问题的本质是社会公平问题，摆脱生态环境危机的关键是要突破传统工业文明的逻辑，用生态理性将经济理性取而代之。张勇在《农村生态文明建设现状及问题研究》、刘东国在《绿党政治》中均建议党和国家要发挥好模范作用，明确自己的职责，加强生态文明总动员，做好生态环境监督工作，主动承担起保护环境的责任，将 GDP 核算体系与倡导绿色环保结合起来，制定相应的法律法规，推进科技创新，优化产业结构，发展循环经济。加快形成节约资源、保护环境的政策和机制是在生态文明背景下经济发展方式转变的路径选择之一。

综上所述，学者们较为全面的探析了生态文明的内涵、生态文明建设的主要内容及实现路径，为后人研究提供了丰富资源。但是，随着实践方向变化和党的生态文明理论的发展，我们还需要结合实际形势深入挖掘，明确生态文明建设的研究方向。在对生态文明的基本内涵的研究中，学者们普遍认为生态文明应该有广义和狭义之分。从广义上来看，生态文明是继工业文明之后人类社会发展的一个新阶段，是对传统农业文明和工业文明的超越，囊括了社会生活的各个方面，不仅要求实现人类与自然的和谐，而且也要求实现人与人的和谐，强调的是全方位的和谐，我们暂且称之为"超越论"；从狭义上来看，生态文明是指文明的一个方面，即相对于物质文明、精神文明和制度文明而言，要求人类在谋求现实发展的同时在各个方面体现和落实尊重自然、保护自然、顺应自然的理念，处理好与自然的关系，实现人类与自然的和谐发展，或者说是人类在处理同自然关系时所达到的文明程度，我们可以称之为"融入论"。

2012 年，党的十八大报告中单列一章对生态文明建设进行了详细论述，报告指出："建设生态文明，是关系人民福祉、关乎民族未来的长远大计。面对资源约束趋紧、环境污染严重、生态系统退化的严峻形势，必须树立尊重自然、顺应自然、保护自然的生态文明理念，把生态文明建设放在突出地位，融入经济建设、政治建设、文化建设、社会建设各方面和全过程，努力建设美丽中国，实现中华民族永续发展"。从十八大报告对生态文明建设的论述中可以发现，"树立理念、突出地位、融入"是三个核心词汇，这表明从理论研究的视角来看，十八大报告或者说党中央对生态文明的内涵定位是基于"融入论"而非"超越论"。我们可以认为，党中央对这一问题的判断是基于当前中国发展的实际而做出的。当代中国的发展还处于工业化的中期阶段，以工业化为核心的现代化建设尚未完成，在这一阶段妄谈西方发达国家式的所谓后工业社会良好生态环境对工业社会的超越是不现实的，也是脱离中国国情的。因此，从"融入论"的视角来看，当前加强生态文明建设，其主旨就是要把生态文明的理念融入到国家发展和社会建设的各个方面，其中作为执政党的中国共产党，也应该将生态文明的理念融入到党的自身建设中去。

（三）生态党建

1. 生态执政：党的建设与生态文明的结合点，生态党建的目标指向

"生态执政"是二十一世纪以来国内外学术界把生态学与政治学研究相结合而出现的一个新的跨学科研究领域。2007年，党的十七大正式提出"生态文明建设"的概念后，我国学者从加强生态文明建设与党的执政能力建设的视角，围绕"生态执政"问题开展了大量有益的探索和研究，取得了一定的研究成果。

关于生态执政的概念研究，学者黄伟指出：生态执政就是以生态文明理念为价值导向，以实现人与自然和谐发展为价值目标，把握生态化的执政规律，把环境保护和生态建设作为执政的重要乃至首要目标的执政理念和活动的总和。生态文明建设概念的提出和地位的提升，体现了新阶段中国共产党执政为民的执政理念和与时俱进的执政思路。[1]华启和教授认为，当把"生态文明"与"执政"相结合时，就形成了"生态执政"。生态执政以生态规律为基本规律，以生态文明为基本导向，在执政党行使对生态环境的管理权的过程中，强化其建设、服务生态的职能。选择生态文明，是当前推动科学发展、建构社会主义和谐社会的必然结果，体现了中国共产党执政理念的升华和与时俱进的历史主动性。[2]

在有关生态执政内容问题上，华启和教授认为：生态执政的内容包括四个方面，即生态优先的价值取向、生态监管的基本职能、生态利益的根本诉求和科学发展的执政能力建设。[3]

在有关生态执政的意义上，中共黑龙江省委党校副校长、省行政学院副院长祝福恩教授认为：生态文明建设的内容是新时期执政理念的科学化、时代化的集中体现。生态文明建设是中国共产党在长期执政中自觉实践的体现，也是党在新时期的执政理念和执政目标。[4]

在有关生态执政特征的研究方面，学者余超文提出：生态文明赋予新时期执政理念新的特征，党的执政理念特征具体表述为生态性、科学性和开放性。[5]

在有关生态执政实现途径的研究方面，黄伟认为生态执政要从政治、经

---

[1] 黄伟. 生态执政的实现途径[N]. 光明日报，2012-9-14.

[2] 华启和. 生态执政，就是"生态"与"执政"的联姻——生态执政：执政理念升级版[N]. 中国教育报，2009-12-8.

[3] 同[2]。

[4] 祝福恩，林德浩. 生态文明建设是中国共产党执政理念的科学化、时代化[J]. 黑龙江社会科学，2011（1）.

[5] 余超文. 生态文明与中国共产党的执政理念[J]. 前沿，2007（7）.

济、文化、社会等方面入手：一是建立生态型政府，通过使领导干部树立正确的发展观、加强生态执法、加强生态行政、推行生态民主来增强政府的环境责任感；二是指导生态文化建设，通过树立生态文化意识、注重生态道德教育、加强生态文化建设来增强生态文明意识；三是加强社会事业全面发展，通过创造良好的社会生活环境、优化人居环境、实现人口的良性增长来推动生活方式的生态化。[1]天津社会科学院发展战略研究所郭珉媛提出：生态执政建设是一项系统工程，要通过加强思想政治建设和树立科学发展观、加强组织领导、加强相关法律法规体系建设、推动社会公众有序参与四个方面来进行。[2]杨洪湘认为：进行生态执政的实践探索，一是在教育层面上加强生态道德教育，培养一批具有生态理性的公民，二是在经济层面转变经济发展方式，大力发展低碳经济，三是在生活层面表现为倡导绿色消费，四是在文化层面表现为实现现代文明形态的顺利转型。[3]

综上所述，多年以来我国学者对生态执政进行了诸多积极的探索和研究，为推动我们党执政理念由 GDP 至上向绿色 GDP 转变、发展方式由粗放型向集约型转变，促进人与自然相和谐提供了有益的理论支撑。

党的十八大报告将生态文明建设纳入到中国特色社会主义建设事业"五位一体"的总布局之中，并首次独立成篇地系统阐述了大力推进生态文明建设的重大战略问题，报告中出现"环境""生态"等词汇多达 45 处，将生态文明建设的战略地位提升至前所未有的高度。因此，加强生态执政正是在政党执政层面对生态文明的最好诠释。在新时期，面临环境恶化、生态退化、资源压力过大等现实，面对发展理念提升、发展方式转变的现实要求，中国共产党选择生态执政具有历史必然性。

首先，生态执政是中国共产党应对当前我国环境形势的必然选择。当前，我国在快速发展中，人口众多、发展基础薄弱、发展资源瓶颈约束增大、生态环境承载能力持续减弱等现实不容乐观。同时，我们仍处于工业化和城镇化的深入发展和提升时期，环境形势复杂而严峻。以能源资源大量消耗为标志的粗放型经济发展方式仍没有得到根本性的扭转，巨大的人口规模的发展需求、城镇化压力、消费观念落后等因素将加剧生态环境的承受能力。短时期内，这些发展过程中的弊端和问题很难底改变，将继续给我国的生态环境施加压力。

其次，从党建理论上来说，执政党的执政行为并非单纯的政治活动，它

---

① 黄伟. 生态执政的实现途径[N]. 光明日报，2012-9-14.
② 郭珉媛. 生态执政：新时代生态建设的制高点[J]. 前沿，2011（17）：175-177.
③ 杨洪湘. 生态文明语境下中国共产党的生态执政理念解读[J]. 领导科学，2010（26）：23-26.

会受到内外两方面因素的影响。内部因素包括政党性质、执政宗旨、领导体系等，外部因素包括执政环境与执政气候。在特定的发展阶段，内外要素的相互作用还要结合地区的经济社会文化发展的指标和目标，进而对执政党执政行为产生动态的影响。在目前生态文明理念深入人心，生态文明建设大力推进的历史大背景下，执政方式的生态转向是中国共产党适应执政环境变化的必然选择。

再次，面对严峻的生态环境形势和实现可持续发展的要求，我们应当更加重视生态环境形势恶化对执政环境产生的影响，对生态问题的处置不善极有可能会引起难以预计的政治后果，导致群众对政党、政府的埋怨和指责，甚至引起民众与政府感情的疏远，增加社会不稳定因素。因此，执政党的政策导向就必须顺应时代潮流，回应人民群众的呼声，推进生态执政。

要推进生态执政，就必须提升党在生态文明建设中的执政能力，而执政能力建设正是新时期党的建设的主线和核心内容。因此，推进生态执政，首要的任务就是加强生态党建工作，这是中国共产党的执政地位所决定的。

2. 生态党建

在新时期，加强党的生态执政能力建设、建设生态文明是关系人民福祉、关乎民族未来的长远大计。在党的执政过程中切实体现生态文明建设的要求，就要求在国家的政治运行过程、决策设计环节、行政管理方面等都要全方位地体现科学发展的要求，保护生态环境，注重生态利益，保障人民的生态权益。通过实施生态执政，使党和政府获得进一步的政治认同，巩固中国共产党的执政基础和执政地位，赢得更广泛的国际尊重，树立良好国际形象。

通过对当前党建理论和生态文明理论的梳理和分析，所谓生态党建，就是牢牢抓住党的（生态）执政能力建设这一主线，把生态文明理念全面融入到党的建设的各个方面和全过程，特别是在思想建设、组织建设、作风建设、反腐倡廉建设、制度建设中突出生态文明建设的要求，为新时期推进以生态文明为目标的经济社会发展、转变经济发展方式、推动绿色崛起，提供有力的思想、组织、人才、制度保障。简单来说，生态党建就是要"围绕生态抓党建，抓好党建促生态"。生态党建扩展了党建功能的领域，把生态理念融入到思想、组织、作风、制度、反腐倡廉和执政能力建设等党建层面。推进生态党建的实质就是以生态文明理念为根本、发展生态经济为重点、人与自然相和谐为标准、生态资源为依托、发挥党员先锋模范作用为核心，致力于实现经济社会和谐、协调与可持续发展的目标。

在思想建设方面，要始终坚持把生态文明建设理论作为党员干部教育培训的必修内容，提高生态文明相关课程在党员干部教育培训中的比例，通报各地生态文明典型案例，开展警示教育，使生态文明建设的理念入心、入脑、入行动，牢固树立生态文明的理念，自觉践行生态文明。

在组织建设方面，强化生态文明建设的组织保障。坚持"围绕生态经济选班子、注重生态建设用干部"的思路，遴选、引进和培养一批政治坚定、能力过硬、作风优良、"懂经济、懂规划、懂环保"的高层次人才充实到领导干部队伍中来。建立健全党员干部和基层党组织的生态文明考核评估机制，提高对基层党组织和党员干部考核中的生态文明指标权重，以考核加强监督。强化党员干部生态文明监督管理机制，通过电话、网络、手机、信访等多种形式，对破坏生态、损害环境的行为，及时发现及时处理。建立和完善党员干部环境责任追究制度，对环境污染、生态破坏事件严格追责，权责合一，着力整治对生态文明建设"阳奉阴违"、对环境破坏事故"视而不见"等问题，做到严格问责。

在作风建设方面，以凝聚生态文明建设正能量、把握正确导向为方向，充分发挥党委的领导核心作用，加大生态文明宣传力度，党委和党员干部严格践行生态承诺，率先垂范，言必行、行必果，以良好的党风政风带动社风民风，在全社会真正树立生态文明理念。

在反腐倡廉建设中，对党员干部贪污腐败行为，特别是在资源开发、项目规划、土地征用等涉及民生的生态环境问题中的权钱交易零容忍，加大党内处罚的力度。严厉打击党员干部在生态和环保执法过程中的腐败行为。

在制度建设中，围绕生态文明建设的主题，建立健全各项突出生态文明的党员干部选拔任用制度、生态工作考核机制、环境责任追究制度等一系列党内制度，以制度选人才、管干部、强组织、转作风、促反腐，把生态党建工作纳入科学化制度化的范畴。

二、加强生态党建的理论与现实背景

（一）中国共产党生态文明建设思想形成

党的十七大第一次把"生态文明"写入了党的代表大会报告，十八大更是将"生态文明建设"上升为中国特色社会主义建设"五位一体"总布局的高度。"生态文明"思想的形成和成熟，是中国共产党人在领导全国各族人民探索发展中国特色社会主义道路的伟大历史进程中，不断研究发展中出现的新问题和新矛盾所得出的新观点、新思想，经过长期的积累而获得的重要理论成果。生态文明建设思想的形成和成熟，为生态党建的开展提供了重要的理论背景，对新时期加强生态党建具有重要的理论指导意义。

1. 萌芽时期（1949—1977 年）：新中国成立到"文革"结束

新中国成立后，以毛泽东为代表的党和国家第一代领导集体在极其艰苦的国内国际环境下开始社会主义现代化建设事业的探索和实践。面对生产力落后、人口众多、环境压力大、生态系统脆弱等难题，老一辈无产阶级革命家发扬艰苦奋斗的精神，学习先进国家工业化经验，大力发展特色农业，在推动工业化和经济社会发展的同时，也在实践的过程中逐渐认识到保护环境的重要性。毛泽东同志曾从辩证法的角度提出："人类同时是自然界和社会的奴隶，又是它们的主人"①，科学地阐释了人与自然的关系。他还指出："自然科学是人们争取自由的一种武装……人们为了要在自然界里得到自由，就要用科学技术来了解自然，克服自然和改造自然，从自然里得到自由"②。人类只有认识和掌握自然界的发展规律，才能不受自然的控制并成为自然的主人，实现必然王国到自由王国的飞跃。这一时期，党和政府提出了一些保护环境与治理污染的理念，并采取了一系列有益于生态环境保护的举措，这便构成了中国共产党生态文明建设思想的萌芽。

1972 年，在周总理的支持下，我国派代表团参加了在瑞典首都斯德哥尔摩举行的首次全球性的环境会议。中国代表团参与修改了《人类环境宣言》，并代表发展中国家提出了第三世界国家的环境利益。当时，由于"文化大革命"极"左"意识形态的影响，在很长一段时间内，人们都认为环境公害是资本主义特有的现象，不存在于社会主义国家。可以说，1972 年的世界环境会议对于中国共产党来说是一次重要的生态思想启蒙，为之后的生态文明思想孕育和丰富打下了基础。

1973 年，全国第一次环境保护会议在北京召开，从而正式揭开了中国共产党生态保护工作的序幕。这次会议客观地分析了我国的环境形势，公开承认了社会主义国家同样面临环境难题，并制定了具有里程碑式意义的环境保护"32 字方针"，即"全面规划、合理布局、综合利用、化害为利、依靠群众、大家动手、保护环境、造福人民"。随后，国家计划委员会提交国务院批准的《关于保护和改善环境的若干规定（试行草案）》，是中国环保史上首个经过国务院批准的、具有法规性质的文件，成为了新中国环保立法的起点。

---

① 毛泽东著作选读（下）[M]. 人民出版社，1986：846.
② 毛泽东文集. 第二卷[M]. 人民出版社，1993：269.

2. 起步时期（1978—1992 年）：从改革开放到党的十四大召开

进入新时期，我党生态文明建设经过各个时期的发展，逐步形成了一个系统的具有中国特色的生态文明建设理论，为生态文明建设的丰富和完善奠定了思想基础与实践基础。在这一阶段，主要从生态环境保护意义上探索生态文明建设，即以经济发展为主，生态环境保护为辅。

改革开放初期，邓小平同志就开始认识到自然资源问题的重要，曾论断底子薄、人口多、耕地少、资源还有待勘探开采使用是我国基本国情并将其作为社会主义初级阶段理论的基本依据之一。1982 年，党的十二大正式把实行计划生育确立为一项基本国策，改变了新中国成立以来长时间"人多力量大"的错误观念。党的十二大报告也第一次提出加强能源开发、降低能耗、节约资源的生态文明思想。

1983 年 12 月 31 日，全国第二次环境保护会议召开。时任中央书记处书记的万里同志在开幕式上讲话时指出，环境保护作为我国的一项基本国策，关系到子孙后代的切身利益。到 2000 年年末，预计我国经济上要翻两番，但如果那时候我们的空气、水、土地污染的一塌糊涂，水土流失的比现在更严重，那根本就谈不上是什么现代化的国家了。[①]

1987 年，党的十三大分析了我国发展所面临的困难与挑战，首次提出逐步转变经济增长方式和基本要求，即推动经济增长方式由以粗放经营为主转向以集约经营为主，进一步阐析了人口控制、环境保护和生态平衡三者之间关系是推动社会全面发展的关键，提出在推进经济建设的同时要兼顾自然资源的合理利用与保护，突出生态平衡的重要地位。

1989 年，邓小平就经济快速发展与资源、环境、人口等各个方面构成的矛盾，针对性地指出社会主义的发展必须要有后劲。1989 年，江泽民在党的十三届五中全会上把这一思想概括为："牢固树立国民经济持续稳定协调发展的指导思想"。1990 年，邓小平在谈到中国社会主义现代化发展战略时突出强调自然环境保护的重要性，要求各级领导予以重视。

1992 年，党的十四大在分析影响经济发展、社会全面进步的十个重要关系时提出：要不断改善人民生活，认真执行控制人口增长和加强环境保护的基本国策。要充分发挥科学技术在经济发展和社会进步中的重大作用，改善我国生态环境。同时，优先发展教育，提高全民族的思想道德和科学文化水平，增强全民族的环境意识，保护和合理利用自然资源，努力改善生态环境。

---

① 新时期环境保护重要文献选编（第 1 版）[M]. 北京：中央文献出版社，中国环境科学
　出版社，2001.

3. 发展时期（1993—2002 年）：从党的十四大召开到党的十六大召开

这一时期是中国共产党探索生态文明建设理论发展的重要阶段。随着可持续发展观念在全社会形成、生态立法日趋完善，以及我国在生态方面的国际合作日益加强，党中央对生态文明建设理论认识更加深入，取得了很多丰硕的理论果实。

十四大后，党中央在生态文明建设方面投入了前所未有的关注，集中精力研究经济建设与人口、资源、环境的辩证关系。1995 年 9 月，江泽民在党的十四届五中全会上首次提出：在现代化建设中，必须把实现可持续发展确定为我国经济和社会发展的重要指导方针，纳入到"国家九五发展规划"，并对可持续发展作了科学的阐释：既要考虑当前发展的需要，又要考虑未来发展的需要，不以牺牲后代人的利益为代价来满足当代人的利益需求。

1997 年，党的十五大第一次把可持续发展、科教兴国作为跨世纪的国家发展战略写入党代会的报告中，与后来提出的人才强国战略并列为国家"三大发展战略"。以江泽民为核心的中央领导集体在这一阶段的一系列报告中论述了速度与效益的关系，深刻揭示了经济发展、人口控制、资源节约、环境保护之间的重要关系，为十六大、十七大提出的小康社会、两型社会、科学发展观等重要生态文明建设理论做了良好铺垫。1998 年 10 月召开的党的十五届中央委员会三次会议上指出了水利基础设施建设和农业生态环境改善的重要性和迫切性，提出了发展可持续农业，加强林业防护建设，防治水土流失、土地荒漠化，保护耕地、森林植被和水资源等生态环境的保护措施。

世纪之交，中国共产党从西部大开发战略的高度，反复阐析了"破坏资源环境就是破坏生产力，保护资源环境就是保护生产力，改善资源环境就是发展生产力"的思想。并强调，在西部大开发中，"改善生态环境，是西部地区开发建设必须首先研究解决的一个重大课题。"在西部大开发战略中要遵从可持续发展的理念，坚持合理利用、预防为主、保护优先的原则，努力改善西部的生态环境，致力于变西部资源优势为经济优势，加强开发建设的环境监督管理，避免走先破坏后恢复的老路。

2002 年，党的十六大报告明确地将可持续发展列为全面建设小康社会的奋斗目标之一，即"可持续发展能力不断增强，生态环境得到改善，资源利用效率显著提高，促进人与自然的和谐，推动整个社会走上生产发展、生活富裕、生态良好的文明发展道路"。同时，十六大报告提出了"走新型工业化的道路"的发展理念，要集中发展科技含量高、经济效益好、资源消耗低、环境污染少、人力资源优势能够得到充分发挥的科学工业发展道路。这是中国共产党第一次将可持续发展的生态建设作为全面建设小康社会的重要目标记载到党的重要文献中。

4. 成熟时期（2003年至今）：自科学发展观提出以来

党的十六大以后，以2003年"非典"疫情的爆发为标志，中国公民的环境意识在灾难中陡然提高，社会公众开始对片面的经济增长方式、畸形的政绩观、不科学的消费观进行反省与批判，发展观念与发展方式的变革成为这一时期的大势所趋。科学发展观的重要思想在这一时期正式提出，生态文明建设的概念也随之诞生，其地位不断提升，内容不断充实完善，并开始向制度完善和机制创新方向发展，中国共产党在这一时期的生态文明建设思想和实践也走向成熟与完善。

2003年7月28日，在全国防治"非典"总结大会的讲话中，胡锦涛总书记提出"要坚持在经济发展的基础上努力实现社会的全面发展，要促进人的全面发展，要促进人与自然之间的和谐。在发展的进程中，经济指标固然应该关注，但同时也不能忽视人文指标，更不能不顾环境和资源指标；不要单增加经济增长的投入，同时更要增加促进社会发展的投入，以及保护资源和环境的投入"。这次讲话被认为是科学发展观的思想第一次在正式场合提出。此后，自2003年10月的十六届三中全会到2005年10月的十六届五中全会，党中央更加深入全面地论述了科学发展观的深刻内涵，并决定将科学发展观全面落实到我国经济社会发展的整体实践中去，这就为党的十七大上生态文明建设概念和思想的诞生奠定了基础。

2005年，国务院印发了《关于加快发展循环经济的若干意见》，这个文件是我国发展循环经济的第一个纲领性文件。2005年10月8日到11日，中共十六届五中全会把"优化结构、提高效益和降低消耗"作为实现2010年人均国内生产总值比2000年翻一番的前提和基础，提出要不断提高资源利用效率，把单位国内生产总值能源消耗的量化指标比"十五"期末降低20%左右。党的十六届五中全会首次提出把环境量化指标和构建"资源节约型、环境友好型社会"的两型社会思想。"加快建设资源节约型、环境友好型社会，大力发展循环经济，加大环境保护力度，切实保护好自然生态，认真解决影响经济社会发展特别是严重危害人民健康的突出的环境问题，在全社会形成资源节约的增长方式和健康文明的消费模式"。资源节约型社会以节约资源为核心，在生产、流通、消费等各领域各环节，通过采取技术和管理等综合措施，厉行节约，降低经济发展中的资源消耗和环境代价。环境友好型社会以人类的生产和消费活动与自然生态系统协调可持续发展为核心内涵，是一种人与自然和谐共生的社会状态。

2006年10月8日至11日，中共十六届六中全会在北京举行，审议并通过了《中共中央关于构建社会主义和谐社会若干重大问题的决定》。《决定》提出，影响社会和谐的首要矛盾是"城乡、区域、经济社会发展很不平衡，人口资源环境压力加大"，推动实现"人与自然相和谐"是构建社会主义和谐社会的六个重大任务之一。

2007年10月15日，中国共产党第十七次全国代表大会召开。十七大科学地总结了当代世界发展的新趋势和我国改革开放的新经验，第一次正式提出生态文明建设的概念和战略。"生态文明"首次写入党代会报告，并具体列出了生态文明建设的根本要求，即"建设生态文明，基本形成节约能源资源和保护生态环境的产业结构、增长方式、消费模式。循环经济形成较大规模，可再生能源比重显著上升。主要污染物排放得到有效控制，生态环境质量明显改善。生态文明观念在全社会牢固树立"，成为报告中的最大亮点和创新。生态文明的提出，丰富了小康社会建设的内涵、细化了建设的目标，并要求统筹考虑人与自然的和谐发展，这是中国共产党对子孙后代和、对世界负责的庄重承诺。随后，在党的十七届四中、五中全会上，"四大建设"加之生态文明成为了"五大建设"，丰富了我国特色社会主义事业的整体布局。从可持续发展战略到科学发展观，从统筹人与自然和谐发展到建设生态文明，中国共产党生态文明思想初步成熟。十七大是我党生态文明建设思想形成过程中的里程碑，它的确立标志着我党在执政理念、执政方向、执政模式的方面取得重大突破。

2010年10月，党的十七届五中全会提出把"绿色发展，建设资源节约型、环境友好型社会"和"提高生态文明水平"作为"十二五"时期的重要战略任务。倡导全社会树立绿色、低碳发展理念，把节能减排作为工作重点，力争快速建立资源节约、环境友好的生产方式和消费模式，增强社会可持续发展的能力，完善政府激励与约束机制。

2012年11月8日，中国共产党第十八次全国代表大会召开。会议提出把生态文明建设置于突出地位，纳入"五位一体"的中国特色社会主义建设总布局，深刻揭示了"五大建设"的内在联系和相辅相成的辩证关系，是对中国特色社会主义理论体系的重大创新与丰富。生态文明建设关系人民福祉、关乎民族未来。要大力推进生态文明及其相关建设，把生态文明建设摆在了更加突出的地位，融入经济建设、政治建设、文化建设、社会建设各方面和全过程，努力建设美丽中国，实现中华民族永续发展。并从"优化国土空间开发格局、全面促进资源节约、加大自然生态系统和环境保护力度、加强生态文明制度建设"等方面,对生态文明建设做出了宏观部署。

2013 年,党的十八届三中全会就加快生态文明制度建设提出明确要求,以生态文明理念统领经济和社会发展,已经成为科学发展的时代主题。

在这一时期表明,生态文明建设思想不断成熟完善,生态文明已经深深地根植于中国共产党执政观念中,生态文明建设纳入到了中国共产党执政体系的顶层设计之中,这充分体现了中国共产党治国理政的新境界。

(二)加强生态党建的现实背景

长期以来,贵州省由于地理条件的限制和各种历史原因的影响,一直是贫困问题最突出的欠发达省份。贫困和落后是贵州的主要矛盾,加快发展是贵州的主要任务。经过多年的探索与实践,新世纪以来,贵州逐步摸索出一条发展与生态相协调的生态文明发展道路。近年来,省、市(贵阳)、县(清镇)三级都明确提出发展与生态建设并重,走向生态文明新时代的新路子。这些发展思路的转变和实际工作的推进,为加强生态党建提供了现实背景和有力的实践支撑。

1. 贵州:"两加一推"主基调与"两条底线"发展思路的形成

良好的生态环境是落实科学发展观、实现可持续发展的重要基础。贵州是长江和珠江上游的分水岭,加强生态建设是构筑"两江"上游重要生态屏障的迫切需要。进入新世纪以来,贵州抢抓西部大开发的良好机遇和国家实施退耕还林的契机,2004 年 7 月,贵州省委九届五次全会确立"生态立省"战略,提出坚持生态立省,扎实推进环境保护和建设,促进人与自然和谐发展,力争到 2010 年全省森林覆盖率达到 40%,为全省经济社会发展实现历史性跨越奠定良好生态基础。"生态立省"战略提出后,贵州全省切实将保持良好的生态环境作为立省之本,不断加快污染治理步伐,加强生态环境保护,大力发展循环经济,强化环境执法,妥善处理加快发展与环境保护的关系。高标准、高质量地实施了天然林保护、退耕还林、"两江"防护林体系建设、野生动植物和自然保护区建设、速生丰产用材林基地建设和沙漠化治理六项工程,为可持续发展打下坚实的生态和环境基础。坚持把转变经济增长方式作为化解环境与发展矛盾的治本之策,更加注重节约资源、保护环境、改善生态,切实加强重点流域、重点区域的环境治理,坚决制止破坏自然环境、乱采滥用资源的行为,严格规定火电项目必须配套脱硫装置。认真贯彻《全国生态环境保护纲要》,全面开展了全省生态环境现状调查,加大了自然保护区建设和管理力度，建立了贵州省生物物种资源保护联席会议制度和自然保护区评审会议制度。全省环境质量趋于好转，逐步走上一条生产发展、生活富裕、生态良好的文明发展之路。

2007年4月召开的贵州省第十次党代会上，贵州省委又提出"环境立省"战略。省委十届二次全会又强调必须牢固树立生态文明观念，强化"保住青山绿水也是政绩"的生态执政理念；全省经济工作会议着重提出要大力推进生态文明建设，坚持把建设生态文明作为实现贵州经济社会发展历史性跨越的根本途径。这是省委、省政府在深化省情认识的基础上，对贵州发展思路的进一步明晰、发展战略的进一步深化。"环境立省"战略体现了贵州省委、省政府"既要金山银山、更要绿水青山"的清晰思路，体现了贵州省委、省政府一切以大局决定取舍，局部利益服从全局利益，眼前利益服从长远利益，决不搞只顾GDP增长而不顾生态环境、局部污染全局、上游污染下游的事情。坚持把保持良好的生态环境作为贵州最突出的竞争优势之一，坚持在保护中开发、在开发中保护，寓生态建设于资源开发之中，融资源开发于生态建设之中。

"十二五"来临之际，贫困人口最多、贫困程度最深的贵州省，面临着巨大的发展压力。2010年10月26日，站在"十一五"和"十二五"交接的历史新起点，贵州省召开了第一次工业发展大会，提出"工业强省"战略。会议指出，工业不强，是贵州不富的重要原因；贵州奔富，要从做强工业起笔。在今后一段时期，要以工业为突破口，拉动贵州经济总量的快速增长，为推动经济社会的历史性跨越增加新动力。"工业强省"战略提出后，成为全省各级党委、政府"一把手工程"，学工业、谋工业、抓工业的力度空前加大，措施空前有力，氛围空前浓厚。实施"工业强省"战略，贵州瞄准的是新型工业化的方向。坚持在保护中发展，在发展中保护。既要保住青山绿水，又要使老百姓能够尽快致富，能够增加就业，能够改善人民的生活。走新型工业化道路，一方面要做好"减法"，坚决淘汰高污染、高耗能项目和落后产能，推进节能减排工作；另一方面要做好"加法"，大力引进科技含量高、经济效益好、资源消耗低、环境污染少、资源优势得到充分发挥的新型工业项目。

为谋求跨越式发展，2010年10月30日，贵州省委十届十次（扩大）会议提出把"加速发展、加快转型、推动跨越"（简称"两加一推"）作为贵州今后五年发展的主基调的重要精神。贵州开始实施"两加一推"主基调和工业强省与城镇化带动两大战略，寻求新的"突围之路"。会议强调，必须高举发展、团结、奋斗三面旗帜，切实把思想统一到发展上，把心思集中到发展上，把力量凝聚到发展上，大力弘扬长征精神、遵义会议精神和"不怕困难、艰苦奋斗、攻坚克难、永不退缩"的贵州精神，加强领导、明确责任，改进作风、真抓实干，把中央的精神和省委的决策部署落到实处。要进一步加强党的建设，大力建设高素质的发展型领导班子和干部队伍，营造干事创业的良好政治生态环境，扎实做好新形势下的群众工作，切实增强执行力，为完成"十二五"发展的目标任务提供坚强保证。在 2012 年 1 月的国发 2 号文件和 2012 年 4 月的中国共产党贵州省第十一次代表大会报告中，都继续强调了"加速发展、加快转型、推动跨越"的主基调。"两加一推"把贵州发展中的"赶"与"转"有机地统一起来，正式成为科学发展的贵州抉择，在实践中日益深入人心。2013 年，贵州省的生产总值突破 8000 亿元，经济增速保持了高于全国、高于西部、高于以往的势头，从 2010 年排名全国第十八位连续攀升到 2011 年的第三位、2012 年的第二位，2013 年跃居全国第一位。

2013 年 11 月，习近平总书记在听取贵州省委、省政府的工作汇报时，作出了贵州"要守住发展和生态两条底线"的重要指示。贵州的发展必须守住两条底线：一是发展的底线。贵州过去发展慢、欠账多，实现同步小康的任务要求我们必须长期保持一个较快的增长速度；二是生态的底线。绝不能以破坏生态来换取经济增长，必须要转变经济增长方式，走节约资源、保护环境的发展路子。守住两条底线，必须更深层次地理解科学发展，在发展中保护生态环境，在发展中解决生态问题；坚守两条底线，必须更深层次地推进生态文明，把改善民生作为生态文明建设的出发点和落脚点，通过法制保障来推进生态文明建设，明确生态红线，严厉惩处"越线"行为。

2014 年 6 月，国家发展改革委、财政部、国土资源部、水利部、农业部、国家林业局六部门联合下发通知，批准《贵州省生态文明先行示范区建设实施方案》，贵州成为全国第二个获批的以省为单位的生态文明先行示范区，从此贵州国家生态文明先行示范区建设正式启动实施。

综上所述，从 2004 年到 2014 年的十年间，从"生态立省"战略到"环境立省"战略，从"工业强省"战略和城镇化带动战略到"两加一推"主基调，从"两条底线"到生态文明先行示范区建设，贵州逐步探索出了一条符合省情实际、发展与生态并重的生态文明发展道路。

2. 贵阳：生态文明城市建设的发展新思路

21 世纪以来，作为贵州省的省会城市，贵阳是在全省率先开始生态文明建设的探索和实践的。2001 年 8 月，贵阳充分发挥二环林带的生态优势，将自身定位为"森林之城"。2002 年，贵阳被列为首个全国建设循环经济生态试点城市。2004 年 11 月，第一届"中国城市森林论坛"在贵阳举行，国家林业局授予贵阳市首个"国家森林城市"称号。2007年6月，贵阳市正式启动创模活动。2007年8月，中国气象学专家组向贵阳颁发了"中国避暑之都"的匾额。

2007年，党的十七大首次提出了"生态文明"的发展理念和要求。贵阳市以生态文明为引领，于2007年12月29日的贵阳市委八届四次全会上通过了《中共贵阳市委关于建设生态文明城市的决定》，率先提出了建设生态文明城市的发展方向，坚持不懈地推进生态文明城市建设，实现了经济快速发展、环境持续向好、民生稳步改善的多赢，积累了宝贵经验。

2007年11月20日，贵阳市在全国率先成立环境保护审判庭，并在环保任务最重的清镇市成立环境保护法庭，运用法律武器保护生态环境资源。党的十八大后，贵阳市进一步完善生态文明建设的法制体系，将环境保护"两庭"更名为生态保护"两庭"。同时，在贵阳市检察院、清镇市检察院分别设置了生态保护检察局，办理涉及生态保护的公诉案件和环境公益诉讼案件、涉及生态保护领域的职务犯罪预防，并对涉及生态保护的刑事侦查和审判活动开展法律监督；在贵阳市公安局设置生态保护分局，办理涉及生态和环境保护的各类刑事、治安案件，加大对破坏生态文明建设的各类违法犯罪行为的打击力度，对森林公安相关业务进行指导、协调。2007年11月21日，贵阳市两湖一库环境保护基金会成立。11月30日，贵阳市两湖一库管理局挂牌成立。

2009年6月，国家环保部将贵阳市列为全国生态文明建设试点城市。8月，首届"生态文明贵阳会议"召开，会议主题是"发展绿色经济——我们共同的责任"。2013年1月21日，经党中央、国务院同意，外交部批准把"生态文明贵阳会议"升格为"生态文明贵阳国际论坛"，成为全国唯一一个以生态文明为主题的国际性论坛。

2010年3月1日，全国第一部促进生态文明建设的地方性法规——《贵阳市促进生态文明建设条例》——正式施行。8月10日，贵阳被国家发改委列为全国低碳试点城市。

2011年12月20日，贵阳市获得"全国文明城市"和"国家卫生城市"的称号。

2012年1月，国发2号文件明确提出把贵阳建设成为全国生态文明城市。11月27日，贵阳市生态文明建设委员会挂牌成立。12月17日，国家发改委批复了《贵阳建设全国生态文明示范城市规划（2012—2020年）》，这是国家发改委审批的全国第一个生态文明城市规划。《规划》中，将贵阳市定位为全国生态文明示范城市、创新城市发展试验区、城乡协调发展先行区和国际生态文明交流合作平台，将生态文明建设融入到贵阳市经济、政治、文化、社会建设的各方面和全过程。

2013 年 12 月 26 日，中共贵阳市委九届三次全会强调，奋力打造贵阳发展升级版，产业发展要升级、城市建设管理要升级、生态保护要升级、民生改善要升级。牢牢守住发展的底线，保持一个较快的发展速度；守住生态的底线，不能增加落后产能、破坏生态环境。紧扣加快建设全国生态文明示范城市这一目标，奋力走出一条西部欠发达城市经济发展与生态改善"双赢"的可持续发展之路。

近年来，贵阳市牢牢把握"主基调"，重点实施"主战略"，坚持"十破十立"，牢牢把握"坚持走科学发展路、加快建生态文明市"的总路径、"创新突破、好中快进"的总原则、"四化同步"的总抓手，积极推进"5 个 100工程"，生态文明建设取得了重大突破，为 2015 年在全省率先全面建成小康社会、2020 年建成全国生态文明示范城市并迈进生态文明新时代奠定了坚实基础。

3. 清镇："保湖"到生态文明示范市的理念扩展

清镇市是贵阳市下属的县级市，辖区内的红枫湖、百花湖两大湖泊水系是贵阳百万市民的"大水缸"。20 世纪 90 年代中期以来，经济社会快速发展的同时，生态环境快速恶化，"两湖"水质降低到Ⅴ类或劣Ⅴ类水平。2007年以来，清镇市委、市政府高度重视"两湖"的污染问题，以生态文明建设理念为引领，将"保湖"作为清镇生态文明建设首要任务和核心内容，牢固树立"保湖富民、人水和谐、科学发展"的理念，经过数年努力，红枫湖水质从Ⅴ类或劣Ⅴ类上升并稳定到Ⅲ类、Ⅱ类水平，"保湖"工程取得了阶段性的胜利。

21 世纪的第二个十年开始后，清镇市按照市委第五次党代会的工作部署，以"东区城市化、西区工业化、全市生态化"为主战略，紧紧围绕"发展、保湖、民生、稳定、党建"五大重点，凝心聚力、开拓进取、真抓实干，全力实施"三大战役、十大战场"，奋力推动经济社会加快发展、转型升级，各项工作取得了显著成绩：一是全面贯彻落实了中央、省委、贵阳市委的决策部署，结合实际不断完善发展思路，用好"改革开放"关键一招，以改革开放新举措推动清镇转型升级、跨越发展；二是全面推进高新技术产业和现代制造业、现代服务业、现代农业及城市化进程，发展步伐明显加快，经济实力不断提升；三是高举生态文明建设的旗帜，坚决不碰生态红线，严守生态保护底线，切实解决好"水"、"气"等与群众息息相关的环境问题；四是着力解决"民生十困"，全面推进社会事业快速发展，不断提升人民群众幸福指数；五是加强和创新社会治理，全力打好平安建设"保位战"，构建"平安清镇"；六是以改革创新精神加强党的建设，着力抓好领导班子自身建设、党的基层组织和干部人才队伍建设、宣传思想文化工作、党风廉政建设和干部队伍作风建设，不断提高党建科学化水平。

2014年1月3日，中国共产党清镇市第五届委员会第七次全体（扩大）会议召开，会议以走可持续发展道路，打造清镇发展升级版，加快生态文明示范城市建设步伐为主题，为清镇市"绿色崛起"谋划未来。会议要求全市党员干部深化清镇"生态区、旅游区和工矿区是历史定位；小城市、大农村是发展现状；欠发达、欠开放是主要矛盾；保生态、保民生是基本职责；快发展、快转型是第一要务"的市情认识，进一步统一思想，切实增强"打造清镇发展升级版，建设生态文明示范市"的紧迫感、责任感和使命感。

会议提出：当前和今后一个时期，清镇市经济社会发展的基本思路是"高举一面旗帜，围绕一个目标，遵循一个路径，处理好三个关系，强化三个意识，坚持24字工作方针，切实加快生态文明示范城市建设步伐"。"高举一面旗帜"，即高举生态文明建设这面旗帜不动摇；"围绕一个目标"，即把清镇市建设成为"生态环境良好、生态产业发达、生态观念浓厚、文化特色鲜明、市民和谐幸福、政府廉洁高效"的生态文明示范城市；"遵循一个路径"，即坚持走"以科技创新为引领，以实体经济为支撑，以生态保护为底线，以改革开放为动力，以改善民生为根本，以党的建设为保障"的一条可持续发展之路，实现经济发展与生态改善"双赢"；"处理好三个关系"，即继续处理好"发展与保护、速度与结构、经济与民生的关系"；"强化三个意识"，即强化开放意识、强化机遇意识、强化担当意识；"坚持24字工作方针"，即"抓机遇、作规划、治环境、调结构、保投入、惠民生、促改革、强队伍"。

会议指出：要以深化生态文明建设机制改革为契机，着力构建生态环境体系；要坚持以"创建国家环境保护模范城市"为载体，实行最严格的规划保护、建设保护、执法保护，认真实施好"蓝天守护"、"碧水治理"、"绿地保卫"三个行动计划，全力打好"控违、治水、护林、净气、保土、强管"六大战役，抓好"绿化、美化、亮化、净化、序化、畅通"六大工程，着力改善城市生态环境，充分彰显"高原明珠·滨湖新城"的城市形象。

会议强调："打造清镇发展升级版，建设生态文明示范市"，关键在班子、在队伍，全市上下要以改革创新的精神，深入实施"阳光党建"、"阳光队伍"、"阳光党务、政务"三大工程，让思想在阳光下升华，让队伍在阳光下成长，让权力在阳光下运行。

由此可见，随着"保湖"任务的阶段性完成，清镇正向着打造发展升级版、建设生态文明示范市、推进绿色崛起的更为宏大的新目标迈进。从本地区实际工作需要出发，如何坚守生态与发展两条底线，如何有序、有效强化资源环境的维护、保障和改善民生，促进绿色产业的发展，大力推进生态文明先行示范市的建设，成为清镇当前党委和政府工作所面临的重大历史课题。为实现这些目标，就必须在顺应生态文明建设的基本要求、基本规律、环境变化、时代特征及价值取向的基础上，以及结合本地区发展的实际，树立生态执政理念的同时，从根源上构建以生态文明理念为导向的新型党建的工作思路与机制，推进党的建设与生态文明先行示范市建设的紧密结合。

三、清镇市推进生态党建的实践与经验

（一）清镇市推进生态党建工作的探索与实践

清镇市作为贵阳市下辖的唯一一个县级市，既是贵阳上百万市民的"水缸"所在地，也是贵阳市气候、电力和工业重地，地位非常特殊，所面临的发展和生态保护问题也显得非常突出。多年来，清镇市委在党的建设过程中，一直秉承着生态文明的理念，催生了一系列有关生态文明政策的出台，在实践中达到了党的建设与生态文明的统一和契合，探索出了一条符合市情的生态党建特色之路。

1. 发挥主体责任，加强内部框架建设

在政治层面，清镇市委将生态文明建设纳入政治任务框架之中，明确了自己的主体责任，注重加强自身内部建设，推动生态文明建设。清镇市委提出以生态文明市建设为统领，围绕破解"水缸不净、农民不富、蛋糕不大"三大突出问题，全力实施"保湖、发展、民生、稳定、党的建设"五大工作重点的总思路。

党员干部和基层党组织，是党的建设的基础，也是贯彻落实党的执政思路和发展理念的重要载体。清镇市以"夯实基层、打牢基础"为抓手，从党员个体和基层组织两个方面，把生态党建工作深入基层，落到实处。

（1）党员干部：从"客体"行为到"主体"行为。在贯彻生态文明理念过程中，清镇市委结合实际，创新干部绩效考核机制，把保护生态环境的业绩纳入考核之中，先后制定了以公众评价为主要依据的各级党政领导班子和领导干部绩效考核办法、公务员绩效考核办法，重点考核各责任单位完成《清镇市建设生态文明城市责任分解表》的情况，并出台了《清镇市建设生态文

明城市目标绩效考核办法》和《清镇市建设生态文明城市目标绩效考核评估计分实施细则》。绩效考核采取百分制，由工作绩效目标考核得分和公众满意度考核评价得分加权重计算。根据绩效考核得分情况分类，并按照一定比例将各责任单位确定为先进、良好、合格、不合格4个等级。按照"一票否决"的原则，对违反廉政建设、安全生产、社会稳定、生态保护等任何一项规定的责任人或单位，将取消评选资格。另外，在农村党建工作中提出对农村党员实行"九岗六环三考评"，开展设岗定责，即设置致富帮带岗、帮困扶弱岗、科技示范岗、信息传递岗、政策宣传岗、文明新风岗、村务监督岗、环境卫生岗、治安调解岗九个岗位，按照个人认岗、民主荐岗、支部定岗、公示明岗、指导履岗、考核评岗六个环节组织实施，建立个人述岗自评、党员民主测评和支部综合评定相结合的"三项考评机制"，每年将考评结果在上岗党员荣誉栏中予以公布，切实让党员"无职"变"有责"，"无位"变"有为"。同时，下发了发展党员量化考核积分表，并将是否积极投身于"三创一办"作为衡量党员质量的一条重要标准。通过一系列办法的实施，逐步改变过去党员群体被教育、被管理的方式，突出了党员"主体"身份的转换。党员在生态文明建设中的主体地位得到彰显，被放在了主动位置上。

（2）基层组织：从"柔性"制约到"刚性"制约。在生态文明建设中，机制、体制和制度带有全局性、根本性和长远性。生态文明建设与完善组织机制体制相结合，是清镇市委加强生态文明理念实践的基本经验。一是建立齐抓共管的组织领导机制，进行责任分解，使每一项任务都落实到部门和具体个人，形成人人负责任、事事有落实的良好局面。在2011年印发的《中共清镇市委关于深入实施"堡垒工程"全心全意为民谋幸福提升群众幸福指数全面加强基层党组织建设的意见》中明确提出："全力抓生态建设，在保护"两湖"和整脏治乱上创先争优。"二是建立综合评价考核制度。2012年，探索和研究制定了符合科学考核观要求的《清镇市"星级"党建示范点提升工作考核办法》，和体现正确组织建设观要求的《清镇市"星级"党建示范点阵地建设标准》，对村级综合楼办公场所等的环境建设提出了具体要求，并就村容村貌、绿化卫生和诚信农民等指标做了硬性规范。同时，在《清镇市农村（社区）基层党建工作量化评分表》中还明确要求建立村民议事机构——村民议事会，按"三会一评"四步工作法开展工作。

这些办法的实施，消除了过去制度上的缺失、错位和不到位，避免了生态理念实践在组织工作中的随意性，具有可操作性和实用性，强化了组织监督功能对生态建设的刚性制约，保障了生态文明理念贯彻的有序化。

2. 扩大公众参与，增强党群互动

公众参与是党的建设的重要基础和先要条件，其机制的发挥对生态文明建设具有积极作用。公众参与机制是生态文明建设的基石和重要保障。不断完善生态文明建设公众参与机制，能更加充分地发挥公众在生态文明建设中的重要作用，加快推进生态文明建设，实现人与自然的和谐相处和可持续发展。

（1）强化公众参与生态文明建设的意识。加强生态文明建设，思想观念的转变是关键。生态伦理只有通过外在的教育引导，才能形成一定的道德意识，实现外在道德向内在道德的转换。清镇市委始终把培育和发展生态文化作为生态文明建设的核心内容，通过大力弘扬生态文化，将生态文化融入到人们的思想行为、生活方式、社会风气等各个方面。广泛宣传和普及生态文明知识，弘扬生态文明理念，在全社会倡导绿色低碳的生活方式和健康文明的消费模式，形成节约能源资源、保护环境的良好社会风尚。一是普及生态知识和环保法律知识，引导广大干部树立科学发展观和正确的政绩观，强化广大人民群众的生态伦理意识；改变单一的传统灌输式教育方法，贴近实际、贴近生活，把对群众的思想政治教育置于社会主义新农村和美丽乡村建设的大环境中。二是建立健全生态教育机制。清镇市通过组织开展道德讲堂、湖城论坛等，完善从家庭到学校、社会的全方位生态教育体系，让生态道德教育进社区、进农村、进企业等，使生态文明建设在全县达成广泛共识。三是将生态文明的理念渗透到生产、生活各个层面，增强全民的生态责任意识，树立生态文明观、伦理观、价值观。通过举办科普讲座、兴建农村图书馆，大力普及农村科技文化教育，组织"文化下乡活动"，采取容易被农民接受的寓教于乐、喜闻乐见的方法，增强生态教育的趣味性和感染性，在潜移默化中达到对农民进行思想政治教育的目的。

（2）构建公众参与生态文明建设的组织。建立健全包括各类官方组织和民间组织的公众参与组织体系，也是以公众参与生态文明建设来推动党的建设和社会发展的基本途径。加强公众组织建设，选择有影响力、领导力的人才来组织公众参与生态文明活动是鼓励全民参与的重要方式和途径。目前，虽然清镇在生态文明理念的实践中的公众组织较少，但是以现有的诚信促进会、社区志愿服务站等为基础，还是形成了协作联动的组织网络格局。清镇在这方面主要从沟通机制、评估机制等方面健全自治机制。在创建生态文明城市的过程中，清镇通过成立以党委或支部领导、有关部门和负责人及有关机构参与的生态文明建设领导小组，切实将公众参与生态文明建设列入工作规划和议事日程，推动了公众广泛参与生态文明建设实践。例如在 2012 年印

发的《关于在农村建立村民议事会实行"三会一评"四步工作法扩大农村基层民主的通知》中指出要引导村民群众自觉参与村级事务，并在《乡（镇）村（居）党组织书记、议事会会长、村（居）委会主任满意度测评参考要点》中明确要求要围绕生态建设和整脏治乱等十大民生工程，不断提升群众的幸福指数。在实施社区区域化党建和基层管理体制改革之初，在社区建立"大党委"格局，通过健全党委领导的协调机制，不仅囊括了辖区内的学校、企业等力量，可以充分调动群众参政议政的积极性，还可以通过这些自治机制的有效运作来提高群众的生态教育水平和思想政治水平，确立党委在基层生态文明建设中的主体地位，使社会参与力量认识到自身所肩负的责任，积极参与到生态文明建设的实践中去，主动为基层生态文明建设献言献策。

基层党组织的自治机制是贯彻执行党的生态文明理念的前提，是基层组织进行思想政治教育的重要保障。因此，健全基层公众组织是提高党员干部群众生态教育水平的必要手段。清镇借助基层组织，通过电视节目、手机短信、网上宣传等现代媒体将党的方针政策、各级的指示要求及生态文明建设的重要性传播给广大农民，坚持教育与服务相结合，改变农民的错误思想和落后观念，帮助他们树立正确的生态责任感和道德价值观。

（3）落实公众参与生态文明建设的机制。一是信息传达机制。清镇各级党的组织通过邀请公众代表等途径在各级部门的环境审议会、听证会、评审会等各种表达平台，不断丰富环境信息的发布层次，及时、全面、准确地向社会公开环境信息，特别是当前公众十分关注的环境质量信息，如水、气、土壤环境质量等长期和即时信息，力求让更多、更广泛的公众知晓环境信息，从而主动参与生态建设。二是公众监督机制。不断完善公众监督的新形式、新内容、新途径，通过公众参与党风政风评议、环境执法、环境信访、环境监测等工作，由群众针对目前和今后的环境政策、建设项目，以及即将出台的工作措施等内容充分、自由地表达意见和建议，不断扩大公众参与的影响面，使得各级有关部门有条件提前充分吸收、借鉴和运用，作为生态文明建设公众参与的首要程序，实现环境信息机制的良性运行。建立健全环境信息的评议、考核和责任追究制度，定期对环境信息工作进行督促检查。

3. 借力政策支持，加强导向激励机制

（1）政策引导。根据生态文明建设的要求，清镇市党委在研究制定推进生态文明建设的方案和保障措施的过程中，通过政策调控和引导，加强生态文明的执政和社会动员，制定和落实行之有效的生态保护政策与法规，建立健全环境监管机制，提高环境监管能力，加大环保执法力度，加快建立生态

补偿机制和绿色国民经济核算体系，协调解决出现的困难和问题，进一步确保了生态文明建设目标任务和各项措施的落实。一是将生态文明建设与创建文明城市建设结合。通过下发《清镇市关于建立文明城市管理长效机制提升生态文明城市品位的实施方案》等文件，将建设生态文明城市与创建全国文明城市的目标、要求及主要内容结合起来，以生态文明城市建设引领文明城市创建，以转变发展方式、保护生态环境、完善城市功能为着力点，以改善人民生活、提升市民素质、改进党员干部作风为落脚点，不断充实、拓展、提升文明城市创建的内涵，并以文明创建工作纵深推进生态文明理念的实践。二是将生态文明建设与诚信农民建设结合。清镇市党委把诚信作为清镇的主流文化和特质，在各乡镇和社区都成立了诚信工作领导小组，并落实组织保障，明确了目标任务和责任分工，对星级以上农户实行林业扶贫项目优先，实现了生态效益和社会效益的整合。三是将生态文明建设与小康建设结合。建设生态文明是全面建设小康社会奋斗目标的内在需求，是深入贯彻落实科学发展观的重要内容。结合实际，清镇市党委在提出新战略的同时，坚持走比较优势的路子，不再采取过去的围绕 GDP 评价的考核机制，而改为引入公众评价机制，围绕"幸福满意度"做文章，实行以工作绩效和公众评价为依据的绩效考核制度。

（2）机制构建。在党的建设与生态建设的互动中，关键在于找到最适合党的自身建设与发展的生态机制，然后按照这个生态定位的要求规范党的运行，相应的党建问题便会得到一个制度性的解决。无论是在各项规定的制定过程中，还是在城市空间布局的调整和经济发展过程中，清镇市党委始终坚持贯彻生态文明理念，并着眼于实现清镇的可持续发展。原市委书记杨明晋在清镇市建设生态文明城市领导干部专题研讨班暨 2008 年环境保护大会上的讲话中曾指出：既要金山银山，也要绿水青山，"金山银山＋绿水青山＝可持续发展"。

为了牢固树立生态文明理念，切实有效地推动生态文明建设，清镇市委主要通过学校、电视、广播、报刊、微信平台等进行生态道德教育，普及生态文明知识，增强公众的生态文明意识。此外，市委还特别重视生态法制建设，以"准军事化"管理，"六抓"（抓教育、抓学习、抓管理、抓监督、抓查处、抓班子）队伍建设，开创法制保障工作新局面，为生态文明建设提供了可靠的法制保障。

这一系列正式与非正式机制的建立，有力地促进了广大党员干部群众在生态文明建设中的参与，为公众提供了一个广泛的参与平台，建立起了一个与社会发展相适应、符合生态发展规律的管理体制和运行机制。

（3）利益刺激。奥尔森在《集体行动的逻辑》一书中提到，只有一种独立的和"选择性"的激励会驱使潜在集团中的理性个体采取有利于集体的行动。大集团有采取行动的潜在的力量或者能力，但这一潜在的力量只有通过"选择性激励"才能实现或"被动员起来"。区域内实现生态治理的主体可以被看作一个大集团，如果能够提供有效的激励（奖励或惩罚），那么集体行动才有可能。缺少激励是当前生态治理困境的重要因素，一定区域内的共同上级党委需要在顶层设计上制定相关的激励政策来打破当前的集体行动困境。

就生态治理而言，党对经济建设的领导功能主要定位在统揽全局、制定符合市场经济规律的发展战略、通过国家权力提供政策支持和社会保障政策等方面。强调党对市场资源配置的经济功能，是清镇党的建设领域中贯彻生态文明理念的又一大基本经验。为了适应治理生态的要求，清镇市根据实际做出适应性变革；为了推动生态建设，清镇市委始终坚持坚持"面向市场调结构，因地制宜成特色，抓好龙头活疏通，依靠科技增效益"的原则，从市场手段入手，积极推进农业产业结构调整，启动农村土地承包经营权流转试点，深入推进产学研结合，为经济社会可持续协调发展扫清了障碍。其中最典型的案例是红枫湖镇大冲村裕东蔬菜基地。该基地采用"公司＋基地＋农户＋标准＋技术＋环保＋管理＋市场＋保险＋政府重点扶持"的模式（简称"裕东"模式），减少了中间环节，既使农民和广大消费者得到了实惠，又减少了面源污染、改善了生态环境。

（二）红枫模式：以党建促生态的典型案例

红枫湖镇位于清镇市南部，与国家 4A 级风景名胜区红枫湖山水交融；距贵阳市区 23 公里、金阳新区 12 公里，沪昆、夏蓉两条高速公路穿境而过，交通便利，气候宜人；全镇辖 12 个行政村、5 个居委会，97 个村民组，总人口为 41 977 人；总面积为 130.26 平方公里，其中水域面积为 52.7 平方公里，蓄水量达 5.2 亿立方。多年来，红枫湖镇党委、政府高举"发展、团结、奋斗"三面旗帜，围绕"保湖、富民、强镇"三大主题，以生态文明建设为引领，艰苦奋斗，经济发展成果显著，人民生活水平不断提高，各项事业稳步发展。

2007 年以来，在清镇市委、市政府的坚强领导下，红枫湖镇立足镇情实际，牢固树立"保湖富民、人水和谐、科学发展"理念，抢抓机遇，以"三线四带一沟三池一建"（沿"两湖"最高水位线以上依次划定蓝线、红线、绿线"三道防线"；根据"三道防线"依次确定"四条隔离带"，即湖水净化带、湖滨保护带、生态产业带和生态保育带；建设截污沟和污水处理池、垃圾收集池、沼气池；将环湖村寨全部建设成为生态文明新农村作为重点），累计投入资金 4.1 亿元，实施了 45 个环保项目，全力实施村庄整治、整脏治乱改差及危房改造等工程。在 3 年的时间内，红枫湖水质从Ⅴ类、劣Ⅴ类上升并稳定到现在的Ⅲ类、Ⅱ类，红枫湖镇也先后获得国家环保部授予的"全国环境优美乡镇"、中央文明办授予的"全国文明村镇"、贵州省环保局授予的"全省生态乡镇"、"贵州省最具魅力村寨"等荣誉称号。

1. 紧扣生态发展出思路、强措施

结合党的群众路线教育实践活动的开展，红枫湖镇党委按照"规定动作不走样，自选动作有创新"的要求，结合自身"保湖、富民、强镇"的历史任务，高举生态文明建设这面旗帜不动摇，坚决守住生态保护红线，大力实施"保湖靓湖"行动，主要做了以下几个方面的工作。一是建立健全卫生保洁制度，把环卫机制延伸到村组，采取公司化模式，由清运公司承包负责沿湖周边垃圾的清运及保洁；二是开展"美丽红枫，清洁乡村"行动，由镇党委班子成员带头每月入村组组织村组干部、"两代表一委员"、党员群众进行卫生大扫除；三是建立村民素质提升机制，加大宣传力度，制作环境保护宣传册，利用村组公开栏、短信平台和入组召开群众工作会议等形式加大宣传力度，帮助村民养成良好的生活习惯，形成生态环保意识，同时将保护环境卫生纳入村规民约，对不爱护环境卫生的个人及家庭进行履约；四是建立治污工作机制，在村一级成立环境卫生监督小组，以家庭为单位，评定出星级卫生清洁示范户，以此带动全体村民进一步美化环境；五是严格管理违章建筑，按照要求，加大对违章建筑的巡查力度，做到"发现一幢、摧毁一幢"。

通过制定以上相关机制体制，村民的生产、生活环境得到进一步美化，同时村民爱护环境、美化环境的思想观念也得到进一步强化。在行动中，从发放宣传资料到开展清洁活动再到监督管理，都充分发挥了基层战斗堡垒作用，发挥村组干部、党员同志、"两代表一委员"的先锋模范作用，以党员示范带头，带动全体村民加入保护"大水缸"的队伍中，真正实现从行动上保湖提升为从思想上保湖。

2. 依托生态资源建组织、搭平台

由于受"保湖"限制，红枫湖镇按照"既要金山银山、又要绿水青山"的发展理念，加速产业结构调整，加快生态产业发展，全力实施蔬菜、葡萄、茶叶、苗木、烟草"五个基地"建设工程，大力引进万达丰、长津等龙头企业以土地流转的方式入驻红枫湖镇发展生态农业，有效推进农业"三化"经营步伐和带动农民增收，在红枫湖畔构筑了一道道绿色生态屏障。

2014 年，在清镇市委组织部的领导下，红枫湖镇在 3 个非公企业（贵州长津农业生态科技有限公司、贵州一代食品有限公司、贵州正和加气混凝土有限）及 3 个社会组织（清镇市右七村安文葡萄蔬菜农民专业合作社、清镇市春秋果蔬种植农民专业合作社、贵州省清镇市兴吉成烟草果蔬种植农民专业合作社）中组建党组织，同时对部分尚未达到单独建立党组织资格的非公企业建立联合党组织，以进一步发挥入驻红枫湖镇的生态企业的作用。目前，红枫湖镇非公和社会组织党支部中共有党员 33 名，并在这些党组织中，在表现良好的党员同志的岗位设立"党员示范岗"，按照"党员带头、示范先行"的标准，带动企业及组织内部群众更好地参与到工作中、加入到"保湖"队伍中来。

3. 围绕生态建设聚人才、带队伍

健全的生态建设保障链是加强生态党建的核心。作为全国生态文明先进镇，红枫湖镇结合其特殊的地理位置，按照"注重生态建设用干部"的思路，着力加强干部队伍建设。组织全镇党员干部、志愿者、村（组）干部积极参与"清洁水缸、保护水源"、"情系红枫美化红枫，保湖靓湖我在行动"、"清洁水缸，扮靓村寨"、"生态文明在身边"等一系列生态保护活动，努力提高全民生态文明意识。同时，红枫湖镇将目前正在大力实施的湖滨生态修复工程、一级取水口搬迁、省级高效农业示范园区建设等与生态建设相关的内容纳入对全镇干部职工、村（组）干部的考核内容，严格考核相关工作人员的工作情况，对失职或不履职的工作人员进行严厉问责或通报批评，对工作中表现突出的工作人员则进行通报表扬。通过这种奖惩机制，进一步地激励干部职工加入到生态保护的队伍中。

在红枫湖镇生态保护过程中，涌现出一批典型人物。例如，在实施的一级取水口搬迁工作中，为了保护贵阳市全市人民的"大水缸"，位于红枫湖取水口的白泥村水洞组、萝卜土组及扁山村徐家院组的全体 359 户村民需要全部进行搬迁。为了确保项目顺利推进并打好生态移民搬迁攻坚战，红枫湖镇组成了由党政领导带队的工作组，不分白天黑夜地深入村民家中，向村民详细宣传生态移民搬迁的重要性和补偿标准。但是，由于很多老百姓还是不理解相关政策，不愿离开自己居住了大半辈子的家，这给整个搬迁工作造成了不小的困扰。然而，红枫湖镇白泥村老支书李如林，在家人不理解不配合的情况下，却仍然十分支持整个搬迁工作，他充分做好家人工作，要舍小家为大家，虽然自己心中也有万分不舍，但是还是第一个带头签了搬迁协议，并将自己的家作为生态移民搬迁指挥部，为搬迁工作保驾护航，做好后勤保障工作。

（三）推进生态党建的清镇经验

清镇在党的建设过程中对生态文明的实践是清镇市委在新时期执政理念和发展理念的提升，体现出党对人与自然关系的客观规律的认识不断深入，对社会有机体发展规律的认识正不断突破。通过以上论述，我们可以得到以下几点启示。

1. 党委顶层设计是前提

党委是生态文明建设的领路人和支持者，在区域生态治理中应发挥主导型作用，这和它的自身特征有关。不管是强制群众遵守规约还是调动群众的积极性，党委无疑比别的组织具有更大的优势。在创造培育公民个人环境德行和行为变化的条件方面，考虑到生态危机知识与信息传播所带来的公民个体环境态度与行为资源性变化的迟缓性，党委应当扮演一个强力推动的角色。

生态文明建设不能走老路，必须强化党委领导的宏观作用，着力避免"政府失灵"问题的出现。党委要纠正有偏差的发展理念，将生态价值更多地纳入发展框架和自身建设体系之内，进行"有组织的负责"。党委理应代表公共利益，而公共利益不应被人为地分割而演变成地方利益逃避生态困境的借口。

强调党委的主体作用，是基于基层生态文明理念在党的建设中的特征而言的。生态环境是一个"公共产品"，生态文明建设是公益性的建设，具有广泛的共同意义及价值影响。同时，生态问题具有流动性、可发展性，经常要跨时空，在任何的组织和个体中，只有党委最具有宏观协调作用和社会公共职责设计。清镇生态文明建设自身的特点和文明创建的实践已经证明，推进和加强生态文明建设离不开国家的大力支持、干预和各级党委的推动力与保障作用。因此，在党的建设中融入和体现生态文明建设的要求是党委责无旁贷的工作任务。

只有坚持以党委为主体，才能保证生态文明建设沿着正确的方向发展，才能坚持社会主义文化发展方向，才能保证公共文化服务均等化。党委要发挥在生态文明理念实践中的主体地位作用，必须转变政绩观，创新生态文明建设的机制，制定一套行之有效的环境保护制度，带动整个社会树立良好的、健康的生态文明意识，使多元参与者更加重视生态和环保工作。

2. 集体行动路线是支撑

任何个人和国家组织不可能掌握解决难题的所有知识，所以问题的解决应该是一个协作、参与的过程，应该包括多种意见和观点的交融。在生态治理的工程中，各级党委、政府凭借其权力优势占有优先选择权，理性和自利性可能使其做出与其职能不符的决策，拈轻怕重，治理主体趋向于采取保守态度。生态治理不仅强调党委的主导，还强调公民社会等集体力量的参与，自上而下的管理与自下而上的参与并重。将群体的力量集结起来所带来的潜力肯定大大超出无组织的个人。由于政策、法规具有原则性和刚性，使党委对部门管理的权力延伸不足，以及政策与部门之间容易出现缺乏有效的协调，这些因素难以完全杜绝在实践生态文明建设中的不利因素，因而阻碍了生态文明理念在党的建设中的实践。公众参与是确保生态相关政策、规定科学性的重要手段，可以有效完善党委的决策行为，填补在违法违规行为监管的空白。一是要纠偏。对公民社会环境治理参与和环境监督的惧怕等错误观念要纠正过来，积极培育有利于公共利益、监督非合法性权力滥用的组织团体，充分发挥他们在生态治理中的正面作用，逐渐由陌生走向成熟。二是要引导。在法律和管理范畴上应给予基层组织更大的空间，鼓励其发展而非遏制。在法律和组织的框架下进行倡导，还要加强监管，完善公民社会的自律机制，健全基层党组织的内部规章，提高基层组织的素养，并通过制度设计限制民间的营利倾向，促使基层组织承担更多的生态责任。

3. 创新激励机制是动力

近年来，随着生态文明建设的深入，生态文明建设的机制得到不断加强，但在现实中涉及社会参与的法律保障、参与制度、奖励措施等一些已有的机制难以得到较好落实，致使社会参与在一定程度上流于形式，束缚了有关活动的开展。而且，社会参与过程中的各种要素难以有效保障，缺乏相应的责任机制，也使得公众参与的积极性受到很大影响。

良好的生态文明机制是促进生态文明建设发展的重要条件和保证。建设生态文明要不断进行制度创新，克服制约环境发展的制度性障碍，保证生态文明建设的规范化、制度化、法制化，确保经济效益、生态效益和社会效益的有机统一。完善生态文明建设机制可以保证公众的生态权益，并提供良好的生态环境。

生态文明建设应该与完善机制体制相结合。从广大群众最向往的产业发展、最关心的生态环境、最需要的资源培育等问题入手，全面推进生态经济体系、生态功能体系、生态人居体系、生态文化体系建设，全面营造风清气正的政务环境、健康向上的人文环境、安居乐业的生活环境、人与自然和谐相处的生态环境，努力实现经济社会可持续发展，建成经济发展、社会和谐、生态良好、环境优美的新清镇。

四、清镇市加强生态党建的路径探析

实施"生态党建"的核心任务，就是要贯彻好从严治党的要求，把生态文明建设贯穿于党的建设的各个方面和全过程，用党的建设引领、推动生态文明建设，把党建设成为改革开放和生态文明建设事业的坚强领导核心，推进生态执政，实现党的建设规范化，进一步提高党建科学化水平。结合清镇市打造发展升级版、建设生态文明示范市、推动绿色崛起的发展目标，清镇市应从以下几个方面着手加强生态党建工作。

（一）把生态文明理念和内容作为党的思想建设的重要内容，树立正确的生态观、发展观

1．加强理想信念教育

理想信念是最高的人生价值追求，只有大力加强理想信念教育，才能进一步增强党性，有效抵御和防范各种拜金主义、享乐主义等腐朽思想的侵蚀。全市各级党组织要把理想信念教育作为党员干部教育的"一号工程"，定期或不定期地组织理想信念教育专题培训，以提高党员干部的思想理论素质，解决好世界观、人生观、价值观问题，用理想信念武装头脑和指导工作。党员干部要端正理想信念学习态度，养成良好的学习习惯，不为学习而学习，摒弃形式主义，真学真懂真用。要把学习和工作结合起来，学以致用，杜绝只用理论武装嘴皮子的现象，持之以恒抓学习，不断在实践中检验学习成果，在实践中加深学习，用理想信念教育为生态党建打下坚实的思想基础。

2．加强党的基本理论的学习、研究和运用

加强党的理论学习、研究和运用是全面提升工作能力的前提，是提高政治素质、保持政治头脑清醒、适应新形势、加强班子建设的需要。当前和今后一个时期，要突出生态文明建设理论的学习、研究和运用。清镇市委各工作部门要强化职能作用。组织部门作为干部教育培训的主管部门，要拿出措施办法，让生态文明理念和内容深植于党员干部心中；宣传部门作为市委的喉舌，要千方百计地让党的理论，特别是生态文明理论、知识进万家，让广大群众都知晓，让所有党员都熟悉，让领导干部都掌握；市委党校作为培训党员干部的主阵地、主渠道，要加强理论研究，每年分期分批有计划地把所有科级领导干部都安排到市委党校进行一定时间的理论培训，传播党的理论、生态文明理论，让党员干部的理论水平得到提高、党性得到锻炼。各级党组织要将党员队伍理论武装工作经费纳入财政专项预算，不断加大工作经费投

入的力度，引导党员干部学习理论、研究理论、运用理论。特别是党委党组书记要静下心来认真学一学党的基本理论，读一点马列原著，写一点体会，努力提高运用理论分析和解决实际问题的能力。

3. 把思想建设和一定时期党的中心工作任务相结合

结合改革发展的实际，在不同时期，各级党委有不同的中心工作，而推动中心工作任务的落实必须用正确的理念、正确的思路来指导。因此，党的思想建设必须服务于党的中心工作任务，紧紧围绕中心工作任务抓思想。围绕"打造清镇发展升级版、建设生态文明示范市"中心工作和"4＋1"战略推进，全市各级党组织要紧紧结合生态和发展的需要抓思想建设，树立正确的生态观、发展观，努力营造良好的氛围，提升党员领导干部抓生态、抓发展的执行力和工作能力，推动生态文明建设迈向新时代，推动经济社会全面发展升级。要严格落实党委（党组）中心组学习、"三会一课"制度，结合中心工作任务开展理论、知识学习教育，学习之中要有交流讨论，确保学习之后要有认识提高，并将学习成果转化为推动工作的不竭动力。

（二）把生态文明理念和内容体现在党的组织建设之中，推动组织工作发展

1. 围绕生态文明建设选干部配班子

"政之兴，在用人"。要积极推进选人用人制度机制的改革创新，不断激发干部队伍的整体活力，为全市生态文明建设提供坚强有力的组织保障。认真贯彻新修订的《党政领导干部选拔任用工作条例》，完善"两选一考一培"的干部成长机制，按照生态文明建设岗位需求选好干部、配好班子，建强生态文明示范市建设的执政骨干队伍。深化科级领导班子运行情况，日常考察了解首末位评价，坚持在"三重"工作中考察识别干部，多渠道、多侧面地了解班子、了解干部，加强从普通干部和群众的乡语、口碑中了解干部，对工作不在状态、"为官不为"的要及时调整。健全有利于促进生态文明建设的干部考核机制，按照推进生态文明建设的目标和要求，修改完善现行的干部考核评价机制与考核内容、考核方式，以及考核结果的运用，建立科学的干部考核评价指标体系，改进考核评价方式方法，探索建立"民评官"机制，把生态文明建设考核结果作为干部任免奖惩的重要依据之一，让生态文明建设考核由"软约束"变成"硬杠杆"。

2. 集聚生态文明建设急需人才

以"构筑政策洼地，打造人才高地"为目标，以"招引集聚、培养激活、发挥作用"为工作主线推进人才队伍建设，为全市发展升级、生态文明建设提供强有力的人才保证和智力支撑。要加大引才力度，以产业发展和生态文明示范城市建设急需人才为重点，利用就业扶持、贷款担保、创业优惠、项目推介等多渠道引才，以推动生态产业发展。通过兑现生活补贴、办理子女入学、配偶安置、户口迁移、公寓入住等，落实人才相关优惠政策，为专家和优秀人才充分发挥作用提供保障，营造良好的人才环境。强化人才评价，适时开展人才表彰活动，积极推荐人才申报贵阳市级以上的科研项目和参加优秀人才奖项评选。建立市管专家、高学历高职称人才考核常态化机制，加强人才考核。加大创新型人才培养力度，支持创新人才参与重大科研项目、产业项目和工程项目。建立人才骨干队伍，围绕生态建设和转型发展开展科技创新、科研攻关、课题研究。

3. 建设发展型服务型基层党组织

党的基层组织是党的全部工作和战斗力的基础，是落实党的路线方针政策和各项工作任务的战斗堡垒，推进生态文明建设离不开基层组织的有力保障。建设发展型、服务型、生态型基层党组织，密切党同人民群众的血肉联系，提高党的执政能力、夯实党的执政基础。全面扩大"两个覆盖"，持之以恒地抓好非公经济组织和社会组织领域的党组织设置工作，实现党的组织和党的工作全覆盖。加大在农村合作社中、生态产业中建立党组织的力度，发挥党组织促进农民增收致富、推进生态文明建设的积极作用。一方面，选准配强"懂生态、能力强、勤致富、能带富、善服务"的村级组织带头人；另一方面，实施"百千名生态党建实用人才培养计划"，加强特色农业、生态旅游和农村现代服务业等行业党员实用人才的培养，从而使基层党员干部更好地适应生态产业发展的要求。突出基层党组织的发展能力建设，把抓产业园区建设和发展壮大村级集体经济作为发展型党组织建设的重要载体，为服务民生、服务群众奠定坚实的物质基础。严格落实《发展党员工作细则》，建设一支素质好、能力强的党员队伍，把党员培养成服务骨干，建强服务队伍。运用好"部门帮乡、支部结对、干部驻村"、党代表"三联三访"、机关党员到居住地党组织报到服务、"六个到村到户"精准扶贫等服务载体，提升为民服务质量。强化工作保障和激励，将发展型、服务型、生态型基层党组织建设纳入市乡两级财政预算，加大经费投入力度。落实村（居）党支部运转经费、从优秀村干部中考录乡镇公务员和选拔乡镇领导干部、村（居）干部报酬增长等各项工作。

（三）把生态文明理念和内容贯穿于党的作风建设，改进党员干部工作作风

1. 持续深入整治"四风"，狠刹"十风"

深入抓党的作风建设，推进作风转变，为推进生态文明建设提供有力保障。认真总结在进行群众路线教育实践活动中整治"四风"狠刹"十风"（有令不行风、执行不力风、不敢碰硬风、工作推诿风、吃拿卡要风、违法建房风、大办酒席风、马路殡葬风、征拆要价风、赌博敛财风）的经验做法，形成制度规定，长期坚持执行。纪检监察部门要开展整治"四风"狠刹"十风"常态化检查，加大明察暗访力度，坚持定期曝光"四风""十风"问题，每季度集中通报一次。对整治"四风"狠刹"十风"不力的党（工）委（党组）书记，要进行严格问责，情节严重的要进行组织调整。

2. 密切血肉联系，转作风

各级党组织和党员干部要深入体察民情、了解民意、集中民智、珍惜民力，把群众的安危冷暖时刻放在心上，维护人民群众的经济、政治、文化权益，努力为群众办实事，凝聚党心民心，为推进生态文明建设营造浓厚氛围。要健全联系群众制度，坚持开展"四领"、"五个一"活动，即党员干部领头大接访、领衔大调处、领题大调研、领队大宣讲，联系一个乡镇或社区、一个困难企业、一个后进村、一户贫困户、一名困难党员；坚持党员领导干部蹲点调研"夜宿农家"，与群众同吃同住同劳动，面对面地倾听群众的呼声和意见，帮助基层和群众解决困难和问题；坚持推进"周三访民日"活动，在"访民日"做到到家听意见、到家办实事、到家解民忧（"三个到家"），变群众上访为干部下访，扎实转变工作作风。通过党员干部深入接地气，提高直接面对群众的服务质量。

3. 发挥党员先锋作用，引领社会风尚

一个党员就是一面旗帜，其一言一行都直接或间接影响周围的群众，各级政府机关的特殊性决定了机关党员具有更强的示范效应。一是在深入开展生态党建主题实践活动中，充分发挥广大党员在生态保护、节能降耗中的表率作用；二是各级机关通过开展"生态党建进社区、进村（居）、进家庭"和生态党建党员示范等活动，发挥机关党员在群众中的骨干、带头和桥梁作用，在引领社会风尚上有所作为，形成生态文明的社会新风尚。

（四）把生态文明理念和内容作为党的反腐倡廉建设的重要指标，保持党的纯洁

1. 加强监督检查，为生态文明建设提供环境保障

把党风廉政工作置于经济社会发展和生态文明建设的全局中来衡量、把握，积极探索实践反腐倡廉建设服务生态文明建设的有效途径。进一步探索完善党内监督，严格执行述职述廉、诫勉谈话、函询和党员领导干部报告个人有关事项等制度，进一步完善常委会向全委会负责、报告工作、接受监督以及由全委会投票表决作出重大决定等党内民主制度。深入推进单位"一把手"不直接分管财务、基建、人事、物资采购为主要内容的权力制衡工作，规范"一把手"行使职权。探索"三重一大"（重大决策、重要干部任免、重大项目安排和大额度资金使用）决策程序流程监管的有效载体。深化党务政务公开，加强政务监管。

2. 注重改革创新，为生态文明建设提供制度保障

针对权力运行中制约监督的薄弱环节，探寻源头预防的切入点，找准制度建设的着力点，探索形成有效防范腐败的战略屏障，不断完善保障生态文明建设的反腐倡廉制度体系。推进惩防体系建设，构建党政机关、企事业单位、农村基层组织"三位一体"的惩防体系。加强对干部选拔任用的管理监督，规范干部选拔任用初始提名制。突出制度的保障作用，针对腐败现象易发多发的重点领域、重点部位和重点环节，建立健全相应的制度规范，把涉及人、财、物的权力运行纳入"阳光作业"平台，从源头上铲除腐败滋生的土壤。

3. 维护群众利益，为生态文明建设提供作风保障

把引导好、保护好、发挥好群众的创业热情作为生态文明建设的强大动力来抓，牢固树立"为百姓说话、为百姓办事、为百姓撑腰"的工作理念，切实加强以保持党同人民群众血肉联系为重点的作风建设。把传统举报与网上举报、媒体监督等结合起来，由"传统方式"转向"三位一体"，探索建立廉政民情服务站，拓宽诉求渠道。加强和改进基层纪检信访工作，加大信访问题的查处力度。加大专项治理，重点解决环境保护、食品药品质量、安全生产、征地拆迁等方面群众反映强烈的问题。关注重点民生问题，着力解决人民群众反映强烈的上学、就业、收入、看病、社保、住房等方面存在的突出问题。

4. 严格查办案件，为生态文明建设提供纪律保障

充分发挥案件查办的惩戒警示作用，推进"小官巨贪"的整治，发现一

起、查处一起，一查到底，绝不能失之于宽、失之于软，始终维护好党纪政纪的威严，为生态文明建设凝聚纪律保障的合力。突出办案重点，重点查办发生在领导机关和领导干部滥用权力、谋取非法利益的违法违纪案件以及群众反映强烈、严重损害群众利益的案件，严厉查办官商勾结、权钱交易、权色交易、美丽乡村建设项目工程、村级换届选举中的违纪违法案件。加强与检察机关等部门的组织协调，多渠道拓宽案源，增强办案工作合力。从源头上建章立制、源头治腐，积极开展警示教育，使查办案件的过程成为一个加强教育、健全制度、强化监督的过程，最大限度地发挥查案的综合效应。

（五）把生态文明理念和内容贯穿于党的制度建设，建立组织保障机制，确保生态党建顺利实施

生态党建作为生态文明建设在党建工作中的重要体现，既是党建工作的状态和目标，也是党建工作的新要求。要制定切实可行的制度或实施意见，如制定出台《关于清镇市加强生态党建工作的实施意见》等，使生态党建工作有章可循，有据可依，有责可守，从而推动全市生态文明建设的新步伐。生态党建的内容可通过创新党的组织设置及载体，推进生态党建全覆盖，依托清镇市"一湖一区三园多村"的功能区（红枫湖、中关村贵阳科技园区清镇经开区、以清镇经开区为核心的西部工业园、职教城西区的绿谷产业园、麦格的新医药产业园麦格园、全市生态村），把党的组织建在湖面湿地中、建在产业基地上、建在工业园区内，从而实现党组织在生态链上的全覆盖。把无职党员设岗定责延伸至湖区，把党员责任区延伸至湿地内，把为民服务延伸至生态链上，注重在生态产业链上发展党员，进而搭建党员参与生态文明建设的新平台，推动生态产业发展中的示范、服务、引领等效应。

总而言之，努力构建清镇市在生态党建的引领下，把生态党建资源转化为生态经济资源，把生态党建优势转化为生态发展优势，积极发展生态经济，切实推进节能减排，围绕"发展抓党建、抓好党建促发展"，推进生态党建与生态文明同频共振、互动双赢的路子。

[研究、执笔人：中共贵州省委党校科学社会主义教研部副教授　焦玉石]

课题七

传播理念：加强清镇市生态文化建设研究

　　加强生态文化建设，是清镇市发挥生态优势、实现后发赶超的基本途径，是增进人民福祉、造福子孙后代的客观要求，是提升清镇形象的重要支撑。近年来，清镇市一直将保护生态环境与经济社会发展紧密相连，不断推进生态文化制度建设和体制机制创新，推出一系列政策、法规和举措，初步形成了绿色、循环、低碳发展的生态文化建设制度体系。

一、清镇市生态文化建设的现状分析

（一）生态文化概述

1. 生态文化的含义

　　生态文化是人与自然协同发展的文化。在人类对地球环境的生态适应过程中，人类创造了文化来适应自己的生存环境，并通过发展文化以促进文化的进步来适应变化的环境。随着人口、资源、环境问题的尖锐化，为了使环境的变化朝着有利于人类文明进化的方向发展，人类必须调整自己的文化来修复由于旧文化的不适应而造成的环境退化，同时创造新的文化与环境协同发展、和谐共进，这就是生态文化。生态文化有广义和狭义之分。广义的生态文化是指人类在社会历史发展进程中所创造的反映人与自然关系的物质财富和精神财富的总和。这种定义下的生态文化与生态文明的含义大体相当，是人们的一种生态价值观。狭义的生态文化是一种社会文化现象，即以生态价值观为指导的社会意识形态。从其本质属性看，生态文化是生态生产力的客观反映，是人类文明进步的结晶，又是推动社会前进的精神动力和智力支持，渗透于社会生活的各个方面。从文化的功能来看，生态文化的功能主要表现在能正确指导人们处理好个人与自然之间的利益关系，能科学地协调好人类社会与生态环境系统之间的整体平衡关系。尤其是后者，能使有关人与自然的关系达到一种和谐的、可持续发展的状态。从文化的载体来看，生态文化的载体包括持续农业、持续林业等绿色行业，一切不以牺牲自然生态环境为代价的生态产业、生态工程、绿色企业，有绿色象征意义的生态意识、生态哲学、环境美学、生态艺术、生态旅游及绿色生态运动、生态伦理学、生态教育，等等。从研究对象来看，生态文化是一种有关人与自然关系的文化，是与有关人与人的关系的社会文化或人类文化概念相对应的一种新的文化观念。社会文化要探讨和解决的是单纯的人与人之间的关系，而生态文化要探讨和解决的是人与自然之间的复杂关系。从文化的时空来看，生态文化既具有传承性，又具有国际性。生态文化既与古代传统的"天人合一"自然观一脉相承，又具有鲜明的时代特色，是生态文明时代的产物。同时，生态文化是属于人类的"文化共同体"，是人类社会共同的追求，具有明显的国际特色。

生态文化是建立在长期形成的各种生态伦理观、价值观、世界观等之上的。纵观人类发展史，我们可以清晰地发现：文化是人类社会不断发展、进步、壮大中最实在的精神财富，生态文化亦是如此。不管中国社会发展中表现出来的生态思想，还是西方历史发展中表现出来的生态思想，都生动可靠地认证了生态文化的历史传承性。与物质文化、精神文化、政治文化一样，生态文化也是在人类不断认识自然、适应社会、提升自我的过程中一代一代遗留、形成、继承下来的。

生态文化是一种人类生存和自然环境相协调的文化形态。生态文化的环境协调性能有效调节人与自然的矛盾，促进两者的和谐统一。人类自身的发展和环境自身的发展是相辅相成、互为前提、共同进步的。生态文化提倡人与自然的和谐，这就要求人类在利用环境时要充分尊重环境本身的特性，以协调发展为基础，建立人类美好的生活环境。此外，人类必须在尊重自然的前提下，发挥自身的主观能动性。人类是动物的最高形式，因此人类要自律自觉地适应并创造环境，实现与环境的协调性。

生态文化是现阶段最先进、最和谐的文化形态，其内在和谐性主要有人与自然的和谐、人与社会的和谐、人与自身的和谐组合而成。生态系统内各个组成部分有着千丝万缕的联系。在生态大系统中，人与其他物种是平等的，相互促进的，这是生态整体观念的体现，这是生态文化内在和谐性的根本。人与自然的平等、人与社会的平等、人与自身的一致是实现生态文化内在和谐性的基础。人的发展需要以保护自然为前提，以维持社会系统为目的，以重视个人自身感受为方向，既要求代内公平、又要求代际公平，当然还有人自身的舒适。这就要求我们树立良好的生态意识，在平等和谐的氛围里，倡导自身与社会和自身与环境的内在和谐发展。

生态文化作为一种和谐的先进文化，贯穿于我国经济建设、政治建设、文化建设、社会建设和生态文明建设的各方面和全过程，因此要充分认识并发挥好生态文化在中国特色社会主义现代化建设中的作用意义重大。

2. 推进生态文化建设的意义

（1）生态文化是促进天人和谐的凝聚力。泱泱五千年，中华民族孕育了博大精深的生态文化，构筑了中华民族共同的精神家园。生态文化通过人与自然交往过程中的生态意识、价值取向和社会适应，维护和增强自然生态系统的供给、调节、支持、文化四项服务功能，实现自然资源和生态环境的生态价值、经济价值、社会价值和文化价值。可以说，中华民族比世界上任何一个民族都更加懂得尊重自然、顺应自然、保护自然。"天人合一"、"道法自然"等朴素生态文化哲学智慧，过去、现在和将来，都将伴随和影响着实现中华民族伟大复兴的进程，成为凝聚人们追求梦想、鼓舞斗志的力量源泉。

（2）生态文化是生态文明建设的重要载体。生态文明是人类文明发展理念、道路和模式的重大进步，它意味着人类思维方式和价值观念的新变化，是人类社会的新型文明形态，是人类在发展物质文明过程中保护和改善生态环境的成果，它表现为人与自然和谐程度的提高和人们生态文明观念的增强。生态文明观的核心就是从"人统治自然"过渡到"人与自然协调发展"，体现了人类尊重自然、顺应自然、保护自然的生态文化理念，也就是以人与自然协调发展作为行为准则，建立健康有序的生态机制，实现经济、社会、自然环境的可持续发展。因此，生态文化是生态文明建设的核心和灵魂，在推进生态文明建设中具有重要的地位和作用。

（3）生态文化是科学发展观的生动体现。生态文化遵循了科学发展观关于以人为本、全面协调可持续发展的科学内涵。我们通常所说的可持续发展理论贯穿了人与自然、人与人关系的两大主线。第一条主线就是要处理好人和自然的关系，即处理好人和资源、人和环境之间的关系。科学发展观讲的"人与自然和谐发展"，其实就是对可持续发展中人与自然关系的进一步升华和提炼。第二条主线就是要协调好人与人之间的关系。人与人之间表现为人际关系、代际关系和区际关系等，这些关系是互相损害，还是互利互惠、和谐共享？是你死我活的"零和博弈"，还是通过协调达到"双赢、多赢或共赢"？

这些都可以从人与自然和谐发展中得到启示和借鉴。因此，大力倡导生态文化、建设生态文明，是实践科学发展观的具体表现。

（4）生态文化是提升国家软实力、实现中华民族复兴的驱动力。文化软实力已日益成为民族凝聚力和创造力的重要源泉，日益成为综合国力竞争的关键因素。改革开放以来，我国综合国力和国际影响力不断增强，但中国文化在世界上的影响力却不尽如人意。中国是文化资源大国，却不是文化强国。民族的复兴必须有文化的复兴作为支撑，生态文化的兴盛是中华民族伟大复兴不可或缺的重要内容。必须继承、发展和弘扬生态文化，以文化提升公民综合素质，增强核心凝聚力、竞争力，充分发挥生态文化在提升国家软实力中的作用，让中华民族的生态文化走出国门，并以其巨大的渗透力和感染力，屹立于世界民族文化之林。生态文化代表了当代中国先进文化的前进方向，追求社会主义文化大发展大繁荣，也是生态文化的根本价值向度。深入生态文化研究，挖掘、修复、继承、发展和创新建设，不断增强生态文化与时俱进的适应性，将有利于增强我国文化发展活力，切实推动社会主义文化大发展大繁荣。

（5）生态文化是建设美丽中国的向心力。生态良好、环境健康、可持续发展状态和高尚的心灵境界，是构成美丽中国的基本要素。人们都向往着蓝天白云、青山绿水、气清地净，老百姓渴望着能喝上干净水、呼吸清新空气、吃上安全食品、住上敞亮的房子、有个舒适的宜居环境。这是人民群众最基本的生活诉求，也是生态文化体系建设的重要内容。通过森林文化、湿地文化、荒漠绿洲文化和竹文化、花文化、茶文化、园林文化等生态文化载体建设和生态制度建设，大力发展生态旅游，出版科普读物及影像制品，开展生态文化公益活动，为人们提供丰富多样的生态产品和文化服务，提高弘扬生态文化，倡导绿色生活，共建生态文明的公信度和参与度，增强、珍惜自然资源，保护生态、治理环境的自我约束力和社会影响力。

（二）清镇市生态文化建设现状

《贵州省生态文明先行示范区建设实施方案》提出要将生态文明理念融入社会主义核心价值体系，着力培育生态文化，构建生态文化体系，营造生态文明建设良好社会氛围。而生态文化是生态文明发展的基础和建设的灵魂，培育生态文化，引导在全社会形成生态文明价值取向和正确健康的生产、生活、消费行为，形成人人关心、参与生态文明建设的氛围，对素有"高原明珠·滨湖新城"美誉的清镇有着至关重要的意义。清镇市制定了"打造清镇发展升级版，建设生态文明示范市"的发展战略。确立了到2020年，努力实现全市国民生产总值、人民收入和生活水平在 2015 年的基础上翻一番,迈向绿色经济崛起、幸福指数更高、城乡环境宜人、生态文化普及、生态文明制度完善的生态文明新时代目标。

地处贵州省中部的清镇市犹如一颗明珠镶嵌在黔中腹地。这里交通便利、区位优势明显,"四湖托市"、"三水萦城",是少有的富水之乡;这里气候宜人、自然风光优美、民族风情浓郁,33 个名族和谐相处。清镇属于亚热带季风湿润气候,冬无严寒、夏无酷暑,被誉为"中国避暑之都"、"休闲世界、避暑天堂"。历史的沉淀和大自然无私的馈赠,造就了清镇以生态为优势的绿色自然文化。

近年来,清镇市着力在和谐、文明的蓝色文化上下工夫。市委、市政府坚持以生态文明理念引领经济社会发展,实现既提速发展,又保住青山常在、碧水长流、蓝天常现,并把生态环境质量作为同步小康创建的核心指标之一,严守发展和生态两条底线,以改革为动力,以推动绿色、循环、低碳发展为基本途径,完善制度体系,弘扬生态文化,正在形成节约资源和保护环境的空间格局、产业结构、生产方式、生活方式,同时还在探索、创新欠发达地区立足自身优势转变发展方式、实现绿色发展的道路。2007 年 11 月 20 日,全国首家环保法庭——清镇市人民法院环境保护法庭——在红枫湖畔挂牌成立。环保法庭因水而生,因为清镇市是贵阳上百万市民的"水缸"所在地,如何像保护自家的"水缸"一样保护两湖、像爱护自己的眼睛一样爱护两湖,并以司法力量治理水污染就成为必然选择。环保法庭负责审理涉及"两湖一库"水资源保护、贵阳市辖区域内水土、山林保护的排污侵权、重大污染事故等类型的刑事、民事、行政一审案件及相关执行案件,在全国率先进行了环保案件三类审判合一、集中专属管辖的尝试。从 2007 年至今,红枫湖、百花湖、阿哈水库水质均从 V 类甚至劣 V 类变为Ⅲ类,局部水域还达到了Ⅱ类,实现了市委、市政府作出的 5 年治水承诺。作为保护"三口水缸"的重地,清镇市为了守好贵阳市民的"生命线"做出了艰辛的努力。2012 年 11 月 28日,贵阳市首家县级"生态局"——清镇市生态文明建设局——挂牌成立,整合环保、林业、住建、经信、国土等部门涉及生态文明的职责,创新建立"三联动"工作机制,一支 300 多人的志愿者队伍作为生态文明理念的传播者,一支 400 人的信息员队伍作为生态环境保护的监督者,生态保护联合会作为公众的代言人对破坏生态的违法行为提起公益性诉讼"三联动"机制为清镇市的生态文化建设注入了无穷的力量。在清镇市"强生态、重示范"政策的推动下,2013 年清镇市林业绿化局获得了"全国绿化模范单位"荣誉称号,是贵州省唯一获得此殊荣的单位。这些都是清镇"创新引领·绿色发展"的亮点。

链接：

清镇市建设生态文化旅游小镇，打造"东方瑞士"
发布时间：2014-08-13　来源：贵州日报

导　读

随着"国发2号"文件的深入推进，贵州旅游产业迎来了新的发展机遇。目前，全省旅游行业正在以转变旅游发展方式为核心，不断创新旅游业态，扩容景区旅游要素，全力打造贵州旅游发展的"升级版"。

在这一背景下，由清镇市引资倾力打造的"时光贵州"，于2013年秋悄然拉开序幕。这个集旅游、度假、休闲、娱乐于一体的休闲旅游小镇，在贵阳城西的百花生态新城及贵安新区的枢纽位置上，位于红枫湖和百花湖之间，开辟了一个上风上水的新景致，用创意文化的理念，唤醒了这片山水的真正价值，为贵州西线旅游增添了浓墨重彩的一笔。目前，"时光贵州"已入选"贵州省100个旅游景区"的优秀景区，并被列为全省第九届旅发大会重点观摩景区，多彩贵州旅游商品展及旅游商品设计大奖赛，也将在此地举行。

"妆罢低声问夫婿，画眉深浅入时无。"8月15日，这一被定义为"东方瑞士因特拉肯"的旅游小镇，将全面揭开她的面纱，正式开街迎客。

政策向西　打造因特拉肯"贵州版"

2012年出台的"国发2号"文件，提出了建设以贵阳-安顺为核心的黔中经济区，推进贵阳-安顺经济一体化发展，加快建设贵安新区，打造具有国际影响的原生态民族文化旅游区。2013年7月，中共贵州省委书记赵克志在接受人民日报专访时，明确指出要把贵州建设成为"东方瑞士"，着力发展文化旅游业，加快实施贵州生态文化旅游创新区产业发展规划，建设富有魅力、文化繁荣、生态良好、人民安乐的文化旅游发展创新区。

如何打造"东方瑞士"，实现旅游产业的创新升级？多年来一直在探索"跳出'两湖'抓旅游"的清镇，无疑看到了一次绝好的历史机遇，几经运筹、谋划，市委、市政府把目光投向了参与成都宽窄巷子、芙蓉古镇项目的团队。

"时光贵州"由此"出炉"。

"我们对'时光贵州'的定位，就是'东方瑞士的因特拉肯'。"项目负责人严兵介绍说，闻名遐迩的风光旅游小镇因特拉肯，是瑞士图恩湖与布里恩湖之间的一个湖间镇。而位于红枫湖和百花湖之间的"时光贵州"，地理位置、气候特点等诸多方面，与因特拉肯有着非常相似之处。"当然，我们不是照搬照套，而是在借鉴其旅游发展经验的基础上，打造出具有贵州本土文化特色、可以进一步促进两地互动的新的形象载体。"

据了解,"时光贵州"生态旅游小镇一期总规划面积约 6 万平方米,配套建设 30 万平方米生态湿地公园,总投资达 6 亿元;二期的建设,已进入规划之中。

文化为魂　演绎"新屯堡"的繁华

文化是旅游发展的"魂"。

纵观贵州大地数亿年的地质变迁史和数千年的历史文化长河,其每一次"精彩"都是外来移民文化与本土文化汇聚、碰撞、交融的结果。"时光贵州"如何突出文化特色?用严兵的话来说,就是以明朝"调北征南"的屯堡文化为起点,用"海纳百川"的民国时期老贵阳为本底的贵州时光故事,以"老上海"的方式来演绎"新屯堡"的繁华。

于是,我们在小镇看到了"别样"的屯堡、"别样"的上海,也感受到了扑面而来的"别样"的繁华和"别样"的沧桑。

顺应"打造贵州旅游升级版"的目标,"时光贵州"按照建设生态文化旅游小镇的定位,高起点地规划了生态旅游、原创旅游商品研发和展示及销售、特色商品集中展示与销售、文化活态传承、节庆与婚庆五大具有贵州文化特色的产业发展基地。五大基地的建设,很快吸引了不少旅游界资深人士及品牌商家的目光。贵州旅游发展专家张晓松博士领衔的贵州乡村旅游发展中心、林雪飞创意工作室、新食尚主题美食广场、喜悦秘境酒店、八马茶业、时光嘉丽酒店、多彩城市客栈等一批知名品牌商家,纷纷签约入驻。

相较于不少景区无统一规划、无统一管理的散乱式旅游业态,高起点建设的"时光贵州",自然就"升级"为具有高度统筹力、系统性整合力、差异性驱动力的旅游产业集群。五大基地的打造,一方面把贵州传统文化的精粹与魅力实现了产业形态上的转化;另一方面,也使小镇具备了孵化功能,让贵州的传统民俗特色及民俗活动得到了传承、发展。

业态丰富　从一日游到休闲度假游

目前,贵州旅游大多还停留在观光式旅游阶段,虽有优越的自然资源型旅游景点,但却缺乏类似于云南丽江、成都宽窄巷子等具有文化休闲功能属性的旅游热点。"时光贵州"小镇将贵州传统屯堡文化与时尚摩登的海派文化进行融合,军、商、官、民四巷相接,串联贵州历史文化,"碰撞"出别具一格海派生活格调。"目的,就是要让客人在这里充分感受到惬意、休闲。"小镇副总经理杨世典说。

尽管还未"开张",但徜徉于小镇风格不一的各条街巷,观看了正在后期装修的各家客栈、酒吧、茶吧、书吧,就仿佛进入了一条"时光隧道",让人流连。为了不影响"赏、玩、游、憩"一体化的文化休闲氛围，小镇在营运方面严格实行统一规划、统一招商、统一推广、统一运营。用杨世典的话来说，"我们不是在卖商铺，'时光贵州'的意义所在，就是要创领贵州旅游文化休闲新时代，真正让游客留下来。"

论道小镇　打造贵州旅游目的地和出发地

目前，小镇的建设正如火如荼，且紧接着还要上二期。现在有意向入驻小镇的商户已有100余户，已完成招商总量的90%，但作为一个突然间"横空出世"、"无中生有"的新景区，如何才能把游客留下来，其发展方向在哪里，到底有没有投资价值，消费人群从哪里来，能不能改写贵州休闲旅游格局等问题，还是引起了不少业内业外人士的思考。

在小镇举办的发展论坛上，小镇副总经理杨世典站在游客角度，阐释了"三种需求"：对于30万贵州职教城人口及15万清镇城区人口来说，这里可以满足他们没有城市休闲去处的市场需求；对于每年有500万人次的贵阳城郊旅游客群来说，这里可以满足他们没有湖岸休闲生活去处的市场需求；对于每年有800万人次的贵州西线旅游人群来说，这里可以满足他们没有集萃贵州文化及自然旅游资源的一站式去处的市场需求。

杨世典介绍说：旅游目的地的停留时间为半天至一天，而旅游集散地的停留时间为3至5天。贵阳是贵州省会城市，首位度非常高，这意味着百分之八十到贵州的商旅客人都要经过贵阳，并在这里住宿、吃饭、购物。"时光贵州"作为贵州西线旅游的第一站，游客进入贵州西线就要先到这里，再中转至其他景区。"我们希望今后出现的格局是：冬天到海南，夏天到'时光贵州'，让游客在小镇的停留时间延长至一周、半个月，甚至更长。"

声　音

贾响（资深地产人士）：第一次听说"时光贵州"时，并没有看好她，觉得她和贵州文化没有直接联系，直到全方位了解到其海派文化与贵州本土文化相结合的细节时，看法才有所改变。一个旅游项目没有文化就没有灵魂，而全都是舶来文化，也等于没有灵魂。"时光贵州"小镇对文化的融汇，形成了自己独一无二的特色。

林雪飞（林雪飞创意工作室）："时光贵州"小镇丰富的文化底蕴、优美的环境、独特的建筑形态吸引了我。这里融汇了苗绣、手工银、蜡染等贵州文化活态，满足我们了解贵州历史文化的需求。这么好的地方，应该是旅游商家的首选。

肖剑锋（江苏商会常务副会长）：商家选择这里，首先是看中其区位优势。

这里地处贵安新区核心带、贵昆经济带、黔中经济区及贵阳循环经济产业区的核心区，意味着新一轮的投资浪潮即将在这里展开；其次是看准政府提出的打造贵州旅游升级版的历史机遇。有了这些支持，我相信"时光贵州"的前景会越来越好。

黄志强（入驻商家）：我一口气拿下了 5500 平方米，打算做成精品客栈，看中的就是其区域价值。小镇距贵阳老城区只有 20 多分钟的车程，位于贵阳半小时黄金旅游圈内。凭借稀缺的旅游资源和地理优势，未来一定会吸引到源源不断的客流。

彭方（"丹麦童话"总经理）："时光贵州"展现出来的商业形态与重庆天地、上海新天地等商业街区相近，都是集休闲、娱乐为一体，但小镇还融入了度假、旅游等特色，塑造成复合型休闲旅游主题商业街区。我非常认同"军、商、官、民"四巷的规划，不同街巷有不同的业态和特色，是一种全功能产业业态的体现。

张健晨（成都宽窄巷子九一堂总经理）：作为一个经营者、投资者，最看重的是项目的规划是否合理。任何一个商业，都需要靠一个群体商圈来生存、发展。通过对"时光贵州"的探访，发现其业态层次非常丰富，餐饮、会馆、客栈、小吃街等一应俱全，这对商家之间实现共赢是非常有利的。

段秦鸣（资深地产人士）："时光贵州"被红枫湖与百花湖环抱，自然资源优势显著，在这里做旅游地产成功率非常高，再加上贵州文化的添色，旅游性更强，旅游价值更高。同时，古镇将"吃住行游购娱"各产业高度融合，升级成为体验式旅游，实现了旅游市场从"假日火爆"到"全年恒热"的突破。

　　一个重视文化建设的城市，必定是一个特色鲜明，充满生机和活力的城市。清镇市除了区位优势明显、拥有美丽的自然景色外，还拥有一张响当当的城市名片——诚信清镇。"诚信实干、创新争先"这八个字凝结了清镇精神。特别是在诚信建设上，清镇市把"诚信文化"建设作为生态文化建设的有力抓手，让"诚信"成为清镇的文化特质。以诚信农民建设为突破口，以"建设诚信和谐清镇、创生态文明城市"为目标，在全市开展以深化诚信农民、推进诚信市民、加强诚信企业、打造诚信政府"四位一体"的诚信清镇建设，构建出行之有效的"四位一体"诚信体系。① 以"一张卡片"助推个人诚信。首先是以规范的标准引领诚信。为此，清镇市制定了《诚信农民（市民）标准 100 条》，并组织开展诚信评定。其次是开发、建设、完善诚信建设综合管理系统。为此，清镇市制定了 5 339 条征信标准，开设了 358 个征信端口，建立了覆盖全市的诚信征信系统，并实行"加分晋级、扣分退出"的动态管理。第三是通过发行"诚信清镇卡"、开展"诚信为民"主题活动等系列措施，以奖励扶助政策激励个人诚信。最后是以失信受制的方式惩戒失信。通过完善的诚信等级动态管理工作，把诚信档案中的不良记录与个人评级授信、评先选优和优先优惠等连接起来，充分发挥诚信记录的综合作用。② 以"两个名单"创建诚信企业。两个名单即红名单和黑名单，由各行业主管部门制定不同的诚信创建标准、评定办法和征信动态管理标准，对号入座进行评定。凡进入"红名单"的企业，一律悬挂诚信行业牌匾，并享受管理部门在项目、资金和政策上的倾斜；反之，除被公开摘牌，还将勒令限期整改。③ 以"三项举措"打造诚信政府。讲诚信，政府要率先垂范，严格开展诚信职工、诚信机关创建活动。清镇市 84 家单位均结合部门职能职责，制定了诚信标准，按照评定办法对职工进行诚信评定，以创建促行风转变、以创建促进社会经济发展。④ 制定针对职工的诚信奖励。在干部提拔任用、评先选优、年度目标考核等方面，实行诚信职工优先、非诚信职工一票否决，诚信职工享受工薪乐、随薪贷等信贷资金支持。⑤ 以诚信指数作为机关考核指标。设立诚信监督电话，开通网上投诉、举报平台，整合纪检监察力量，开展诚信督查，以诚信综合指数考核工作业绩，实行失信问责制。

诚信清镇建设在化解社会矛盾、创新社会管理、助推经济发展方面取得了明显成效。一是推动了农村经济发展。在诚信农民体系建设的推动下，清镇市农业规模化、标准化、产业化步伐明显加快。二是促进了农村生产生活条件的改善。广大农户都竞相讲诚信、重承诺，以便争取政府在基础设施建设上的支持，有力地推动了农村基础设施建设。三是进一步改善了投资环境。诚信就是梧桐树，为清镇经济发展引来了金凤凰。四是有力推动了城市扩容提质。通过开展诚信建设，全市干部群众以崭新的精神风貌投入到职教城、物流新城、百花生态新城的建设中，进一步提升了城市品位。五是推进了生态文明建设。全社会环保意识明显提高，绝大多数企业均能严格按照清洁生产及节能减排的要求从事生产经营活动，可持续发展能力得到了增强。六是有力推动了社会和谐稳定。通过开展诚信建设，以诚实守信为荣、以见利忘义为耻的社会风气逐渐形成，有力地促进了社会和谐。清镇的诚信文化建设，已经成为生态文化建设的锁钥。

生态文化建设是一项系统过程，需要个人、家庭、学校、企业和社会等多位一体共同建构，尤其是高校在其中担负着先导性的作用，引导着学校、政府、企业的判断、选择与决策。清镇市在生态文化建设方面，职教城建设再造了清镇的生态新高地。清镇职教城占地面积约 46 平方公里，是一座以打造"生态园地、科创基地、人才高地"为目标的新兴职教城，是清镇市贯彻落实科学发展观、加速推动城镇化发展的重要举措，是"把教育办成清镇人民的骄傲"理念的进一步提升，更是继"贵州花溪大学城"之后贵州的又一教育亮点。清镇职教城是我省教育发展特别是职业教育发展的缩影和穷省办大教育的范例。3 年时间，职教城已完成投资 82.5 亿元，土地征收 11 522.183 亩，校舍竣工面积达 100 万平方米，入驻院校达 20 所、入驻师生约 6 万人。清镇职教城在建设模式上的创新、空间布局和专业设置特色发展的改革、探索，示范形成了产教融合、校企合作、工学结合、顶岗实习的贵州职业教育模式。预计到 2020 年，清镇职教城建设发展将实现人才培养覆盖现代农业、新型工业、现代服务业三大产业，入驻职业院校达到 20 所，为省内 1 000 家大中型企业培养输送技术技能型人才，在校学生达 15 万人，职教城、清镇市区、贵安新区一体化发展，形成常住人口 35 万的新兴教育之城。

职教城对清镇经济、社会的发展具有重要的影响作用，已经成为清镇政治、经济和文化发展的"助推器"。在促进清镇生态文化建设方面，职教城正发挥着学科建设和人才培养的优势，能够根据实际更新教育理念，及时调整人才培养结构，完善学科建设方案，与地方间保持沟通协调和实现资源互补，从而避免了重复建设，增强了自身竞争力，有利于学校扩展办学空间、丰富办学资源；能够发挥智力资源优势和先锋带头作用，落实科学发展观，明确为生态文化服务的方向，帮助人们认识生态问题的负面效应，强化生态道德观念，提高生态法律意识，同时改革学科、专业与课程，采取多层次的途径和措施，为生态文化建设和地方社会可持续发展提供人才和智力支持，培养具有明确的生态文明观念和意识、丰富的生态文明知识、正确对待生态文明的态度、实用的生态文明建设实践技能、高度的生态文明建设热情的新型人才。

二、清镇市生态文化建设存在的问题

（一）生态法治文化有待完善

生态文化作为一种以和谐为价值基础的文化，是观念的上层建筑，必须浸润于各种意识形态之中才能为整个社会结构的和谐共进提供一种精神的支撑。因此，生态文化作为一种适应人类社会生存发展需要的新型文化，要想充分发挥其促进"自然—人—社会"和谐发展的功能，必须借助于法律思想及其相应的规范体系的力量。在生态文化的建设过程中，法治主要通过规范涉及生态的社会行为以及优化管理体制来实现对生态文化的保障。法治确认着生态文化的合法性，即生态文化一旦被纳入法治的轨道，就在事实上表明该文化形态必须得到一定社会的绝大多数人的认同。近年来，我国的生态法制建设进展较快，环境保护法律体系在逐步完善，目前有环境保护法律 29部、行政法规 50 多项及大量相关规章和规范性文件，已批准和签署的国际环境条约有 48 项。虽然生态保护的法律体系相对完善，但生态法治文化建设仍有许多方面需要加强，如一些法规内容相互冲突、缺乏可操作性，造成环境执法过程中有法不依、执法不严、违法不究的现象比较突出。从 1997 年《中华人民共和国刑法》中修订实施了"破坏环境资源保护罪"至今，由于地方保护主义、部门保护主义的现象普遍存在，造成环保法律具体执行起来困难重重，因环保领域犯罪被起诉者寥寥无几，环境法律法规没有彰显应有的作用。法律在完善生态立法的基础上，必须转变政府职能，使政府部门的施政行为能够在法律法规许可的范围内因地制宜地监督执法、健全生态管理与进行科学决策。同时，健全公众参与机制，充分依靠市民和社会的力量，建立并维持连接自上而下能力和自下而上资源的社会关系。

（二）基础设施薄弱，生态文化产业发展滞后

由于历史"欠账"多，公共服务供给与多样化民生需求不完全匹配，保障和改善民生的任务依然艰巨。文化支出占公共财政支出的比重目标值为2.5%，但在实际工作当中，2012 年对文化的投入仅为 0.5%，尚欠 2 个百分点，按照中央、省、市要求每年市级层面要安排 100 万的文化产业发展资金，多年来也未得以落实，也没有用好、用足。清镇市无体育馆、文化广场、少年宫等文艺人才培养基地。由于文化阵地的不健全，无法提供居民应有的培训、消费空间。目前 9 个乡镇中只有 4 个乡镇的文化活动中心是独立使用的，还有 5 个乡镇不是独立使用的；村级也约有50%的村无文化场所，大部分乡村的设施都是以图书室为主，谈不上消费娱乐场所。

按照同步小康的考核指标，生态文化产业增加值到 2015 年所占 GDP 的百分比应为 4%。然而根据文化产业统计监测，2012 年清镇市 GDP 总量为170 多亿，其中文化产业增加值约 6 800 万元，仅占 GDP 的 0.46%，全省排列80 余位；2013 年清镇市国民经济总量为 175.5 亿，其中工业为 166.05 亿元、三产不到 10 亿元，而通过各乡镇、社区和各职能部门的共同努力，加强了文化产业的统计力度，文化产业增加值约 2.28 亿，占 GTP 的比值为 1.3%，占比得到了大幅提升，相比 2012 年文化产业增加值已经有了一个很大的跨越，但离目标值也还相差盛远。同样排列在贵阳市各区县的最末位。可见，清镇

市生态文化产业发展在 2015 年要完成文化产业增加值占 CDP 比值达 4% 的目标，任重道远。清镇市生态文化产业发展，成为清镇市小康建设当中"短板"之"短板"，形势严峻，不容乐观。

（三）生态文化品牌打造乏力

首先是缺乏顶层设计。清镇在生态文化建设上的硬伤是缺乏准确定位和科学规划，因而生态文化建设的目标、路径、措施、载体等就无从说起。其次是缺乏品牌价值。清镇因水而兴起，因水而闻名。由于"两湖"功能的调整，清镇现在是因水而强化保护，又因强化保护而催生众多的生态文化景区景点、生态文化村镇，绿色、有机、生态农产品等。但在水及其衍生的系列生态文化品牌上，其价值不高，经济效益和社会效益不尽如人意。第三是缺乏坚持继承，挖掘和传承历史、民族、人文等方面的优秀文化还做得不够；第四是缺乏形象包装。清镇的地标性产品有黄粑、酥李，山韵有机茶叶、青远有机蔬菜，红枫湖镇"花舞红枫"、卫城乡村生态文化饮食节，朱家河湿地公园、暗流河风景区、虎山彝寨、索风大峡谷、明清文化遗址遗迹等具有地域特色的生态文化品牌，但没有一条总脉络串联，更未系统地进行包装推介。最后是缺乏运行机制。目前已建设管理的组织机构、绩效考评、人才引进、经费投入等，没有很好地运用行政的、科技的种种措施强力推进。

（四）生态文化建设合力不足

生态文化涵盖社会科学和自然科学等多学科的内容，而现有的生态文化建设尚处于不同部门各自为营的局面，缺乏系统性和规范性的顶层设计。公众对生态文化建设的认知还处于雾里看花的阶段。尽管在党的十八大后关于生态文化建设的宣传很多，但宣传内容对普通公众来说往往过于宏观。中国公民的环保责任意识普遍不高，根据"奥美爱地球"对 1 300 名中国消费者的调查，中国广大民众认为个人行为能在环保方面发挥作用的还不到 24%，而有 69% 的人认为环境问题应该是政府的责任。但在美国进行的一项类似调查显示，有 56% 的美国公民认为个人的环保行为会对环境产生影响，只有 20% 的人认为政府更有能力保护环境。在我国现阶段，据相关调查显示，大部分消费者对绿色产品高价格的容忍度仅为 10% 左右，人们的消费习惯及环保意识有待改变，公民的生态文化素质有待提高。目前，公众参与生态文化建设还仅仅停留在义务植树、参观展览、签名活动等表面层次。现实中，一些破坏生态、环境的行为依然存在，部分企业和个体把未经处理的污染废弃物直接排入河中或就地堆砌，白色污染严重，这些问题均阻碍了生态文化的建设。

企业生态文化建设有待加强。目前国内的许多企业开展 ISO14000 标准认证工作进展缓慢，生产工艺及设备不符合环保要求的现象比较普遍。在产品的运输、贮藏、处理、使用和弃置等多个环节，普遍没有向用户提供必要的环保信息和建议。在企业内部，大多还没有建立起企业生态文化的教育和培训制度，与员工和公众在安全和环境保护方面的沟通不够。在进行企业形象策划、产品开发商标设计、广告发布等商务活动中对生态文化因素的重视不够。清镇市是贵州省和贵阳市煤及煤化工、铝及铝加工业、能源、建材、医药、食品等产业发展的重点地区；同时，其境内的红枫湖水资源是贵阳市和清镇市市民民重要的饮水源地，地理位置特殊，环保压力大，且随着清镇市经济社会的快速发展，与生态环境保护之间的矛盾日益显现。一是传统工业企业的排放对空气质量影响大；二是矿山企业占用林地现象时有发生；三是"两湖"保护任务仍然艰巨；四是森林资源总量不足、布局不均；五是公众生态环境保护意识还有待加强。

三、加强清镇市生态文化建设的路径选择

（一）建立健全生态文化建设的法治保障

法制作为上层建筑的组成部分，其本身是一定文化取向的体现，具有丰富的文化内涵。可以这样说，文化将其精神、方向和法律赖以获得尊敬的神圣性给予法制，而法制则在制度形态上来表现文化。如果法制与文化彼此分离的话，那么法制将形同虚设，文化则易于变为狂信而步入一种文化相对主义的泥潭。因此，古往今来，法制的核心精神都来源于一定的文化认同，都须借助于一定的文化为社会所提供的某种信仰，来使其所具有的功能得到淋漓尽致的发挥。也正因为如此，一种先进文化的树立和普及往往会促进法制的变革和进步。

加强生态文化建设、建设生态文明是一项长期的战略任务，要坚持不懈地抓下去。一方面，要建立健全生态文化建设的群众监督举报制度，如设立举报接待日、举报热线、举报信箱等，对群众反映的具体问题及时做出明确处理。充分发挥新闻媒体的作用，将生态文化建设的信息通过新闻媒体通报，

大力宣传和报道生态文化建设的先进典型，对有悖于生态文明的不良现象予以曝光，使新闻媒体发挥有力的舆论监督作用。同时，将生态文化建设纳入各级部门、各单位的综合目标考评体系，定期督导和考核，利用行政手段激励各级领导决策层推行环境友好、生态合理的行政管理和决策方式，以实现向可持续发展转变。在完善生态立法的基础上，必须转变政府职能，使政府部门的施政行为能够在法律法规许可的范围内因地制宜地监督执法、健全生态管理与进行科学决策。同时，健全公众参与机制，充分依靠市民和社会的力量，建立并维持连接自上而下能力和自下而上资源的社会关系。

（二）夯实经济发展基础，推动生态文化建设

1. 加快转变经济发展方式，调整产业结构

立足当前清镇市经济发展的实际，紧密结合产业优势和特色，加快转变经济发展方式，调整产业结构，进一步加强规划的指导和有关政策、机制体制的扶持及引导作用。围绕"一个目标"，坚守"两条底线"，处理好"三组关系"，打好"四张王牌"，突出"五个重点"，构建产城融合、城乡一体化发展新格局，改进和加强对西部大开发的领导，充分调动各方面积极性，加快推进清镇市在西部地区的发展。

2. 以绿色国民经济核算体系为核心指标引导企业生产

绿色国民经济核算体系是指以绿色 GDP 为核心指标的综合环境与经济核算体系，是为了适应可持续发展观的需要而产生的，综合地反映了国民经济活动的成果与代价。为了坚决杜绝"竭泽而渔"、"杀鸡取卵"式的毁灭性开发和开采，必须尽快推行绿色 GDP 制度，建立起绿色国民经济核算体系，从企业到政府建立一套绿色经济核算制度，包括企业绿色会计制度、政府和企业绿色审计制度、绿色国民经济核算体系等，将经济发展中的资源消耗、环境损失和经济效益纳入到经济发展的评价指标中。一方面，绿色 GDP 有利于科学和全面地评价清镇市的综合发展水平。通过对环境污染和生态破坏的准确计量，我们就能知道为了取得一定的经济发展成就而付出了多大的环境代价，从而可以使我们客观、冷静地看待所取得的成就，并及时采取措施降低环境损失。另一方面，绿色 GDP 充分反映了科学发展观的本质要求，有利于人民摒弃传统的经济增长方式，合理地开发和利用资源、保护生态环境，促进人与自然的和谐发展。

3. 大力发展循环经济

由于多年来经济的迅猛发展，清镇市原有的环境设施已不能适应现代工业的发展速度，从而导致一些垃圾、废水、废气、废渣无法有效及时地得以处理。这就需要大力发展循环经济，进行环境设施的生态化改造，积极推进清洁生产方式，推行生物工程技术等新技术在环保中的广泛运用，有效地发展可永续利用的资源和污染物无害化处理技术。循环经济不仅是新型工业化的新理念，而且已逐步成为新的经济发展模式。发展循环经济，不仅有利于推动污染预防和生产全过程的控制，有利于解决区域性与结构性环境污染问题，而且有利于形成节约资源、保护环境的生产方式和消费方式。为了切实转变经济增长方式，建立以循环经济为主的经济发展模式，清镇市应该通过建立奖励与惩罚制度，按照走新型工业化道路的要求，振兴装备制造业，加快高技术产业化，积极推进信息化，采用高新技术和先进适用技术改造传统产业和传统工艺，淘汰落后设备、工艺和技术，积极推进清洁生产。深入开展环保专项整治行动，强化对规划和新上项目的环境监管，落实重点流域区域水污染防治工作的各项部署，深化生态环境保护工作，促进生产者将环保因素纳入到整个商品的生产过程中，从而限制高耗能、高污染生产企业的设立和产品的生产。

4. 进行"生态创新"体系的构建

生态科技坚持"以人为本"的基本发展理念，让人们在掌握生态信息、参与生态应用和享受生态服务的过程中改善生活质量和居住环境。清镇-中关村科技园和清镇职教城，为清镇市生态科技创新体系的构建提供了良好的平台。清镇市可以用好这个平台，进一步探索校企联建、园企联建，将企业需求同科教机构联合起来，打造生态科技创新体系。

5. 加速确立生态经济在生态环境保护中的主导地位

随着生态文明理念的兴起，人类日益增长的生态环境需求对经济、社会发展的制约作用越来越明显。当前，清镇市在经济、社会发展中至少受到两个方面限制：一方面，受生态环境有限的吸收与自净能力同社会发展所不断增长的各种废弃物和污染物的限制；另一方面，受能源、资源的利用效率不高的限制。清镇市要实现经济社会可持续发展，增加最终产品和服务又不扩大能源、资源消耗，就必须提高资源、能源的利用效率。

（三）加快产业建设步伐，促进生态文化发展

1. 进一步明晰文化产业发展目标

调控清镇市经济发展方向，注重生态、文化产业类项目发展。以"时光贵州"为载体，培育、推介"高原明珠，滨湖新城"品牌为重点，充分发挥文化的渗透性、融合性和支撑性，吸纳贵州知名的文化品牌、民族文化元素，突出重点推进文化与旅游业融合发展，以旅游产品、演艺产品、专题展会、高端论坛等为主要载体，实现文化旅游业的多元发展和总体提升。以相关龙头企业、核心基地为载体，突出重点，以点带面加以推进。发展壮大传统型歌舞娱乐、游艺动漫、互联网经营等文化产业载体。

2. 突出重点，促进文化与旅游、文化与科技融合发展

以梯青塔湿地公园为文化主题公园、为载体，融入城市配套基本功能的文化类生态设施及文化类企业融入市民广场、图书馆、文化馆、文化广场、少年宫等文艺人才培养基地、体育运动场所及文化类企业，如奇石文化交流博物馆、温泉休闲等类项目，与"时光贵州"融合打造一个大型文化主题公园，以促进文化与旅游融合发展。① 文化馆建设。按照国家一级馆的部颁标准建成清镇市文化馆，并以免费开放为工作规范，配置馆内部设施，满足群众文化生活的需要。② 图书馆建设。将市图书馆从校园剥离，让图书馆成为真正的市民可以方便进入的文化场所，成为群众追求学习文化的精神乐园。③ 影剧院建设。到 2015 年，将建成一家上规模的影剧院场所。④ 奇石博物馆建设。到 2015 年，投入 1.2 亿元，以国家七部局《关于促进民办博物馆发展的意见》为依据，全力支持清镇市奇石博物馆建设，打造新兴文化产业。奇石博物馆的建成可带动辐射相关文化产业的发展。⑤ 新华书店免费教材配送中心（清镇市图书城）建设，契合清镇的比较优势。文化资源是旅游的核心资源，旅游的潜力很大程度上取决于文化的魅力和吸引力。我们旅游资源的稀缺性优势主要在于夏季凉爽的气候和良好的生态环境，以"高原明珠生态旅游文化节"为主要抓手，致力于发掘生态文化、民族民间文化、红色文化；研发创新一批特色文化旅游产品，树立文化旅游节庆活动品牌，打造高品质旅游演艺产品。

3. 建立完善推进"大文化"发展的体制机制

首先，在市文化体制改革和文化产业发展领导小组的基础上，完善涵盖文化、旅游、体育、会展、民族、宗教、科技、工信、财政、统计、人事、

工商、住建等相关部门的文化发展领导机制，以此为基础完善文化改革发展的全体会议制度、例会制度、专题会议制度，通过规划控制、政策引导、资金扶持、项目推动等方式促进文化产业的多形态发展。其次，成立文化产业协会或专门行业协会，搭建联系党委、政府与文化企业的有效桥梁。

4. 强化提升文化产业发展机构、资金和人才保障水平

目前，清镇市文化产业发展的统筹和日常管理机构为市文改文产办，文化行业的行政管理职能在市文广局。在机构职能发挥方面，由于文化产业的发展具有跨领域、跨行业的特点，市文改文产办、市文广局必须整合力量做好全市文化产业改革发展的服务工作，加大统筹力度，强化纵向、横向协调，发挥好规划、政策、资金方面的引导作用，会同旅游、会展、科技等部门突出重点抓好文化与旅游、文化与科技融合发展的相关工作，合力推进文化产业的发展。在政策制定方面，认真贯彻落实党的十八大、省委十届十二次全会、市九次党代会精神，适时制定关于促进清镇市文化旅游融合发展、文化科技融合发展的相关政策。在资金设置方面，立足实际，根据财政增长比例适时调增文化产业发展专项资金，并协同科技、旅游、会展等专项资金实现"集中力量办大事"。在人才保障方面，要充分认识文化产业属于智力密集型产业，因而无论是创业还是管理都需要走人才引领路线。要以"四个一批"人才培养为抓手，对内加强文化产业管理人才的培训、培养，促进全市文化产业复合型人才总体水平的有效提升。

5. 加强清镇市文化产业项目库建设和动态管理

以市文改文产办、市文广局为统筹机构，加强全市文化产业项目库的建设工作，尤其是要加强对民营企业项目的统计和服务。对产业分类、项目规模、投资主体、建设周期、预期效益等信息进行有效整理，建立跟踪落实机制，以台账化的方式对文化产业项目实行动态更新和管理，确保储备一批、实施一批、发展一批。

（四）发挥文化资源优势，创新生态文化品牌

1. 突出抓好顶层设计

把创新生态文化品牌作为实力清镇、和谐清镇、美丽清镇的重大工程攻坚。按照"一水、两岸、三生、四育、五园"的思路创新生态文化品牌。"一水"，即发挥清镇资源优势，以"水"为魂，围绕涵养水、保护水、治理水，

突出生态文化建设，创新生态文化品牌。在周边的兄弟县（区）当中，平坝的优势是屯堡文化，花溪的优势是清代人文，黔西是水西文化，织金是丁公文化，修文是阳明文化。清镇作为名副其实的高原湖乡，因为水成就了湖泊，又因为湖泊成就了高原明珠。为此，清镇应选择"高原明珠、滨湖新城"湖乡文化加以定位。"两岸"，即湖岸、河岸。创新生态文化品牌必须要以生态产业、生态家园为载体。清镇最好的自然资源、文化资源都布局在"两岸"，如猫跳河岸的麦格十八寨、东风湖岸的腰岩苗族文化、暗流河岸的石牛坝布依文化和明代古驿道等。"三生"，即生活、生产、生态。把"水"和"三生"联系起来，即和我们的生命联系起来，并赋予生态文化的内涵，彰显生态文化的元素，只有这样，生态文化品牌的创新才会有根基，生态文化产品才会有品牌价值。"四育"，即培育生态观念、培育生态产业、培育生态景观、培育生态市场。生态文化品牌创新，首先是要培育市民的生态观念，倡导绿色发展，延长生态产业链，用生态的、文化的、现代的理念去建设生态设施，培育生态文化景观，同时要瞄准"遵义—贵阳—安顺"一线的城市一体化战略，抢占省会贵阳和贵安新区，乃至贵州的生态文化建设的制高点，全力建设生态文化名城，打造生态文化品牌。"五园"，即围绕小康目标，在全市推进"生态家园、富裕家园、文明家园、和谐家园、模范家园"建设，使生态文明示范城市创建和生态文化品牌的打造有载体支撑。把生态文化品牌的打造与创新作为建设小康清镇、和谐清镇、美丽清镇、幸福清镇的"金字招牌"。

2. 着力抓好生态文化建设

建立完善的生态道德规范，从根本上解决人的素养、观念等问题。通过倡导践行基本的生态道德规范，将生态意识和责任意识根植于市民心灵，在微观上逐步引导市民的价值取向、生产方式和消费行为转型，在宏观上逐步影响和指导决策行为、管理机制和社会风尚。通过加强生态文明宣传教育、推行健康文化的生活方式、开展生态文化创建等活动，夯实创新生态文化品牌的基础。

3. 着力抓好生态产业建设

对于生态文化品牌建设来说，生态是特征，文化是灵魂，产业是核心。在三次产业中，都必须生态发展、绿色发展。在农业上，大力发展生态循环农业、都市休闲农业，实施绿色防控、清洁生产，打造绿色、有机农产品，提高农产品附加值，要在现有 22 个有机蔬菜、2 个有机茶叶和 2 个地标产品的基础上创建和创新更多的极具生态文化内涵的优质农产品。在工业上，倡导节能降耗、减排零排、低碳发展。可以在毛栗山医药园区选择有条件的医药企业打造 3 个左右的生态文化品牌企业。在三产上，可以在生态文化景点、生态文化酒店、生态文化商场等方面创新突破。

4. 着力抓好"两个创建"活动

要以创建全国生态文明示范城市和国家环境保护模范城市为契机，建立各类创建的标准、细则，开展生态文化乡镇、生态文化村寨、生态文化社区、生态文化机关、生态文化家庭、生态文化场所、生态文化学校、生态文化医院等的创建活动，通过创建，推动创新。

5. 着力抓好"三清"行动计划

在市民的生活生产活动当中，实施"清洁生产、清洁家园、清澈水体"行动计划，把生态文化渗透到生产生活的每一个领域。严格的保护不仅是一种责任，更是一种机会，是一种创新生态文化品牌的机遇，要求越严、标准越高，生态产品的质量就越好、品位就越高。为此，我们要立足优势，乘势而上，努力培育生态文化产品，创新生态文化品牌。

6. 着力抓好生态文化品牌创新

创新生态文化品牌，范围广、内容多、投入大，不能急功近利、四处开花，要选择已初具规模或具有潜力的企业、基地、场所、产品，整合各方资源，集中力量全力打造。第一类是着力完善提升"十个生态文化品牌"，即"府上良品"有机蔬菜、山韵有机农庄、时光贵州古镇、虎山彝寨美丽乡村、诚信清镇文化建设、全国生态乡镇红枫湖镇、朱家河湿地公园、花舞红枫园区、职教园区生态文化校园、东山巢凤寺。第二类是创建创新"十个生态文化品牌"，即琊珑精致生态文化农业园区、温氏生态产业创业园区、三联乳品文化园区、水上运动基地、东门河沿岸生态景观、暗流河生态风景、索风湖大峡谷生态区、中山公园生态文化展示区（青龙山）、百花生态新城生态文化社区、清镇一中生态文化校园。第三类是以乡镇、社区、管委会为单位力推打造 1～3 个生态文化品牌，努力打造极具清镇特色的民族生态文化、旅游生态文化、公共生态文化、生态艺术文化等品牌。通过生态文化品牌建设，努力提升清镇的文化竞争力和生态城市的品位。

7. 着力抓好机制创新

创新生态文化品牌，首先要解决从决策到执行的运行机制问题，解决创新有目标、建设有标准、推进有计划、落实有责任、投入有保障、领导有组织、考核有措施等问题。要坚持继承与创新相结合，提升生态文化品牌，创新生态文化品牌，借力"多彩贵州"、"爽爽贵阳"等大品牌，突出清镇的地域文化特色和历史风貌。

（五）倡导绿色生活方式，提升生态文化水平

1. 建设生态社区

生态社区由绿色空间系统、水资源系统、废弃物处理系统、清洁能源系统、道路交通系统、文化活动系统和环境管理系统所构成，是满足居民方便、舒适、卫生、安全和景观环境优美要求的生态文明社区。建设生态社区已日益受到世界各国的重视，德国、澳大利亚等国家有许多值得学习借鉴的成功经验，我国一些地方政府也将社区的生态化建设列为任职目标。建设生态社区应按照生态学原理，应用生态设计方法，将自然因素融入社区环境中，在经济性的基础上构建人、社会与自然完整和谐的系统，创造包括住区环境中的物种多样性、功能多样性和居民活动空间多样性的居住空间环境。目前，清镇市正在进行生态社区建设的探索。

2. 发展绿色空间

扩大绿色空间不但有益于居民的身心健康，使居民心理上产生舒适愉悦感，提高居民的生活质量，还能改善市容市貌，提升城市的整体形象和区位竞争力、发展力。近年来，我国上海市下大力气发展绿色空间的有益做法已取得了令人信服的效应。因此，要改变人们"寸土寸金"的传统思维方式，避免将所有可资利用的空间都用于建设经济用途的人工环境的短视做法；要认识到发展绿色空间直接有利于吸收外来投资和吸引人才，在一定程度上能有效地改善社会环境。绿色空间包括居住区公共绿地、组团绿地、宅旁绿地、垂直绿化、屋顶绿化、公建庭园、住区外围防护隔离绿地、道路绿化等，它所起的作用不仅是利用其观赏特性进行美化装扮和创造丰富的文化、感情氛围，更为重要的还是它对人居环境的生态服务功能。发展绿色空间应着重考虑绿化面积及绿化物种。在确定绿地面积时，应从碳平衡和氧平衡的绿色空间生态服务功能角度进行总量设计和规划布局。在规划和开发绿色空间的过

程中，应摆脱传统园林绿化观念的局限。强调在生态学原理指导下对绿色空间的功能进行全面强化，为此需遵守如下原则：① 营造舒适环境的原则；② 保护和改善环境的原则；③ 选用适生物种的原则；④ 合理的群落组配原则；⑤ 适当提高生物多样性原则。

3. 人居环境设计采用生态技术

人居环境生态设计的目的是使生态学的竞争、共生、再生和自生原理得到充分体现，资源得以高效利用，人与自然高度和谐。生态设计是建筑、风景园林、环境工程、能源工程等工程设计与生态学相结合的综合性环境设计，以满足居民的个体需求和生态保育的要求。清镇市在建设生态人居环境中的进程，环境监测、污染治理、资源节约、绿化建设均应尽可能应用先进适宜的生态技术，重点推广信息技术、建筑节能技术、住宅产业化技术、建筑用钢技术、化学建材技术、新型建筑结构与施工技术、水工业技术、垃圾处理技术、地基基础与地下空间技术等。

4. 发展生态建筑

生态建筑亦称为绿色建筑、可持续建筑，是按照生态平衡原理，使人工建筑环境及其所在的自然生态环境和社会经济环境之间的相互作用、相互协调，从而产生一个相对稳定的互为依存与循环的新型建筑。生态建筑注重提高自然资源的利用率，保护自然植被、原生土壤等，不仅创造了舒适的小环境，也创造一个与自然和谐的大环境。目前，德国已建成了 400 多座生态建筑，均选用清一色的天然建筑材料，并经过反复检验处理，以确保无毒无害。为了加速生态住宅的发展，世界上第一所专门培养生态住宅设计与建筑人才的高等学府——生态住宅建筑学院，已在德国的法兰克福建成招生。

5. 交通系统生态化

加大交通系统建设和管理的力度，发展城市智能交通系统。城市化进程促进了道路交通系统的不断建设发展，为居民出行提供便捷；同时，道路交通系统的扩展及汽车的普及又不可避免地导致空气污染，并进而影响居民的健康、舒适。这一矛盾将在相当长时间内困扰着城市的人居环境生态化建设。智能交通系统是在较完善的道路设施基础上，将先进的电子技术、信息技术、传感技术和系统工程技术集成运用于地面交通管理所建立的一种实时、准确、高效、大范围、全方位发挥作用的交通运输管理系统。它是充分发挥现有运输效率，保障交通安全，缓解交通拥挤的有力措施。

6. 水资源系统生态化

水资源系统包括了生活用水的供给、污水、雨水、景观用水等。水资源生态化的目标是保证水资源的持续、合理和有效的使用。它要求在水资源的开发、利用、治理、配置、节约、保护过程中，坚持开源与节流并重、节流优先、治污为本、科学开源、综合利用的原则。我国城市污水再生工作大多尚处于起步阶段，因而目前城市污水再生利用率和工程建设规模与我国水资源短缺的严峻形势很不相称。

7. 城市垃圾处理生态化

城市经济的快速发展和城市人口的迅速增加将带来城市垃圾产生量的持续增长，对城市文明和人居环境质量带来巨大的威胁和压力。因此，必须制定有关政策法规，加强对垃圾排放、处理回收利用的管理；必须统筹规划，引进、开发和推广垃圾减量化、无害化和资源化的先进处理技术；同时，运用市场机制，实行垃圾排放收费制度，培育垃圾处理产业。

8. 大力提倡"绿色消费"

绿色消费是指以绿色、自然、和谐、健康为主题的，有益于人类健康、环境和资源保护的一种现代消费模式。它倡导在追求科学、文明、健康、舒适的生活同时，注重节约资源、保护环境、治理污染，从而实现"可持续消费"。

（六）建立社会公众参与体系，形成生态文化建设的合力

1. 强化生态文化宣传，推动公众参与

通过文化宣传、推广科技创新、教育、合作与交流，鼓励公众、企业改变其生产生活行为，提高人们的生态意识。公众的生态意识对于生态与资源的保护起着至关重要的作用。让公众广泛参与国家的生态与资源保护事业，这是培养公众环境法律意识的重要途径。与此同时，积极倡导绿色消费，实践生态生活方式，走生产发展、生活提高、生态保护之路，是生态文化建设和宣传的一项重要任务。生态生活方式的提出，是基于对工业文明过度消费的物质生活的批判和否定，它要求重新建立一种能够保持自然系统的稳固与平衡，以利于人类身体和身心健康的新的生产生活方式。生态生活方式主张遵循生态学法则，树立"绿色消费"意识，崇尚自然、追求健康，在追求生活舒适的同时，注重生态保护、节约资源和能源，实现可持续消费。强化公

众绿色消费意识，绿色消费包括的内容非常宽泛，不仅包括绿色产品，还包括物资的回收利用、能源的有效使用、对生存环境和物种的保护等，可以说涵盖生产行为和消费行为的方方面面。要通过宣传、教育和生态道德的调节作用，使人们意识到对生态对环境不负责任的生产生活方式是造成生态环境恶化的根源，促使人们改变传统的生活与消费方式，愿意选择对健康有益的、与环境友好的绿色消费方式，过一种与生态系统相协调的恬静、简单的生活，真正提高生活质量，促进个人自由全面的发展。

2. 加强生态文化引导，建立公众参与制度的保障机制

随着生态文化理念的提出与普及、公众生态环保意识的提高，从整体上看公众参与的方式将会越来越规范地出现在各项法规及规章中，但国内的现状是促进公众参与还仅仅体现在一些单项法规和政府规章中，这些法规的实施领域和侧重点不尽相同，尚未形成一个真正的、完善的、制度化的公众参与生态环境事务决策的机制。在已经颁布的一些专项法规中既没有明确规定环境权是公民的基本人权，也没有关于环境参与权的明确规定。在中国的环境相关法律法规中只规定了公众参与生态环境保护的方式包括检举、控告权等，但未规定如果检举控告之后，行政机关不履行职责的情况下公民还有什么权利，对保护公众参与的积极性没有做出相应的规定。因此，国家相关机构应在借鉴国际先进的管理体制基础上出台相关规定，完善相应的法律法规，鼓励公众积极行使建设生态文化的参与权力，引导公众参与生态文化制度的建立并推动其有效实施。同时，应给相关法律法规赋予更加强有力的生命力，推动深化实践。国家相关机构应对生态文化相关领域的公众参与状况进行政策引导和监督管理，以实现公众参与生态文化建设的目的和价值；同时，不断完善公众参与的手段，推动公众参与平台的建立，加大生态文化相关信息的透明度和公信力，使公众能够及时获取相关信息。

3. 强化生态文化教育，提高公众参与意识

生态文化作为一种全新的人的基本生态环境权，很难在较短的时间内为公众熟知和利用。同时，公众的生态文化参与意识的形成和发展也需要一个过程，过程的长短与生态文化相关的文化宣传教育的开展情况密切相关。特别是校园的教育尤其不可忽视，从小学到大学都应开展与生态文化相关的文化教育，以提高公众的生态文化参与意识。另外，在社会上大力开展多种形式的宣传活动，例如在新闻媒体上设立公众参与栏目和趣味节目、组织开展与生态文化相关问题的讨论等，吸引公众积极参与，鼓励公众为生态文化制

度的形成与建立献计献策，编制便民手册等指导公众更多的了解生态文化相关知识，并了解参与的重要性及参与途径。应组织新闻媒体进行广泛、深入、持续的宣传教育，使参与生态文化建设的理念融入到公众的日常生活中。通过生态文化相关制度的建立来提升全民的资源忧患意识和节约资源、保护环境的责任意识。

4. 实施政策激励，积极推动生态文化制度建设

生态文化建设是关系人民福祉、关乎民族未来的长远大计。面对资源约束趋紧、环境污染严重、生态系统退化的严峻形势，必须树立尊重自然、顺应自然、保护自然的生态文化理念，把生态文化建设放在突出地位，融入经济建设、政治建设、文化建设、社会建设各方面和全过程，努力建设美丽中国，实现中华民族永续发展。因此，既要注重发展的经济成果，也要注重生态环境效益。对于生产企业，只有充分尊重企业的自主经营决策权，同时又不损害企业健康发展的前提下，生态文化公众参与制度才能被更多的企业所接受，从而发挥其主观能动性，积极依法规范化地开展公众参与活动，使公众有更多的机会行使自己的环境权和生态文化权力。可以对公众参与制度执行较好的企业进行表彰，以推动其参与生态文化建设的积极性，同时也可以将优秀的公众参与实例予以推广。中国现行法律规定的公民行使公众参与权的范围较小，且多为命令服从性的规定，激励公众主动行使生态环境参与权的规定很少。此外，公众参与环境保护和生态文化建设的行为有时是会有一定社会风险的，因此应建立并不断完善制度，对那些积极参与、勇于承担风险者给予一定的精神和物质奖励，以推动生态文化制度建设。

5. 推动科技创新，健全公众参与服务体系

在环保意识日益高涨的今天，许多企业也愿意让公众参与到企业的生态环境保护工作和生态文化建设中来，给公众更多地了解企业的机会，以求得公众对企业环境行为的认可，形成对企业产品的共识，以便占有更广阔的市场空间。近年来，一些企业通过发布企业环境报告书等形式，开展了有益的尝试。但是，由于公众参与方式不得当、参与效果不佳、参与成本过高等诸多原因而不得不放弃主动开展企业环境信息公开这种有益的公众参与方式。因此，清镇市应在公众参与的方式方法和途径上进一步推动技术创新。例如，鼓励企业根据自身特点与社会需求，建立健全以技术服务为主要方式的技术创新体系和运行机制，寻找与公众的最佳契合点；建设企业为社会服务的技

术创新体系，建立和完善技术创新服务平台，形成有效的企业与公众良好互动的参与运行机制，逐步健全面向全社会的开放式、网络化的公众参与技术服务平台。

6. 充分发挥第三方作用，推动生态文化建设健康发展

一方面，近年来的一些企业污染环境事件中，当事企业从自身利益出发，受某些因素的影响，不能全面、如实地公开对其有影响的环境信息；另一方面，引入公众参与机制和第三方认证等手段，推动了企业的绿色发展，收到了良好的社会效果。因此，为了保障公众的知情权，参与权和监督权，环境管理，环境决策及生态文化建设的公众参与需要引入第三方力量，以确保其可信度和公平性。随着生态环境问题越来越趋向多元化和复杂化，特别是在一些问题比较突出的领域里第三方机构的活动尤为活跃和集中，它们往往发挥着政府和企业所没有或难以充分发挥的作用，推动着社会进步和生态环境的改善。目前在清镇市，公众参与保护生态、防治环境污染正在作为政府和非政府组织合作的一个重要机制而悄然兴起，应充分发挥好这些非政府组织的作用，积极培育并切实推动生态文化建设的健康发展。

（七）建立健全长效机制，确保生态文化持续发展

1. 提高全民生态文化素质，加大教育宣传力度

生态文化建设是建设生态文明的精神依托和道德基础，要促进生态文明的发展，特别是要促进人们生态意识的养成，最重要的途径就是加强生态环境教育。因此，只有通过开展全民的环境教育，真正唤起人们的环境保护意识，增强人们的生态伦理责任，唤醒人们的生态良心，帮助人们树立生态正义感和生态义务感，通过自觉地协调人与自然的关系来遏制日益严重的环境危机，才能使生态环境朝着有利于人类的工作、生活和健康的方向发展。生态文化重在建设，基于清镇市生态文明建设面临的困境与挑战，必须继续坚持以人为本、以人与自然和谐共存为主线、以经济发展为核心来积极发展生态文化，让生态文化的基本精神指引经济、社会等各个方面的行动和决策，浸透到人类胜过的各个领域中，唤醒人们的环境意识，提高公众可持续发展的意识，培养和造就一代又一代具有环保观念和道德、能够自觉地关怀和维护生态平衡的"生态人"，从而推动整个社会走上生产发展、生活富裕、生态良好的可持续发展道路。

2. 勤俭节约，加大文明生活方式的养成力度

加强生态文化建设要以促进生态文明生活方式的养成为重点。生态环境既是人类生活的必要前提，也是人类生活的必然结果。健康、文明的生活方式有益于生态环境，而奢侈浪费的生活方式则会对生态环境造成巨大损毁。生态文化建设就是要摒弃奢侈浪费的生活方式，建立生态文明的生活方式——绿色生活方式，即按照社会生态化的要求，培育支持生态系统的生产能力和生活能力，创建有利于生态环境和子孙后代可持续发展的环保型生活方式，从而引导人们树立正确的科学消费观，提倡正确发展经济、提高生活水平和生态保护的关系，逐步形成适度消费的生活体系；改变挥霍性消费观念和行为，提倡节约型消费、合理享受，反对无理性的过度消费和仅仅为了自己、为了眼前的极度享乐主义消费观。

3. 构建生态型政府，促进经济朝着生态文明方向发展

生态型政府的行政行为应符合生态文化建设的要求，即在行政管理中应坚持生态效益优先，并鼓励各型企业朝着生态文明的方向发展，引导社会经济朝着有利于生态文明建设的方向发展，对生态文明型企业给予政策扶持，确保更多的企业参与到生态文明建设的队伍中来。对清镇市来说，发展生态文化有着得天独厚的自然优势和区位优势。要充分利用自身的资源优势，充分依托国家级景区——红枫湖，把握发展职教城教育的区位优势、利用好"时光贵州"湿地公园的发展，抓住贵安新区发展的大好时机大力发展旅游产业，并加大二、三产业的投入，引进先进的生态文明企业，确保在发展我市经济的同时，保护好生态，把我市建设成为生态文明的先行者。

4. 突出制度保证，加大政府行为和制度建设力度

生态文化建设涉及诸如生态环境、资源保护、社会公正等与公众息息相关的问题，这些问题不能完全交给市场，不能指望市场的各个利益主体自发地调节各种利益关系。当前社会中出现的资源问题、社会公平问题，说到底就是私人利益、局部利益、眼前利益的过度"溢出"，就是公共利益、整体利益、长期利益缺乏保护。因此，清镇市委、市政府要代表公众的利益，通过对生产、分配、交换、消费各环节的监管，真正维护公众的利益。要通过法律、制度、宣传、教育等方式，倡导生态文明行为，约束不文明行为。在强化政府行为的同时，加强法律制度的建设。通过建立相关法律、法规，完善

相关政策，健全管理体制，使生态文明者受保护、受褒奖；使破坏生态者受制裁、受惩罚。只有在政府强有力的监管下，在健全的法律制度的约束下，生态文化建设才有坚强的保证。

总之，清镇市在"打造清镇发展升级版，建设生态文明先行示范市"的过程中，围绕"生态环境良好、生态产业发达、生态观念浓厚、文化特色鲜明、市民和谐幸福、政府廉洁高效"的目标，加强生态文化建设，必将有利于资源的开发，保护生态环境良性循环，促进经济发展，造福于子孙。

[研究、执笔人：中共贵州省委党校公共管理教研部副教授 马旭红]

后 记

　　为了充分发挥基层党校资政作用，提升基层党校教师决策咨询能力，中共清镇市委党校与中共贵州省委党校优秀科研决策咨询团队合作，以清镇市五届七次全会提出的"打造清镇发展升级版，建设生态文明示范市"这一主题为切入点，着重解决清镇市经济社会发展过程中存在的热点、难点问题，围绕把清镇市建设成为"生态环境良好、生态产业发达、生态观念浓厚、文化特色鲜明、市民和谐幸福、政府廉洁高效"的生态文明示范城市的总目标，我们确定了"创新引领·绿色发展——清镇生态文明示范创新实证分析"为咨询研究课题，并由此形成决策咨询研究专著。

　　本书的研究方案和撰写大纲是由中共清镇市委党校常务副校长陈良燕和中共贵州省委党校科社教研部副主任、教授郝建共同拟就，并经各方认真研究讨论后确定。各位研究者在完成初稿撰写后，经郝建、唐正繁审阅并对初稿进行了修改定稿。由于各位研究者在撰写过程中的创造性劳动，使本书得以达到现在的水准。

　　本书（课题）共有七个子课题，其中：子课题一（先行先试：构建清镇市生态社会研究），由郝建研究、执笔；子课题二（迈步前沿：构建清镇市生态政府研究），由唐正繁研究、执笔；子课题三（绿色发展：清镇市生态工业发展研究），由何东研究、执笔；子课题四（扎实推进：清镇市生态农业发展研究），由郑钦研究、执笔；子课题五（创新引领：构建清镇市生态城镇研究），由李旭研究、执笔；子课题六（大胆实践：加强清镇市生态党建研究），由焦玉石研究、执笔；子课题七（传播理念：加强清镇市生态文化建设研究），由马旭红研究、执笔。

　　虽然本书各位研究者和统稿人已经尽了最大努力进行了认真细致的研究、撰写和统稿，但由于知识、学术水平和时间的限制，仍难免有许多缺失

和疏漏之处，我们真诚希望各位领导和专家学者以及广大读者不吝赐教并给
予批评指正。

我们要衷心感谢中共清镇市委、市政府对本书给予的全力支持，还要感
谢清镇市委党校部分教师为本书所做的工作。此外，在研究和撰写本书各子
课题时，各位研究者参考了大量的学术研究文献和资料，如果没有这些研究
成果的启示，本书也难以达到现在的研究水平。虽然我们在撰写过程中尽可
能地将所引用的学术研究文献注释出来，但仍可能有部分研究文献未能列出。
在这里，谨向学术界的各位专家学者，特别是对本书所引用的学术研究文献
和资料的专家学者表示真诚的谢意。

唐正繁

2015 年 1 月 9 日于贵阳